高职高专"十三五"规划教材

机械工程材料与成形

● 肖爱武　谭海林　赖春明　主编

U0243743

JIXIE GONGCHENG
CAILIAO YU CHENGXING

化学工业出版社
·北京·

本书根据《普通高等学校高等职业教育（专科）专业目录》要求，以培养学生解决工程实际问题的能力为核心，结合教学改革、课程改革经验编写而成。

本书共10章，主要包括材料的分类与性能、金属材料的结构与结晶、钢的热处理、钢铁材料、非铁金属材料、非金属材料、铸造、锻压成形、焊接成形、机械工程材料的选用等内容，书后有习题参考答案。

本书有配套的PPT电子教案，可在化学工业出版社的官方网站上下载。

本书可作为高职高专、成人教育学院机电类、制造类、汽车类相关专业的专业基础课程教材，也可作为有关技术人员的岗位培训和自学用书。

图书在版编目（CIP）数据

机械工程材料与成形/肖爱武，谭海林，赖春明主编.
—北京：化学工业出版社，2019.2（2025.1重印）
高职高专"十三五"规划教材
ISBN 978-7-122-33657-6

Ⅰ.①机… Ⅱ.①肖… ②谭… ③赖… Ⅲ.①机械
制造材料-高等职业教育-教材 Ⅳ.①TH14

中国版本图书馆CIP数据核字（2019）第005419号

责任编辑：高 钰　　　　　　　　　　　文字编辑：陈 喆
责任校对：张雨彤　　　　　　　　　　　装帧设计：刘丽华

出版发行：化学工业出版社（北京市东城区青年湖南街13号　邮政编码100011）
印　　装：北京建宏印刷有限公司
787mm×1092mm　1/16　印张13¾　字数337千字　2025年1月北京第1版第6次印刷

购书咨询：010-64518888　　售后服务：010-64518899
网　　址：http://www.cip.com.cn
凡购买本书，如有缺损质量问题，本社销售中心负责调换。

定　　价：42.00元　　　　　　　　　　　　　　　　版权所有　违者必究

前言

"机械工程材料与成形"课程是高等院校机械类、近机类专业的一门不可缺少的专业技术基础课。通过课程学习，使学生在掌握工程材料基础理论及热加工工艺基本知识的基础上，具备根据零件的使用条件和性能要求进行合理选材，并初步制订加工工艺路线的能力。

本书在编写过程中，注重学生在实际生产中的应用能力培养，以当前高等职业院校及职业岗位要求和学生对相关知识点的实际接受能力为依据，结合现代制造技术发展趋势，力求理论与实际、原理与工艺密切结合，在内容安排上，重点介绍工业生产中广泛应用的金属材料及其成形技术，并结合新材料新技术的发展介绍近年来日益广泛应用的材料及其成形技术，使本书不仅具有实用性，还具有一定的前瞻性。

本书从专业特点出发，重点阐述了工程材料的基础理论，材料的成分、组织、结构、热加工工艺与性能之间的关系等。本书主要内容包括：金属材料的力学性能，材料科学基础知识，热处理原理及各种热处理工艺方法，热处理在机械零件生产过程中的作用，工程材料的分类及编号，各种工程材料成分、组织、性能特点及用途，材料热加工成形方法（包括铸造成形、压力加工成形和焊接成形）等。

为方便教学，本书的内容已制作成用于多媒体教学的 PPT 课件，并将免费提供给采用本书作为教材的院校使用。如有需要，请发电子邮件至 cipedu@163.com 获取，或登录 www.cipedu.com.cn 免费下载。

本书由肖爱武、谭海林、赖春明主编，第 1、5、10 章由肖爱武编写，第 7、8 章由谭海林编写，第 2、9 章由赖春明编写，第 3 章由朱智文编写，第 4 章由李卡编写，第 6 章由孟少明编写，全书由肖爱武统稿。

由于编者水平有限，书中可能存在不足之处，恳请各位读者批评指正。

编　者
2018 年 10 月

目录

第 1 章

材料的分类与性能

● 学习目标

① 掌握机械工程材料的种类及特点，熟悉各种材料的应用场合，能根据材料的特点判断其类别。

② 重点了解工程材料的常用力学性能。

③ 了解工程材料的物理、化学及工艺性能并建立材料性能的技术经济概念。

1.1 材料的分类

1.1.1 材料与机械工程材料

材料是指那些用于制造结构、器件或其他有用产品的物质，是人类生产和生活所必需的物质基础，人类生活、生产的过程是使用材料和将材料加工成成品的过程。材料使用的力度和水平标志着人类文明的进步程度。在当今社会，能源、信息和材料已成为人类社会发展的三大支柱，而材料又是能源和信息的基础。

工程材料主要指用于机械工程和建筑工程等领域的材料。机械工程材料是指用于制造各类机械零件、构件的材料和在机械制造过程中所应用的工艺材料。

现代机械工程正朝着大型、高速、耐高温、耐高压、耐低温、耐受恶劣环境影响等方向发展。在这样苛刻的工作条件下，要求各种机械装备的技术功能优异、产品质量高而稳定、寿命长而可靠、能安全地运行和使用。一台机器要达到这些功能，除要求设计合理、正确地使用（操作和维护）外，合理地选材和加工是十分关键的一环。

1.1.2 机械工程材料的分类

机械工程材料种类很多、用途广泛，通常将机械工程材料分为金属材料与非金属材料两大类，其中非金属材料又包括有机高分子材料、无机非金属材料、复合材料，如图 1-1 所示。

金属材料包括黑色金属和有色金属。由于金属材料具有良好的力学性能、物理性能、化学性能及工艺性能，能采用比较简便和经济的工艺方法制成零件，因此金属材料是目前应用最广泛的材料。有色金属用量虽只占金属材料的 5%，但因具有良好的导热性、导电性以及优异的化学稳定性和高的比强度等，在机械工程中占有重要的地位。

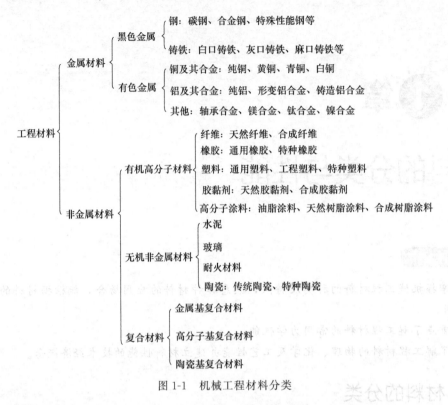

图 1-1   机械工程材料分类

有机高分子材料包括塑料、橡胶、纤维等。因其具有原料丰富、成本低、加工方便等优点，发展极其迅速，目前已在工业上得到广泛应用，并将越来越多地被采用。

无机非金属材料包括陶瓷、水泥、玻璃、耐火材料等。它具有不可燃烧性、高耐热性、高化学稳定性、不老化性以及高的硬度和良好的耐压性，且原料丰富，受到材料工作者和特殊行业的广泛关注。

复合材料由基体材料（树脂、金属、陶瓷等）和增强剂（颗粒、纤维、晶须等）复合而成。复合材料既能保持所组成材料的各自特性，又具有组成后的新特性，且它的力学性能和功能可以根据使用需要进行设计、制造，复合材料的应用领域在迅速扩大，品种和质量都有了飞速的发展。

1.2   材料的性能

工程材料的性能分为使用性能和工艺性能。使用性能是指在服役条件下能保证安全可靠工作所必备的性能，包括材料的力学性能（机械性能）、物理性能、化学性能等。工程材料使用性能的好坏，决定了它的使用范围和寿命。对绝大多数工程材料来说，其力学性能是最重要的使用性能。工艺性能是指材料的可加工性，包括锻造性能、铸造性能、焊接性能、热处理性能及切削加工性能等。

1.2.1   材料的力学性能

(1) 静载时材料的力学性能

静载是指对试样缓慢加载。最常用的静载试验有拉伸、压缩、硬度、弯曲、扭转试验等。利用这些试验方法，可以测得材料的各种力学性能指标。

1）弹性和刚度

材料受外力作用时产生变形，当外力去除后能恢复其原来形状的能力称为弹性。衡量材料抵抗弹性变形能力的力学性能指标为弹性模量 E，E 值可用拉伸试验方法进行测定。

拉伸试验是将被测材料按 GB/T 228—2010 要求制成标准拉伸试样，在拉伸试验机上缓慢地从试样两端由零开始加载，使之承受轴向拉力 P，并引起试样沿轴向伸长 ΔL（$\Delta L = L_1 - L_0$），直至试样断裂为止。

为消除试样尺寸大小的影响，将拉力 P 除以试样原始横截面积 F_0，得到拉应力 σ（MPa）；将伸长量 ΔL 除以试样原始长度 L_0，得到应变 ε。以 σ 为纵坐标，ε 为横坐标，则可画出应力-应变曲线（σ-ε 曲线），如图 1-2 所示。从 σ-ε 曲线中可获取被测材料的一些性能信息，如弹性、强度、塑性等。

应力-应变曲线中的 OP 段为直线。在这一段的加载过程中若中途卸除载荷，则试样将恢复原状，这种不产生永久变形的能力称为弹性。应力-应变曲线中直线部分的斜率 E 称为弹性模量，其单位为 MPa。弹性模量 E 标志着材料抵抗弹性变形的能力，用来表示材料的刚度。其值愈大，材料产生一定量的弹性变形所需的应力愈大，表明材料愈

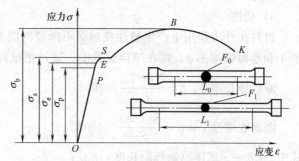

图 1-2 拉伸试样为低碳钢的应力-应变曲线

不易产生弹性变形，即材料的刚度愈大。E 值仅与材料有关，一些处理方法（如热处理、合金化、冷热加工等）对它的影响很小。材料在使用中，如刚度不足，则会由于发生过大的弹性变形而失效。应力-应变曲线中 E 点为试样不产生永久变形的最大应力，称为弹性极限，以 σ_e 表示。常见材料的弹性模量 E 值如表 1-1 所示。

表 1-1 常见材料的弹性模量

材料名称	弹性模量 E/MPa	材料名称	弹性模量 E/MPa	材料名称	弹性模量 E/MPa
灰铸铁	118～126	轧制纯铜	108	轧制铝	68
球墨铸铁	173	冷拔纯铜	127	拔制铝线	69
延性铁	120	轧制磷锡青铜	113	硬铝合金	70
碳钢	206	冷拔黄铜	89～97	轧制锌	82
铸钢	202	轧制锰青铜	108	铅	16
镍铬钢	206	铸锡青铜	103	钨（W）	400～410
合金钢	206	铸铝青铜	103	碳化钨	450～650

2）强度

① 屈服强度。如图 1-2 所示，当载荷增加到 S 点时曲线转为一水平段，即应力不增加而变形继续增加，这种现象称为"屈服"。此时若卸载，则试样不能恢复原状而是保留一部分残余的变形，这种不能恢复的残余变形称为塑性变形。试样产生屈服时的应力称为屈服强度（屈服点），以 σ_s 表示。

没有明显屈服现象的材料，国家标准规定用试样标距长度产生 0.2% 塑性变形时的应力值作为该材料的屈服强度，以 $\sigma_{0.2}$ 表示。

机械零件在工作状态下一般不允许产生明显的塑性变形，因此 σ_s 或 $\sigma_{0.2}$ 是机械零件设计和选材的主要依据，也是衡量金属材料承载能力大小的重要力学性能指标。

② 抗拉强度。应力超过屈服点时，整个试样将发生均匀而显著的塑性变形。当达到 B 点时，试样开始局部变细，出现"颈缩"现象。此后由于试样截面积显著减小而不足以抵抗外力的作用，在 K 点发生断裂。断裂前的最大应力称为抗拉强度，以 σ_b 表示。它反映了材料产生最大均匀变形的抗力。

屈服强度与抗拉强度的比值 σ_s/σ_b 称为屈强比，其值越大，越能发挥材料的潜力，减小结构的自重；其值越小，零件工作时的可靠性越高；其值太小，材料强度的有效利用率会降低。因此，屈强比一般取 0.65～0.75。

3）塑性

材料在外力作用下产生塑性变形而不断裂的能力称为塑性。常用的性能指标有断后伸长率 δ 和断面收缩率 ψ，可在拉伸试验中，通过把试样拉断后将其对接起来进行测量得到。

断后伸长率 δ：$\delta = \dfrac{L_1 - L_0}{L_0} \times 100\%$

断面收缩率 ψ：$\psi = \dfrac{S_0 - S_1}{S_0} \times 100\%$

式中　L_0——试样原始标距长度，mm；

　　　L_1——试样拉断后对接的标距长度，mm；

　　　S_0——试样原始横截面积，mm^2；

　　　S_1——试样拉断后缩颈处的最小横截面积，mm^2。

δ、ψ 愈大，材料塑性愈好。一方面，金属材料应具有一定的塑性才能进行各种变形加工；另一方面，材料具有一定塑性，可以提高零件使用的可靠性，防止突然断裂。由于断后伸长率与试样尺寸有关，因此，比较断后伸长率时要注意试样规格的统一。

材料从变形到断裂整个过程所吸收的能量称为材料的韧性，即拉伸曲线与横坐标轴所包围区域的面积。

4）硬度

材料抵抗其他更硬物体压入其表面的能力称为硬度。硬度反映了材料抵抗局部塑性变形的能力，是检验毛坯、成品件、热处理件的重要性能指标。

一般地讲，硬度越高，越有利于耐磨性的提高。生产中常用硬度值来估测材料耐磨性的好坏。测试硬度的试验方法有多种，但基本上可分为压入法和刻划法两大类，其中压入法较为常用。常用的压入法测量硬度的指标有布氏硬度、洛氏硬度和维氏硬度。

① 布氏硬度。布氏硬度试验原理如图 1-3 所示。用一定载荷 F 将直径为 D 的淬火钢球或硬质合金球压入被测材料的表面，保持一定时间后卸去载荷，此时被测表面将出现直径为 d 的压痕。在读数显微镜下测量压痕直径，并根据所测直径查表，得到硬度值。显然，材料愈软，压痕

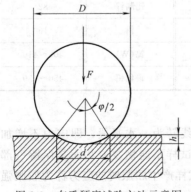

图 1-3　布氏硬度试验方法示意图

直径愈大，布氏硬度值愈低；反之，布氏硬度值愈高。

压头为淬火钢球时，布氏硬度用符号 HBS 表示，适用于测量退火、正火、调质钢及铸铁、非铁合金等布氏硬度小于 450 的软金属；压头为硬质合金球时，用 HBW 表示，适用于测量布氏硬度值在 650 以下的材料。标注布氏硬度值时，代表其布氏硬度值的数字置于 HBS（或 HBW）前面。布氏法的优点是测定结果较准确；缺点是压痕大，不适于成品检验。目前布氏硬度一般均以钢球为压头，主要用于测量较软的金属材料。

实践证明，金属材料的硬度与强度之间具有近似的对应关系。因为硬度是由起始塑性变形抗力和继续塑性变形抗力决定的，材料的强度越高，塑性变形抗力越高，硬度值也就越高。工程上，材料的 σ_b 与布氏硬度之间的经验关系为：

低碳钢：$\sigma_b(MPa) \approx 3.53 HBS$

高碳钢：$\sigma_b(MPa) \approx 3.33 HBS$

合金调质钢：$\sigma_b(MPa) \approx 3.19 HBS$

灰铸铁：$\sigma_b(MPa) \approx 0.98 HBS$

退火铝合金：$\sigma_b(MPa) \approx 4.70 HBS$

② 洛氏硬度。洛氏硬度的测试原理如图 1-4 所示，它是以顶角为 120° 的金刚石圆锥体（见图 1-4）或直径 1.588mm 的淬火钢球作为压头，以一定的压力压入材料表面，通过测量压痕深度来确定其硬度的。被测材料硬度可直接由硬度计的刻度盘读出。压痕愈深，材料愈软，洛氏硬度值愈低。根据所加载荷和压头的不同，洛氏硬度有三种标尺，分别以 HRA、HRB、HRC 表示，洛氏硬度符号、试验条件和应用如表 1-2 所示。

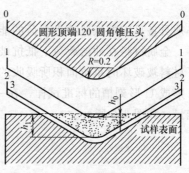

图 1-4　洛氏硬度试验方法示意图

表 1-2　洛氏硬度符号、试验条件和应用举例

硬度符号	压头类型	总压力/N	硬度值有效范围	应用举例
HRA	120°金刚石圆锥	558.4	70HRA 以上 （相当 350HBS 以上）	硬质合金、表面淬火钢
HRB	ϕ1.588mm 淬火钢球	980.7	25~100HRB （相当于 60~230HBS）	软钢、退火钢、铜合金
HRC	120°金刚石圆锥	1471	20~67HRC （相当于 225HBS 以上）	淬火钢件

以上三种洛氏硬度中，以 HRC 标尺应用得最多，一般经淬火处理的钢或工具都用 HRC 标尺测量。在中等硬度情况下，洛氏硬度 HRC 与布氏硬度 HBS 之间关系约为 1∶10，如 40HRC 相当于 400HBS 左右。

③ 维氏硬度。维氏硬度的测量原理为：采用锥面夹角为 136° 的金刚石正四棱锥体，将试样表面压出一个四方锥形的压痕，经一定保持时间后卸除试验压力，测量压痕对角线平均长度 d，根据 d 值查维氏硬度表即可求出维氏硬度值，如图 1-5 所示。维氏硬度用 HV 表示，单位为 MPa，一般不予标出。

维氏硬度试验载荷小，压痕深度浅，可用于测量较薄材料、金属镀层、渗氮、渗碳层的硬度。此外，因其压头是金刚石角锥，载荷可调范围大，故对软、硬材料均适用，测定范围为 10~1000HV。但其硬度值需要通过测量压痕对角线长度后才能进行计算或查表，工作效

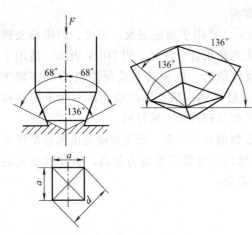

图 1-5　维氏硬度试验方法示意图

率比洛氏硬度低。

上述各种硬度测量法相互之间没有理论换算关系，因此，各硬度试验法测得的硬度值不能直接进行比较，必须通过硬度换算表换算成同一种硬度值后，方可比较其大小。

（2）动载时材料的力学性能

1）冲击韧性

在生产实践中，许多机械零件和工具均会处于冲击载荷下工作，如锻锤锤杆、冲床冲头、飞机起落架、汽车齿轮等。由于冲击载荷的加载速度大，作用时间短，机件常常因局部载荷过大而产生变形和断裂。因此，对于承受冲击载荷的机件，仅具有高强度是不够的，还必须具备足够的抵抗冲击载荷的能力。

金属材料在冲击载荷下抵抗破坏的能力称为冲击韧性。冲击韧性一般是以在冲击力作用下材料被破坏时单位面积所吸收的能量来表示的。测定冲击韧性常用的方法是，用一个带有 V 形或 U 形刻槽的标准试样，在一次摆锤式弯曲冲击试验机上弯曲折断，测定其所消耗的能量，如图 1-6 所示。

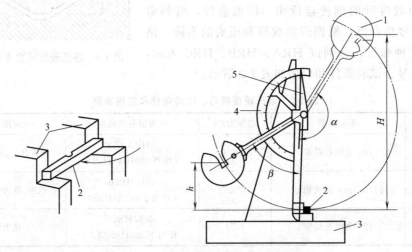

图 1-6　一次摆锤式弯曲冲击试验示意图
1—摆锤；2—试样；3—支承；4—刻度盘；5—指针

试验时，把试样 2 放在试验机的两个支承 3 上，试样缺口背向摆锤冲击方向，将重量为 W（N）的摆锤 1 放至一定高度 H（m），释放摆锤，并测量出击断试样后向另一方向升起的高度 h（m）。根据摆锤重量和冲击前后摆锤的高度差，由刻度盘直接读出击断试样所消耗的冲击功 A_k。冲击韧性值 a_k 的计算公式为：

$$a_k = A_k/F \quad (\text{J/cm}^2)$$

式中　A_k——冲击吸收功，J；

　　　F——试样缺口处横截面积，cm^2。

冲击韧性值越高，材料韧性越好。在实际工作中，零件的破坏是多次能量冲击所致。试验表明：材料的多次冲击抗力由强度和塑性综合决定，冲击能量小时，取决于材料的强度；冲击能量大时，取决于材料的塑性。此外，材料的韧性还和温度有关，脆性转变温度越低的材料，低温下承受冲击的能力越强。

2）疲劳强度

许多机械零件（如齿轮、轴、弹簧等）是在重复或交变应力的作用下工作的，如图 1-7 所示。承受重复或交变应力的零件，工作中往往会在工作应力低于其屈服点的情况下发生断裂，这种断裂称为疲劳断裂。疲劳断裂与静载荷作用下的断裂不同。无论是脆性材料还是韧性材料，疲劳断裂都是突然发生的，没有明显的塑性变形，很难事先观察到，具有很大的危险性。据统计，在机械零件失效中 60%～70% 属于疲劳破坏，因此，设计时应充分考虑材料的疲劳断裂。

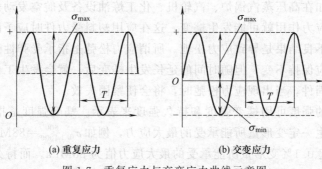

(a) 重复应力   (b) 交变应力

图 1-7 重复应力与交变应力曲线示意图

疲劳破坏是一个裂纹发生和发展的过程。由于材料质量和加工过程中存在缺陷，在零件局部区域造成应力集中，在重复或交变应力的反复作用下就会产生疲劳裂纹，并随着应力循环周次的增加，疲劳裂纹不断扩展，使材料承受载荷的有效面积不断减小，当减小到不能承受外加载荷作用时，就产生瞬时断裂。

大量试验表明，金属材料所受的最大交变应力越大，断裂前所受的循环次数 N（定义为疲劳寿命）就越少。这种交变应力与疲劳寿命 N 的关系曲线称为疲劳曲线或 σ-N 曲线，如图 1-8 所示。

一般钢铁材料的 σ-N 曲线如图 1-8 所示。从曲线上可以看出，循环应力 σ 越低，则断裂前的循环次数 N 越多。当应力降到某一定值后，曲线趋于水平，这说明当应力低于此值时，材料可经无限次应力循环而不断裂。试样不发生断裂的最大循环应力值称为疲劳强度，用 σ_{-1} 表示。实际上不可能做无限多次交变载荷试验，一般钢铁材料取循环次数为 10^7 次时能承受的最大循环应力为疲劳强度。

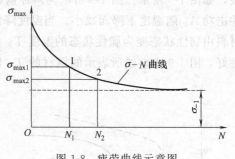

图 1-8 疲劳曲线示意图

不存在疲劳极限的材料，如非铁金属、高强度钢及在腐蚀介质作用下的钢铁材料，以断裂前所规定的循环次数 N 时所能承受的最大应力为疲劳强度，称为条件疲劳强度，用 σ_N 表示。一般规定：非铁金属的 N 取 10^6 次；腐蚀介质作用下钢铁材料的 N 取 10^8 次。

金属的疲劳强度与抗拉强度之间存在近似的比例关系：

碳素钢：$\sigma_{-1} \approx (0.4 \sim 0.55)\sigma_b$。

灰铸铁：$\sigma_{-1} \approx 0.4\sigma_b$。

非铁金属：$\sigma_{-1} \approx (0.3 \sim 0.4)\sigma_b$。

(3) 高、低温性能

1）高温性能

蠕变，是指金属材料在恒温、恒载荷的长期作用下缓慢地产生塑性变形的现象。任何温度下金属材料都可能产生蠕变，但低温时并不明显，因此可以忽略不计；当约比温度＞0.3时，蠕变效应将比较明显。时间是影响金属材料高温蠕变特性的另一重要因素。

在常温下，基本可以忽略时间对金属材料蠕变特性产生的影响，但随着温度的升高，时间效应对蠕变特性的影响就逐渐显现出来了。蠕变的一般规律是，温度越高，工作应力越大，则蠕变的发展越快，产生断裂的时间就越短。因此在高温下使用的金属材料，应具有足够的抗蠕变能力，如在高压蒸汽锅炉、汽轮机、化工炼油设备及航空发动机中的机件。工程塑料在室温下受到应力作用就可能发生蠕变，这在应用塑料受力件时应予以注意。

蠕变的另一种不良结果是导致应力松弛。所谓应力松弛是指承受弹性变形的零件，在工作过程中总变形量应保持不变，但随时间的延长发生蠕变后，就会发生工作应力自行逐渐衰减现象。如高温紧固件，当出现应力松弛时，将会使紧固失效。

高温下，金属的强度可用蠕变强度和持久强度来表示。蠕变强度是指金属在一定温度下、一定时间内产生一定变形量所能承受的最大应力，例如 $\sigma_{0.1\ 1000}^{600} = 88\text{MPa}$，表示在600℃下、1000h内，引起0.1%变形量所能承受的最大应力值为88MPa。而持久强度是指金属在一定温度下、一定时间内所能承受的最大断裂应力。例如 $\sigma_{100}^{800} = 186\text{MPa}$，表示工作温度为800℃、约100h所能承受的最大断裂应力为186MPa。

2）低温性能

温度是影响金属材料和工程结构断裂方式的重要因素之一。许多断裂事故发生在低温条件下，这是由于温度对工程上广泛使用的低中强度结构钢和铸铁的性能影响很大，随着温度的降低，钢的屈服强度增加、韧性降低。体心立方金属存在脆性转变温度，而面心立方金属，如铝等，没有明显的低温脆性。

通过在不同温度下对材料进行一系列冲击试验，可得到材料的冲击韧性与温度的关系曲线，如图1-9所示。图1-9所示为两种钢材的温度-冲击功关系曲线。由图1-9可知，材料的冲击功 A_k 随温度下降而减小。当温度降到某一值时，A_k 值会急剧减小使材料呈脆性状态。材料由韧性状态变为脆性状态的温度 T_k 称为冷脆转化温度。材料的 T_k 低，表明其低温韧性好，图1-9中虚线所表示的钢材的 T_k 低于实线所表示的钢材的 T_k'，故前者低温韧性好。

低温韧性对于在低温条件下使用的材料很重要。

1.2.2 材料的物理性能

物理性能是指材料的密度、熔点、热膨胀性、磁性、导电性与导热性等。

(1) 密度

材料的密度是指单位体积中材料的质量。一般将密度小于 5000kg/m^3 的金属称为轻金属，密度大于 5000kg/m^3 的金属称为重金属。抗拉强度 σ_b 与密度 ρ 之比称为比强度；弹性模量 E 与密度

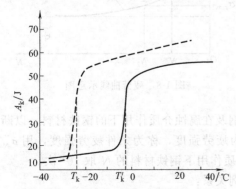

图1-9 两种钢材的温度-冲击功关系曲线

ρ 之比称为比弹性模量。比强度和比弹性模量也是衡量零件材料性能的重要指标。密度大的材料将增加零件的重量，降低零件单位重量的强度，即降低比强度。一般航空、航天等领域都要求材料具有高的比强度和比弹性模量。

（2）熔点

熔点是指材料开始熔化的温度。金属都有固定的熔点，合金的熔点取决于它的化学成分，是金属与合金的冶炼、铸造和焊接等重要的工艺参数。熔点高的金属称为难熔金属（如 W、Mo、V 等），可以用来制造耐高温零件，在燃气轮机、航空、航天等领域有广泛的应用。熔点低的金属称为易熔金属（如 Sn、Pb 等），可以用来制造熔丝、防火安全阀等零件。陶瓷的熔点一般都显著高于金属及合金的熔点，而高分子材料一般不是完全晶体，没有固定的熔点。

（3）热膨胀性

材料的热膨胀性通常用热膨胀系数表征。陶瓷的热膨胀系数最低，金属次之，高分子材料最高。对于精密仪器或机器零件，热膨胀系数是一个非常重要的性能指标。在异种金属焊接中，常因材料的热膨胀性相差过大而使焊件变形或破坏。

（4）磁性

材料能导磁的性能叫作磁性。磁性材料可分为软磁性材料和硬磁性材料，前者是指容易磁化，导磁性良好，但外磁场去掉后，磁性基本消失的磁性材料（如电工用纯铁、硅钢片等）。后者是指去磁后仍保持磁场，磁性不易消失的磁性材料（如淬火的钴钢、稀土钴等）。许多金属（如 Fe、Ni、Co 等）均具有较高的磁性，但也有不少金属（如 Al、Cu、Pb 等）是无磁性的。非金属材料一般无磁性。

（5）导热性

材料的导热性用热导率（也称导热系数）λ 来表征。材料的热导率越大，导热性越好。一般来说，金属越纯，其导热能力越大。金属及合金的热导率远高于非金属材料。

导热性好的材料其散热性也好，可用来制造热交换器等传热设备的零、部件。而导热性差的材料如高合金钢，在锻造或热处理时，加热和冷却速度过快会引起零件表面与内部大的温差，产生不同的膨胀，形成过大的热应力，引起材料发生变形或开裂。

（6）导电性

材料的导电性一般用电阻率表征。通常金属的电阻率随温度升高而增加，非金属材料则与此相反。金属一般具有良好的导电性。导电性与导热性一样，是随合金成分的复杂化而降低的，因而纯金属的导电性总比合金要好。高分子材料都是绝缘体，但有的高分子复合材料也有良好的导电性。陶瓷材料虽然也是良好的绝缘体，但某些特殊成分的陶瓷却是有一定导电性的半导体。

常用金属的物理性能如表 1-3 所示。

表 1-3　常用金属的物理性能

金属名称	符号	密度 ρ(20℃)/(10^3kg/m^3)	熔点/℃	热导率 λ/[W/(m·K)]	热膨胀系数 α_e(0~100℃)/10^{-6}K^{-1}	电阻率 ρ/10^{-8}Ω·m
银	Ag	10.49	960.8	418.6	19.7	1.5(0℃)
铝	Al	2.698	660.1	221.9	23.6	2.655(0℃)
铜	Cu	8.96	1083	393.5	17.0	1.67~1.68(20℃)

续表

金属名称	符号	密度 ρ(20℃) /(10^3kg/m³)	熔点/℃	热导率 λ /[W/(m·K)]	热膨胀系数 α_e (0~100℃) /10^{-6}K^{-1}	电阻率 ρ /$10^{-8}\Omega$·m
铬	Cr	7.19	1903	67	6.2	12.9(0℃)
铁	Fe	7.84	1538	75.4	11.76	9.7(0℃)
镁	Mg	1.74	650	153.7	24.3	4.47(0℃)
锰	Mn	7.43	1244	4.98(−192℃)	37	185(20℃)
镍	Ni	8.90	1453	92.1	13.4	6.84(0℃)
钛	Ti	4.508	1677	15.1	8.2	42.1~47.8(0℃)
锡	Sn	7.298	231.91	62.8	2.3	11.5(0℃)
钨	W	19.3	3380	166.2	4.6(20℃)	5.1(0℃)

1.2.3 材料的化学性能

化学性能是指材料在室温或高温时抵抗各种介质化学侵蚀的能力，主要有耐腐蚀性和抗氧化性。

(1) 耐腐蚀性

材料抵抗各种介质腐蚀破坏的能力称为耐腐蚀性。一般来说，非金属材料的耐腐蚀性远高于金属材料。在金属材料中，碳钢、铸铁的耐腐蚀性较差，不锈钢、铝合金、铜合金、钛及其合金的耐腐蚀性较好。在食品、制药、化工工业中不锈钢是重要的应用材料。

(2) 抗氧化性

金属材料在加热时抵抗氧化作用的能力称为抗氧化性。加入 Cr、Si 等合金元素，可提高钢的抗氧化性。如合金钢 4Cr9Si2 中含有质量分数为 9% 的 Cr 和质量分数为 2% 的 Si，可在高温下使用，制造内燃机排气阀及加热炉炉底板、料盘等。

材料在高温下的化学稳定性称为热稳定性。在高温条件下工作的设备，如锅炉、汽轮机、喷气发动机等部件和零件应选择热稳定性好的材料来制造。

1.2.4 材料的工艺性能

任何零件都是由不同的工程材料通过一定的加工工艺制造出来的，材料的工艺性能将直接影响到零件的加工质量和费用。工艺性能是指材料在成形过程中实施冷、热加工的难易程度，主要包含以下内容：

(1) 铸造性能

铸造性能是指材料在铸造生产工艺过程中所表现出来的性能，它包含流动性、收缩性。合金中，铸造铝合金、铸造铜合金的铸造性能优于铸铁和铸钢，而铸铁优于铸钢。在铸铁中以灰铸铁的铸造性能为最好。

(2) 压力加工性能

压力加工性能是指材料的塑性和变形抗力，包括锻造性能、冷冲压性能等。塑性好，则易成形，加工面质量优良，不易产生裂纹；变形抗力小，则变形比较容易，变形功小，金属易于充满模腔，不易产生缺陷。一般低碳钢的压力加工性能比高碳钢好，非合金钢的压力加工性能比合金钢好。

（3）焊接性能

焊接性能指材料对焊接成形的适应性，即在一定焊接工艺条件下材料获得优质焊接接头的难易程度。它包括焊接应力、变形及晶粒粗化倾向，焊缝脆性、裂纹、气孔及其他缺陷倾向等。通常低碳钢和低合金钢具有良好的焊接性能，碳与合金元素含量越高，焊接性能越差。

（4）切削加工性能

切削加工性能指材料接受切削加工而成为合格工件的难易程度，通常用切削抗力大小、零件表面粗糙度、排除切屑难易程度及刀具磨损量等来综合衡量其性能好坏。一般地，材料硬度值在 170～230HBW 范围内，切削加工性能好。

（5）热处理工艺性能

热处理工艺性能指材料对热处理工艺的适应性，常用材料的热敏感性、氧化、脱碳倾向、淬透性、回火脆性、淬火变形和开裂倾向等来评定。一般地，碳钢的淬透性差、强度较低、加热时易过热、淬火时易变形开裂，而合金钢的淬透性优于碳钢。

（6）黏结固化性能

高分子材料、陶瓷材料、复合材料及粉末冶金材料，大多数由黏合剂在一定条件下将各组分黏结固化而成。因此，这些材料应注意在成形过程中，各组分之间的黏结固化倾向，才能保证顺利成形及成形质量。

习题

一、名词解释

强度　刚度　硬度　塑性　疲劳强度　高温蠕变

二、简答题

1. 画出低碳钢的力-伸长曲线，并简述拉伸变形的几个阶段。
2. 采用布氏硬度试验测取材料的硬度值有哪些优缺点？
3. 什么叫金属材料的力学性能？金属材料的力学性能包含哪些方面？
4. 在拉伸试验中衡量金属强度的主要指标有哪些？它们在工程应用上有什么意义？
5. 在拉伸试验中衡量金属塑性的指标有哪些？
6. 试指出测定金属硬度的常用方法和各自的优缺点。
7. 在下面几种情况下该用什么方法来试验硬度？写出硬度符号。
① 检查锉刀、钻头成品硬度；
② 检查材料库中钢材硬度；
③ 检查薄壁工件的硬度或工件表面很薄的硬化层；
④ 黄铜轴套；
⑤ 硬质合金刀片。
8. 什么是冲击韧性？a_k 指标有什么实用意义？

第②章

金属材料的结构与结晶

● 学习目标

① 了解晶体结构基本概念，掌握常见金属的晶体结构类型，熟悉晶格缺陷及其对性能的影响。

② 了解金属的凝固结晶过程及其影响因素。

③ 理解金属材料科学中材料组成、结构、工艺与性能之间的相互影响。

④ 重点理解并掌握铁碳合金相图，掌握铁碳合金中的基本组成和基本相以及铁碳相图的分析方法。

2.1 金属的晶体结构

材料的性能决定于材料的化学成分和其内部的组织结构。众所周知，一切物质是由无数微粒按一定的方式聚集而成的，而这些微粒可能是分子、原子或离子。固态物质按其原子（或离子、分子）的聚集状态可分为两大类：晶体与非晶体。原子（或离子、分子）在三维空间中有规则地周期性重复排列的物体称为晶体，如天然金刚石、水晶、氯化钠等。原子（或离子、分子）在空间中无规则排列的物体则称为非晶体，如松香、石蜡、玻璃等。晶体结构的基本特征是原子（或分子、离子）在三维空间呈周期性重复排列，即存在长程有序。因此，晶体与非晶体物质在性能上主要有两点区别：

① 晶体熔化时具有固定的熔点，而非晶体却无固定熔点，存在一个软化温度范围；

② 晶体具有各向异性，而非晶体却为各向同性。由于金属由金属键结合，其内部的金属离子在空间中有规则的排列，因此固态金属一般情况下均是晶体。

2.1.1 金属的晶体结构

(1) 晶体学基本概念

1) 晶格与晶胞

在晶体中，质点（即原子、离子或分子）在空间中的分布具有周期性和对称性，如图2-1（a）所示。习惯上，人们常用空间几何图形来抽象地表示晶体结构，即把晶体质点的中心用直线连接起来，构成一个空间网格，此即晶格，也称为晶格点阵，如图2-1（b）所示。晶格的结点为金属原子（或离子）平衡中心的位置。能反映该晶格特征的最小组成单元称为晶胞，如图 2-1（c）所示。晶胞在三维空间的重复排列构成晶格。晶胞的基本特性即反映该晶体结构（晶格）的特点，因此研究一种金属材料的晶格特性，我们只需要研究其晶胞所具有的性质即可。

2）晶格常数

晶胞的几何特征可以用晶胞的三条棱边长 a、b、c 和三条棱边之间的夹角 α、β、γ 等六个参数来描述，如图 2-1（c）所示。其中 a、b、c 为晶格常数。金属的晶格常数一般为 $1\times10^{-10}\sim7\times10^{-10}$ m。对于立方晶格，$a=b=c$，且 $\alpha=\beta=\gamma=90°$。不同元素组成的金属晶体因晶格形式及晶格常数的不同表现出不同的物理、化学和力学性能。

3）晶向与晶面

将晶格点阵在任意方向上分解为相互平行的结点平面，这样的结点平面称为晶面。晶面上的结点，在空间构成一个二维点阵。同一取向上的晶面，不仅相互平行、间距相等，而且结点的分布也相同，如图 2-2（a）所示。结晶学中经常用 (hkl) 来表示一组平行晶面，称为晶面指数。数字 h、k、l 是晶面在三个坐标轴（晶轴）上截距的倒数的互质整数比。

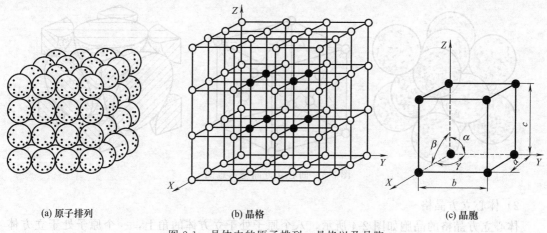

(a) 原子排列　　　(b) 晶格　　　(c) 晶胞

图 2-1　晶体中的原子排列、晶格以及晶胞

晶格点阵也可在任意方向上分解为相互平行的结点直线组，质点等距离地分布在直线上，位于一条直线上的质点构成一个晶向。同一直线组中的各直线，其质点分布完全相同，故其中任何一直线均可作为直线组的代表。晶向指数用 $[uvw]$ 来表示。其中 u、v、w 三个数字是晶向矢量在参考坐标系 X、Y、Z 轴上的矢量分量经等比例化简而得出的，如图 2-2（b）所示。

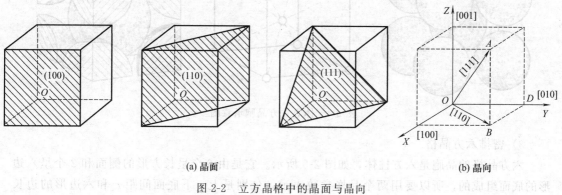

(a) 晶面　　　(b) 晶向

图 2-2　立方晶格中的晶面与晶向

（2）金属的晶体结构

金属中由于原子间通过较强的金属键结合，原子趋于紧密排列，构成少数几种高对称性的简单晶体结构。元素周期表中所有元素的晶体结构几乎都已经用实验方法测出，最常见的金属晶体结构主要有三种，即面心立方结构（FCC 或 A1）、体心立方结构（BCC 或 A2）以及密排六方结构（HCP 或 A3）。据统计，约有90%以上金属元素的金属晶体结构都属于这三种晶格形式。

1）面心立方晶格

面心立方晶格的晶胞如图2-3所示。在晶胞8个角及6个面的中心各分布着一个原子，在面对角线上，面中心的原子与该面4个角上的各原子相互接触、紧密排列。每个面心位置的原子同时属于两个晶胞所共有，故每个面心立方晶胞中仅包含 $1/8 \times 8 + 1/2 \times 6 = 4$ 个原子。晶胞中原子排列的紧密程度可用致密度来表示，致密度是指晶胞中原子所占的体积与该晶胞体积之比，可以算出面心立方晶格的致密度为0.74。具有这种晶格的金属有铝（Al）、铜（Cu）、镍（Ni）、金（Au）、银（Ag）、γ-铁（γ-Fe，912～1394℃）等。

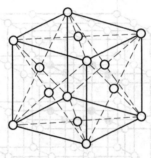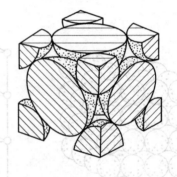

图2-3　面心立方晶胞示意图

2）体心立方晶格

体心立方晶格的晶胞如图2-4所示，八个原子处于立方体的角上，一个原子处于立方体的中心，角上八个原子与中心原子紧靠。体心立方晶胞每个角上的原子为相邻的8个晶胞所共有，因此实际上每个晶胞所含原子数为 $1/8 \times 8 + 1 = 2$ 个，其致密度为0.68。具有体心立方晶格的金属有钼（Mo）、钨（W）、钒（V）、α-铁（α-Fe，<912℃）等。

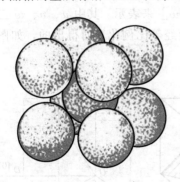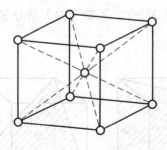

图2-4　体心立方晶胞示意图

3）密排六方晶格

六方晶格的晶胞是六方柱体，如图2-5所示。它是由6个呈长方形的侧面和2个呈六边形的底面组成的，所以要用两个晶格常数表示，分别是上、下底面间距 c 和六边形的边长

a，在紧密排列情况下 $c/a=1.633$。在密排六方晶胞中，在六方体的 12 个角上和上、下底面的中心各排列着一个原子，在晶胞中间还有 3 个均匀分布的原子。因为其每个角上的原子为相邻的 6 个晶胞所共有，上、下底面中心的原子为 2 个晶胞所共有，晶胞内部三个原子为该晶胞独有，所以密排六方晶胞中原子数为 $12×1/6+2×1/2+3=6$ 个；其致密度为 0.74。具有这种晶格的金属有镁（Mg）、镉（Cd）、锌（Zn）、铍（Be）等。

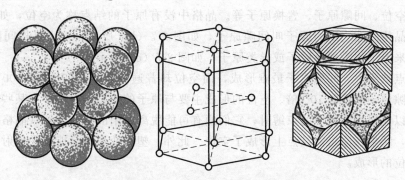

图 2-5　密排六方晶胞示意图

由以上三种金属晶体结构的特征可看出面心立方晶格和密排六方晶格中原子排列紧密程度完全一样，在空间中是排列最紧密的两种形式。体心立方晶格中原子排列紧密程度要差些。因此当一种金属（如 Fe）从面心立方晶格向体心立方晶格转变时，将伴随着体积的膨胀。这就是钢在淬火时因相变而发生体积变化的原因。面心立方晶格中的空隙半径比体心立方晶格中的空隙半径要大，表示容纳小直径其他原子的能力要大。如 γ-Fe 中最多可容纳 2.11％的碳原子，而 α-Fe 中最多只能容纳 0.02％的碳原子，这在钢的化学热处理（渗碳）过程中有很重要的实际意义。此外，由于不同晶体结构中原子排列的方式不同，它们的变形能力也会有所不同。

2.1.2　实际晶体结构与晶体缺陷

上述晶体结构是一种理想的结构，可看成是晶胞的重复堆砌，这种晶体称为单晶体，即原子排列的位向或方式均相同的晶体，如图 2-6（a）所示。由于许多因素的作用，实际金属远非理想完美的单晶体，结构中存在许多类型的缺陷，绝大多数的是多晶体，即由若干个小的单晶体组成，这些小的单晶体称为晶粒，每个晶粒的原子位向各不相同，晶粒之间的边界称为晶界，如图 2-6（b）所示。

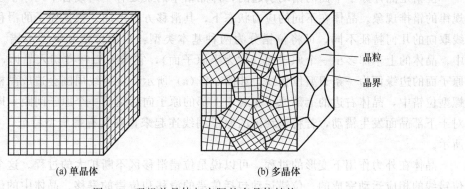

(a) 单晶体　　　　　　　　　(b) 多晶体

图 2-6　理想单晶体与实际的多晶体结构

按照缺陷在空间的几何形状及尺寸，晶体缺陷可分为点缺陷、线缺陷和面缺陷。结构的不完整性会对晶体的性能产生重大的影响，特别是对金属的塑性变形、固态相变以及扩散等过程起着重要的作用。

(1) 点缺陷

点缺陷是指在三维空间各方向上尺寸都很小，约为一个或几个原子间距的缺陷，属于零维缺陷，如空位、间隙原子、置换原子等。晶格中没有原子的结点称为空位，如图 2-7 (a) 所示；位于晶格间隙之中的原子叫间隙原子，如图 2-7 (b) 所示；挤入晶格间隙或占据正常结点的外来原子称为置换原子或异类原子，如图 2-7 (c) 所示。

在上述点缺陷中，间隙原子最难形成，而空位却普遍存在，例如铜在 1000℃时，空位浓度约为间隙原子浓度的 10^{35} 倍。空位的形成主要与原子的热振动有关：当某些原子振动的能量高到足以克服周围原子的束缚时，它们便有可能脱离原来的平衡位置（晶格的结点）而迁移至别处，结果在原来的结点上形成了空位。此外，塑性变形、高能粒子辐射、热处理等也能促进空位的形成。

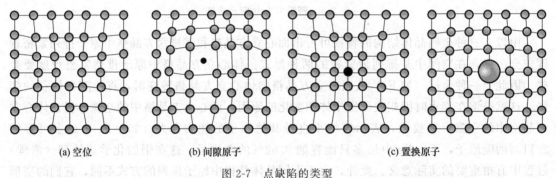

    (a) 空位   (b) 间隙原子   (c) 置换原子

图 2-7　点缺陷的类型

上述三种点缺陷都会造成局部晶格畸变，使金属的电阻率、屈服强度增加，密度发生变化。特别是间隙原子和置换原子，它们对基体晶格乃至基体材料性能的影响规律是开发合金材料的重要依据。

(2) 线缺陷

线缺陷是指在二维方向上尺寸很小而在第三维方向上尺寸相对很大的缺陷，属于一维缺陷。晶体中的线缺陷就是各种类型的位错。这是晶体中极为重要的一类缺陷，它对晶体的塑性变形、强度和断裂起着决定性的作用。

位错是晶体原子平面的错动引起的，即晶格中的某处有一列或若干列原子发生了某些有规律的错排现象。晶体在不同的应力状态下，其滑移方式不同。根据原子的滑移方向和位错线取向的几何特征不同，可将位错分为两种基本类型：刃型位错和螺型位错。在刃型位错中，晶体的上半部多出一个原子面（称为半原子面），它像刀刃一样切入晶体，其刃口即半原子面的边缘便为一条刃型位错线，如图 2-8 (a) 所示，位错线周围会造成晶格畸变。而在螺型位错中，晶体右边的上部原子相对于下部的原子向后错动一个原子间距，即右边上部相对于下部晶面发生错动，若将错动区的原子用线连起来，则具有螺旋型特征，如图 2-8 (b) 所示。

晶体在外力作用下变形的过程，可以说是位错滑移区不断扩大的过程。这个过程是通过位错线的相应运动完成的。位错运动包括位错的滑移和位错的攀移。晶体中的位错密度以单

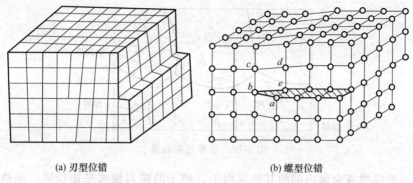

(a) 刃型位错　　　　　　　　　　　　(b) 螺型位错

图 2-8　刃型位错与螺型位错示意图

位体积中位错线的总长度来表示，单位是 cm/cm³（或 cm⁻²）。在退火金属中，位错密度一般为 $10^6 \sim 10^{10}$ cm⁻²。在大量冷变形或淬火的金属中，位错密度增加，屈服强度将会增高，因此提高位错密度是金属强化的重要途径之一。此外，晶体中的点缺陷会对位错的组态和运动产生显著影响，进而影响晶体的力学性质。点缺陷与位错的相互作用是晶体固溶强化的物理基础。

（3）面缺陷

面缺陷是将材料分成若干区域的边界，每个区域内具有相同的晶体结构，区域之间有不同的取向，如表面、晶界、界面、层错、孪晶面等。面缺陷属于二维缺陷，它在二维方向上尺寸很大，第三维方向上尺寸很小。最常见的面缺陷是晶体中的晶界和亚晶界。

前面已经提到，实际金属为多晶体，是由大量外形不规则的小晶体即晶粒组成的，每个晶粒基本上可视为单晶体，如图 2-9 所示。纯金属中，所有晶粒的结构完全相同，但彼此之间的位向不同，位向差为几十分、几度或几十度。晶粒与晶粒之间的接触界面叫作晶界。随相邻晶粒位向差的不同，其晶界宽度为 5～10 个原子间距。晶界在空间中呈网状，晶界上原子的排列不是非晶体式混乱排列，但规则性较差。原子排列的总特点是，采取相邻两晶粒的折中位置，使晶格由一个晶粒的位向，通过晶界的协调，逐步过渡为相邻晶粒的位向（图 2-9）。

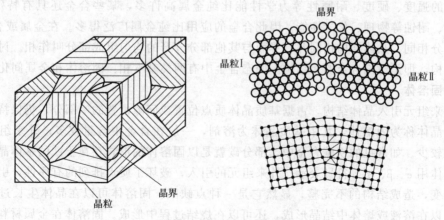

图 2-9　晶粒与晶界示意图

多晶体里的每个晶粒内部也不是完全理想的规则排列，而是存在着很多尺寸很小、位向差也很小（小于 1°～2°）的小晶块，这些小晶块称为亚晶粒。亚晶粒之间的交界叫亚晶界，它实际上由垂直排列的一系列刃型位错（位错墙）构成，如图 2-10 所示。

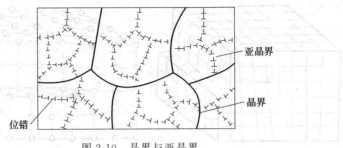

图 2-10　晶界与亚晶界

在晶界、亚晶界或金属内部的其他界面上，原子的排列偏离平衡位置，晶格畸变较大，位错密度较大（可达 $10^{16}\,\mathrm{m}^{-2}$ 以上），原子处于较高的能量状态，原子的活性较大，所以对金属中许多过程的进行具有极为重要的作用。晶界和亚晶界均可提高金属的强度，一般晶粒越细，晶界越多，金属的塑性变形能力越大，塑性越好。

必须注意的是，在实际晶体结构中，上述这些晶体缺陷并不是静止不变的，而是随着温度及加工过程等各种条件的改变而不断变动的。这种变化既体现在缺陷所处位置的变化，也体现在缺陷数量或密度的变化。金属材料中缺陷的产生与消失，以及各种缺陷之间的交互作用，是强化金属的重要理论基础。

2.1.3　合金以及合金的晶体结构

纯金属具有良好的导电性、导热性、塑性及金属光泽等物理化学特性，但强度、硬度等力学性能一般都很低，且熔炼困难、价格昂贵，难以满足现代工业对金属材料提出的多品种、高性能的要求。因此，工业上应用较多的都是合金。

一种金属元素同另一种或几种其他元素，通过熔化或其他方法结合在一起所形成的具有金属特性的物质叫作合金。组成合金的独立的、最基本的单元叫作组元。组元可以是金属、非金属元素或稳定化合物。由两个组元组成的合金称为二元合金，例如工程上常用的铁碳合金、铜镍合金、铝铜合金等。

合金的强度、硬度、耐磨性等力学性能比纯金属高许多，某些合金还具有特殊的电、磁、耐热、耐蚀等物理、化学性能。因此合金的应用比纯金属广泛得多。在金属或合金中，凡化学成分相同、晶体结构相同并有界面与其他部分分开的均匀组成部分叫作相。讨论合金的晶体结构，即是讨论合金的相结构。固态合金中有两类基本相：固溶体和金属间化合物。

(1) 固溶体

将外来组元引入晶体结构，占据基质晶体质点位置或间隙位置的一部分，仍保持一个晶相，这种晶体称为固溶体，其中基质晶体为溶剂，一般在合金中含量较多；外来组元为溶质，含量较少。如常见的铁碳合金中，部分碳就是以固溶体的形式存在于铁的基体晶格中。

固溶体用 α、β、γ 等符号表示。外来组元的引入，破坏了质点排列的有序性，引起周期势场的畸变，造成结构的不完整，显然它是一种点缺陷。固溶体可以在晶体生长过程中形成，也可以在溶液或熔体中结晶形成，还可以在烧结过程中形成。固溶体在金属材料中占有重要地位。

根据外来组元在基质晶体中所处位置的不同，可分为置换固溶体和间隙固溶体，其中置换固溶体中溶质原子代替了溶剂晶格某些结点上的原子，间隙固溶体中溶质原子进入溶剂晶格的间隙之中，如图 2-11 所示。

　　此外，按溶质原子在溶剂中的溶解度，可分为有限固溶体和无限固溶体两种。按溶质原子在固溶体中分布是否有规律，分无序固溶体和有序固溶体两种。

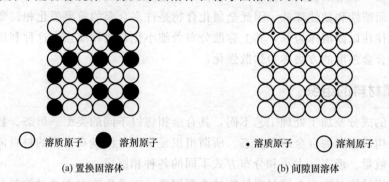

○ 溶质原子　　● 溶剂原子
(a) 置换固溶体

● 溶质原子　　○ 溶剂原子
(b) 间隙固溶体

图 2-11　置换固溶体与间隙固溶体

　　固溶体随着溶质原子的溶入，晶格发生畸变。对于置换固溶体，溶质原子较大时造成正畸变，较小时引起负畸变。形成间隙固溶体时，晶格总是产生正畸变。晶格畸变随溶质原子浓度的增高而增大。晶格畸变增大位错运动的阻力，使金属的滑移变形变得更加困难，从而提高合金的强度和硬度。这种通过形成固溶体使金属强度和硬度提高的现象称为固溶强化。固溶强化是金属强化的一种重要形式。在溶质含量适当时，可显著提高材料的强度和硬度，而塑性和韧性没有明显降低。例如，纯铜的强度为 220MPa，硬度为 40HB，断面收缩率为 70%；当加入 1% 镍形成单相固溶体后，强度升高到 390MPa，硬度升高到 70HB，而断面收缩率仍有 50%。所以固溶体的综合力学性能很好，常常作为结构合金的基体相。固溶体与纯金属相比，物理性能有较大的变化，如电阻率上升、导电率下降、磁矫顽力增大等。

(2) 金属间化合物

　　合金中溶质含量超过固溶体的溶解极限后，会形成晶体结构和特性完全不同于任一组元的新相，即金属间化合物。所谓金属间化合物是金属与金属，或金属与非金属（N、C、H、B、Si 等）之间形成的具有金属特性的化合物的总称。如铁碳合金中的渗碳体（Fe_3C），是铁碳合金中的重要组成相，它的晶格类型已经不再是铁的基体晶格类型，而是复杂的斜方晶格，如图 2-12 所示。

　　根据形成条件及结构特点，金属化合物可以分为正常价化合物、电子化合物和间隙化合物三大类。严格遵守化合价规律的化合物称正常价化合物。它们由元素周期表中相距较远、电负性相差较大的两种元素组成，可用确定的化学式表示。例如 Mg_2Si、ZnS 等。这类化合物性能的特点是硬度高、脆性大。不遵守化合价规律但符合一定电子浓度（化合物中价电子数与原子数之比）的化合物叫作电子化合物。电子化合物主要以金属键结合，具有明显的金属特性，可以导电。它们的熔点和硬度较高，塑性较差，在许多有色金属中为重要的强化相。由过渡族金属元素与碳、氮、氢、硼等原子半径较小的非金属元素形成的化合物为间隙化合物。其中尺寸较大的过渡族元素原子占据晶格的结点位置，尺寸较小的非金属原子则有规则地嵌入晶

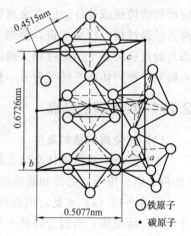

0.4515nm
0.6726nm
0.5077nm

○ 铁原子
● 碳原子

图 2-12　渗碳体的晶体
结构示意图

格的间隙之中。根据结构特点，间隙化合物分间隙相和复杂结构的间隙化合物两种。

金属化合物一般熔点较高、硬度高、脆性大。合金中含有金属化合物时，强度、硬度和耐磨性提高，而塑性和韧性降低，因此金属化合物是许多合金的重要强化相。要求强韧兼备的结构材料则往往以固溶体为基，其上弥散分布着细小化合物硬质点，这种利用细小弥散的稳定质点提高合金强度的方法称为弥散强化。

2.1.4 金属材料的组织

由于合金的成分及加工处理工艺不同，其合金相将以不同的类型、形态、数量、大小与分布相组合，构成不同的合金组织状态。所谓组织是指用显微镜观察到的材料内部的微观形貌。即组织由数量、形态、大小和分布方式不同的各种相组成。

材料的组织结构是决定金属材料性能的重要因素，工业生产中常通过控制和改变合金的组织来改变和提高合金的性能。金属材料的组织取决于它的化学成分和工艺过程，我们设计开发不同合金就是由调整材料的成分来获得预期的性能的。而当材料的化学成分一定时，工艺过程则是其组织的最重要影响因素。

比如同为基体组织是铁素体的灰口铸铁，其内部石墨的存在形态将会明显影响灰口铸铁的强度和硬度等性能；纯铁经冷拔后，晶粒被拉长变形，同时其内部位错密度等晶体缺陷增多，其强度与硬度均比未变形前要高得多；碳质量分数为 0.77% 的铁碳合金，室温平衡组织中含有片状的 Fe_3C 相，其硬度高达 800HB。切削加工时，车刀要不断切断 Fe_3C，因此刀具的磨损很厉害。但球化退火后，Fe_3C 相变为分散的颗粒状，切削时对刀具的磨损较小，使切削性能得到提高。

综上所述，金属材料的成分、工艺、组织结构和性能之间有着密切的关系。了解它们之间的关系，掌握材料中各种组织的形成及各种因素的影响规律，对于合理使用金属材料有十分重要的指导意义。

2.2 金属的凝固结晶

金属材料冶炼后，浇铸到锭模或铸模中，通过冷却，液态金属转变为固态金属，获得一定形状的铸锭或铸件。固态金属处于晶体状态，因此金属从液态转变为固态（晶态）的过程称为结晶过程。广义上讲，金属从一种原子排列状态转变为另一种原子规则排列状态（晶态）的过程均属于结晶过程。通常把金属从液态转变为固体晶态的过程称为一次结晶，而把金属从一种固体晶态转变为另一种固体晶态的过程称为二次结晶或重结晶。

2.2.1 纯金属的结晶

(1) 纯金属结晶的条件

通过实验，测得液体金属在结晶时的温度-时间曲线（称为冷却曲线）。绝大多数纯金属（如铜、铝、银等）的冷却曲线如图 2-13 (a) 所示。

由图 2-13 (a) 可见，当液体金属缓慢冷却至理论结晶温度（熔点）T_0 时，金属液体并没有开始凝固，当温度降低至该温度以下某个温度 T_n 时才开始结晶，T_n 称为金属的实际开始结晶温度；随后，由于液态金属变为固态金属（结晶）时释放出结晶潜热超过了液体向周围环境散发的热量，使金属的温度迅速回升，直至放出的潜热与散发的热量相等，曲线

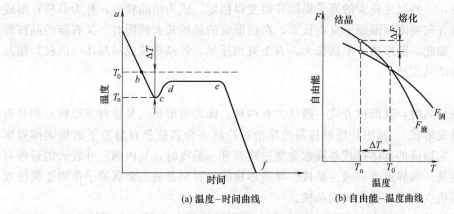

(a) 温度–时间曲线　　　　　(b) 自由能–温度曲线

图 2-13　纯金属结晶过程中的温度和自由能变化

上出现低于 T_0 的结晶"平台"，此时结晶在恒温下进行，一直到金属完全凝固，温度才继续下降。

　　纯金属结晶时，实际结晶温度 T_n 总是低于理论结晶温度 T_0 的现象，叫作过冷现象。理论结晶温度 T_0 与实际结晶温度 T_n 之差称为过冷度 ΔT，即：$\Delta T = T_0 - T_n$。

　　根据热力学定律，自然界的一切自发转变过程，总是由一种能量较高的状态趋向于能量较低的状态。所以，在恒温下，只有那些引起体系自由能降低的过程才能自发进行。图 2-13（b）所示是液态金属和固态金属的自由能和温度的关系曲线，图中所示自由能 F 是物质中能够自动向外界释放出的多余的（即能够对外做功的）那部分能量。在一般情况下，在聚集状态时的自由能随温度的提高而降低。由于液态金属中原子排列的规则性比固体金属中的差，所以液态金属的自由能变化曲线比固态的自由能曲线更陡，于是两者必然会相交。在交点所对应温度 T_0 时，液态和固态的自由能相等，处于动态平衡状态，液态和固态可以长期共存。T_0 即为理论结晶温度或熔点。显然，在 T_0 温度以上，液态的自由能比固态低，金属稳定状态为液态，在 T_0 温度以下，金属稳定状态为固态。

　　因此，液态金属要结晶，就必须冷却到 T_0 温度以下，即必须冷却到低于 T_0 以下的某一温度 T_n 才能结晶。而且，过冷度 ΔT 越大，液态和固态之间自由能差 ΔF 就越大，促使液体结晶的驱动力就越大。只有当结晶的驱动力（ΔF）达到一定值时，结晶过程才能进行。因此结晶的必要条件是具有一定的过冷度。过冷度的大小与金属的纯度及冷却速度有关，金属纯度越高，过冷度越大；冷却越快，过冷度越大。

（2）纯金属的结晶过程

　　液态金属结晶是由生核和长大两个密切联系的基本过程来实现的，如图 2-14 所示。在液态金属中，存在着大量尺寸不同的短程有序的原子集团，它们是不稳定的，当液态金属过

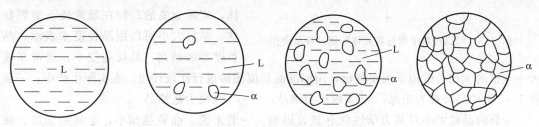

图 2-14　纯金属的结晶过程示意图

冷到一定温度时，一些尺寸较大的原子集团开始变得稳定，成为结晶核心，称为晶核；形成的晶核都按各自方向吸附周围原子自由长大，在已形成的晶核长大的同时，又有新的晶核形成并逐渐长大，如此不断形核、不断长大，直至液相耗尽，各晶核长成的晶体（晶粒）相互接触为止，全部结晶完毕。

1）形核

液态金属在结晶时，其形核方式一般认为有两种：即均质形核（又称自发形核）和异质形核（又称非自发形核）。其中均质形核是纯净的过冷液态金属依靠自身原子的规则排列形成晶核的过程。它形成的具体过程是液态金属过冷到某一温度时，其内部尺寸较大的近程有序原子集团达到某一临界尺寸后成为晶核。异质形核的过程则是液态金属原子依附于模壁或液相中未熔固相质点表面，优先形成晶核。

按照形核时能量有利的条件分析，能起非自发形核作用的杂质，必须符合于"结构相似、尺寸相当"的原则。只有当杂质的晶体结构和晶格参数与金属的相似和相当时，它才能成为非自发核心的基底，容易在其上生长出晶核。但是，有一些难熔杂质，虽然其晶体结构与金属的相差甚远，但是由于表面的微细凹孔和裂缝中有时能残留未熔金属，也能强烈地促进非自发形核。

此外，自发形核和非自发形核是同时存在的，但在实际金属和合金中，非自发形核比自发形核更重要，往往起优先的、主导的作用。

2）晶粒长大

在过冷态金属中，一旦晶核形成就立即开始长大，晶体的长大有平面长大和树枝状长大两种方式。在冷却速度较小的情况下，较纯金属晶体主要以其表面向前平行推移的方式，进行平面式的长大。当冷却速度较大，特别是存在杂质时，晶体与液体界面的温度会高于近处液体的温度，形成负温度梯度，这时金属晶体往往以树枝状的形式长大，此时晶核只在生长的初期可以具有规则外形，随即晶体优先沿一定方向长出类似树枝状的空间骨架，如图2-15所示。

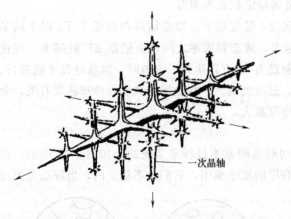
— 一次晶轴

图 2-15　结晶过程中树枝状晶体形成过程示意图

多晶体金属的每个晶粒一般都是由一个晶核采取树枝状长大的方式形成的。晶粒形成过程中，由于各种偶然因素的作用，各晶轴之间的位向关系可能受到影响，使晶粒内各区域间产生微小的位向差，因而使晶粒内部出现许多亚晶粒。

（3）结晶过程中晶粒大小的控制

金属结晶后，获得由大量晶粒组成的多晶体。一个晶粒由一个晶核长成晶体，实际金属的晶粒在显微镜下呈颗粒状。晶粒大小可以用晶粒度来表示，晶粒度等级越高，晶粒越细小。通常在放大100倍的金相显微镜下观察分析，用标准晶粒度图谱进行比较评级。在实际生产中，一般将1～5级的晶粒视为粗晶，6～8级视为细晶，9～12级视为超细晶。

金属的晶粒大小对其力学性能有显著影响。一般来说，晶粒越细小，金属的强度、硬度、塑性及韧性都越高。因此，细化晶粒是提高金属材料性能的重要途径之一。通常把通过细化晶粒来提高材料性能的方法称为细晶强化。

在金属的结晶过程中，晶粒的大小是形核率 N［成核数目/$(cm^3 \cdot s)$］和长大速度 v（cm/s）的函数，影响形核率和长大速度的重要因素是冷却速度（或过冷度）和难熔杂质。金属结晶时的形核率 N 及长大速度 v 与过冷度之间的关系如图 2-16 所示。在一般过冷度下（图 2-16 中实线部分），形核率与长大速度都随着过冷度的增加而增大；但当过冷度超过一定值后，形核率和长大速度都会下降（图 2-16 中虚线部分）。过冷度较小时，形核率的变化低于长大速度的变化，晶核长大速度快，金属结晶后得到比较粗大的晶粒。随着过冷度的增加，成核率与长大速度均会增大，但前者的增大更快，因而比值 N/v 也增大，结果使晶粒细化。改变过冷度，可控制金属结晶后晶粒的大小，而过冷度可通过冷却速度来控制。在实际工业生产中，液态金属一般达不到极值时的过冷度，所以冷却速度越大，过冷度也越大，结晶后的晶粒也越细小。

因此，为了细化结晶过程中的晶粒，主要可以采用以下几种方法：

一是增加过冷度。根据前述结晶过程分析可知，提高液态金属的冷却速度是增大过冷度从而细化晶粒的有效方法之一。如在铸造生产中，采用冷却能力强的金属型代替砂型、增大金属型的厚度、降低金属型的预热温度等，均可提高铸件的冷却速度、增大过冷度。此外，提高液态金属的冷却能力也是增大过冷度的有效方法。如在浇注时采用高温出炉、低温浇注的方法也能获得细的晶粒。特别是近 20 年来，随着超高速（达$105 \sim 1011K/s$）急冷技术的发展，已成功地研制出超细晶金属、亚稳态结构的金属、非晶态金属等具有优良力学性能和特殊物理、化学性能的新材料。

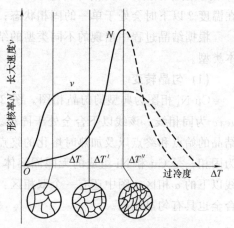

图 2-16　形核率以及长大速度与过冷度的关系

二是变质处理。变质处理就是向液态金属中加入某些变质剂（又称孕育剂、形核剂），以细化晶粒和改善组织来达到提高材料性能的目的。变质剂的作用有两种。一种是变质剂加入液态金属时，变质剂本身或它们生成的化合物，符合非自发晶核的形成条件，大大增加晶核的数目，这一类变质剂称为孕育剂，相应处理也称为孕育处理，如在钢水中加钛、钒、铝，在铝合金液体中加钛、锆等都可细化晶粒；在铁水中加入硅铁、硅钙合金，能细化石墨。另一种是加入变质剂，虽然不能提供人工晶核，但能改变晶核的生长条件，强烈地阻碍晶核的长大或改善组织形态。如在铝硅合金中加入钠盐及 CuP 等，钠等能在硅表面上富集，从而降低初晶硅的长大速度，阻碍粗大硅晶体形成，细化了组织。

此外，在金属结晶过程中，采用机械振动、超声波振动、电磁搅拌等方法可破碎正在长大的树枝晶，破碎的枝晶尖端又成为新的晶核，形成更多的结晶核心，从而获得细小的晶粒，改善性能。

2.2.2　合金的结晶与相图

相比于纯金属的结晶，合金的结晶具有以下特点：一是合金的结晶在大部分情况下是在一定温度范围内完成的；二是合金的结晶过程中，不仅会发生晶体结构的变化，还会伴随发生化学成分的变化。

合金的结晶过程较为复杂，通常运用合金相图来分析合金的结晶过程。相图是表明合金系中各种合金相的平衡条件和相与相之间关系的一种简明示意图，也称为平衡图或状态图。其中，系统中具有相同物理与化学性质的完全均匀部分的总和称为相。而平衡是指在一定条件下合金系中参与相变过程的各相的成分和相对质量不再变化所达到的一种状态，此时合金系的状态稳定，不随时间而改变。合金在极其缓慢冷却条件下的结晶过程，一般可以认为是平衡的结晶过程。

在常压下，二元合金的相状态决定于温度和成分。因此二元合金相图可用温度-成分坐标系的平面图来表示。图 2-17 所示为铜镍二元合金的冷却曲线及其相图。在 Cu-Ni 相图中，每一点表示一定成分的合金在一定温度时的稳定相状态。例如，根据相图我们可以知道，Ni 的质量分数为 $b\%$ 的铜镍合金在 1—2 温度段会处于液相（L）+固相（α）的两相状态；在温度 2 以下时会处于单一的固相状态；而处于温度 1 以上时，为单一的液相状态。

根据结晶过程中出现的不同类型的结晶反应，可把二元合金的结晶过程分为下列几种基本类型。

(1) 匀晶转变

Cu-Ni 相图为典型的匀晶相图。图 2-17 中 aa_1c 线为液相线，该线以上合金处于液相；ac_1c 为固相线，该线以下合金处于固相。液相线和固相线表示合金系在平衡状态下冷却时结晶的始点和终点以及加热时熔化的终点和始点。L 为液相，是 Cu 和 Ni 形成的液溶体；α 为固相，是 Cu 和 Ni 组成的无限固溶体。图中有两个单相区：液相线以上的 L 相区和固相线以下的 α 相区。图中还有一个双相区：液相线和固相线之间的 L+α 相区。Fe-Cr、Au-Ag 合金也具有匀晶相图。

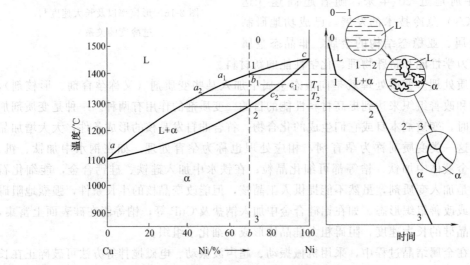

图 2-17 Cu-Ni 合金的匀晶转变相图及冷却曲线

以 b 点成分的 Cu-Ni 合金（Ni 质量分数为 $b\%$）为例分析结晶过程，该合金的冷却曲线和结晶过程如图 2-17 所示。在 1 点温度以上，合金为液相 L；缓慢冷却至 1—2 温度段时，合金发生匀晶反应 L→α，从液相中逐渐结晶出 α 固溶体；2 点温度以下，合金全部结晶为 α 固溶体，其他成分合金的结晶过程与其类似。

在两相区内，温度一定时，两相的质量比是一定的。如在 T_1 温度时，两相的质量比可用下式表达：

$$\frac{Q_L}{Q_\alpha}=\frac{b_1c_1}{a_1b_1} \tag{2-1}$$

式中，Q_L 和 Q_α 分别为液相和固相的质量；b_1c_1 和 a_1b_1 为线段长度，可用其成分坐标上的数字来度量。式 (2-1) 也可以写为：

$$Q_L a_1 b_1 = Q_\alpha b_1 c_1 \tag{2-2}$$

式 (2-2) 由于形式上与力学中杠杆定理十分相似，因此称为杠杆定律，是相图分析中计算各相含量的重要工具。运用杠杆定律时要注意，它只适用于相图中的两相区，并且只能在平衡状态下使用。杠杆的两个端点为给定温度时两相的成分点，而支点为合金的成分点。

固溶体结晶时成分是变化的，缓慢冷却时由于原子的扩散能充分进行，形成的是成分均匀的固溶体。如果冷却较快，原子扩散不能充分进行，则形成成分不均匀的固溶体。先结晶的树枝晶轴含高熔点组元较多，后结晶的树枝晶枝干含低熔点组元较多。结果造成在一个晶粒之内化学成分的分布不均，如图 2-18 所示，这种现象称为枝晶偏析。枝晶偏析对材料的力学性能、抗腐蚀性能、工艺性能都不利。生产上为了消除其影响，常把合金加热到高温（低于固相线 100℃ 左右），并进行长时间保温，使原子充分扩散，获得成分均匀的固溶体，这种处理称为扩散退火。

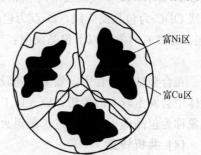

图 2-18 Cu-Ni 合金的枝晶偏析示意图

(2) 共晶转变

图 2-19 为 Pb-Sn 二元合金的共晶相图，其中 AEB 为液相线，ACEDB 为固相线。合金系有三种相：Pb 与 Sn 形成的液溶体 L 相，Sn 溶于 Pb 中的有限固溶体 α 相，Pb 溶于 Sn 中的有限固溶体 β 相。相图中有三个单相区（L、α、β）、三个双相区（L+α、L+β、α+β）、一条 L+α+β 的三相共存线（水平线 CED）。这种相图称为共晶相图。Al-Si、Ag-Cu 合金也具有共晶相图。

E 点为共晶点，表示此点成分（共晶成分）的合金冷却到此点所对应的温度（共晶温

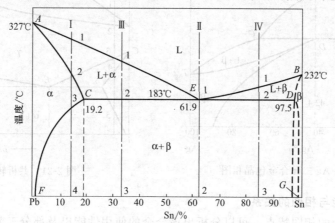

图 2-19 Pb-Sn 二元合金共晶相图

度）时，共同结晶出 C 点成分的 α 相和 D 点成分的 β 相，发生共晶转变：

$$L \rightarrow \alpha + \beta$$

这种由一种液相在恒温下同时结晶出两种固相的反应叫作共晶反应。所生成的两相混合物叫共晶体。发生共晶反应时有三相共存，它们各自的成分是确定的，反应在恒温下平衡地进行着。水平线 CED 为共晶反应线，成分在 CD 之间的合金平衡结晶时都会发生共晶反应。

（3）包晶转变

Pt-Ag、Ag-Sn、Sn-Pb 等合金具有包晶相图。Pt-Ag 合金相图中存在三种相：Pt 与 Ag 形成的液溶体 L 相、Ag 溶于 Pt 中的有限固溶体 α 相、Pt 溶于 Ag 中的有限固溶体 β 相，如图 2-20 所示。发生包晶反应时三相共存，它们的成分确定，反应在恒温下平衡地进行。水平线 ODC 为包晶反应线，D 点为包晶点，PDC 之间成分的合金冷却到 D 点所对应的温度（包晶温度）时发生以下包晶反应：

$$L + \alpha \rightarrow \beta$$

在合金结晶过程中，如果冷速较快，包晶反应时原子扩散不能充分进行，则生成的 β 固溶体中会发生较大的偏析。原 α 区 Pt 的质量分数较高，而原 L 区 Pt 的质量分数较低。这种现象称为包晶偏析，可通过扩散退火来消除。

（4）共析转变

图 2-21 的下半部为共析相图，其形状与共晶相图类似。E 点成分（共析成分）的合金从液相经过匀晶反应生成 γ 相后，继续冷却到 E 点温度（共析温度）时，在此恒温下发生共析反应，同时析出 S 点成分的 α 相和 D 点成分的 β 相：

$$\gamma \rightarrow \alpha + \beta$$

即由一种固相转变成完全不同的两种相互关联的固相，此两相混合物称为共析体。共析相图中各种成分合金结晶过程的分析与共晶相图相似，但因共析反应是在固态下进行的，所以共析产物比共晶产物要细密得多。

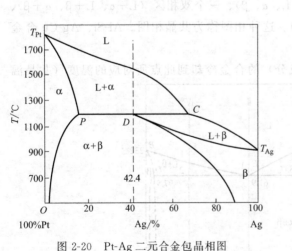

图 2-20 Pt-Ag 二元合金包晶相图

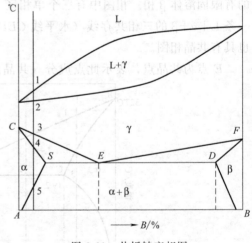

图 2-21 共析转变相图

（5）合金性能与相图的关系

通过分析合金的相图特点，可以分析出该合金的使用性能以及部分工艺性能的好坏，这是相图在实际生产中的重要应用之一。

　　通过合金相图可以估算合金的使用性能。固溶体的性能与溶质元素的溶入量有关，溶质的溶入量越多，晶格畸变越大，则合金的强度、硬度越高，电阻越大。当溶质原子数大约占 50% 时，晶格畸变最大，上述性能达到极大值，所以性能与成分的关系曲线表现为透镜状。两相组织合金的力学性能和物理性能与成分呈直线关系变化，两相单独的性能已知后，合金的某些性能可按组成相性能依质量分数的关系叠加的办法求出。例如硬度：$HB = HB_\alpha w(\alpha) + HB_\beta w(\beta)$。对组织较敏感的某些性能如强度等，与组成相或组织组成物的形态有很大关系。组成相或组织组成物越细密，强度越高。当形成化合物时，则性能会出现极大值或极小值。

　　通过相图还可以分析材料的工艺性能。纯组元和共晶成分合金的流动性最好，缩孔集中，铸造性能好。相图中液相线和固相线之间距离越小，液体合金结晶的温度范围越窄，对浇注和铸造质量越有利。合金的液、固相线温度间隔大时，形成枝晶偏析的倾向性大；同时先结晶出的树枝晶阻碍未结晶液体的流动，而降低其流动性，增多分散缩孔。所以，铸造合金常选共晶或接近共晶的成分。此外，单相合金的锻造性能好。合金为单相组织时变形抗力小，变形均匀，不易开裂，因而变形能力大。双相组织的合金变形能力差些，特别是组织中存在有较多的化合物相时更是如此，因为它们都很脆。

2.3　铁碳合金及其相图

　　铁碳合金是主要由铁和碳两种元素组成的合金，是碳钢和铸铁的统称，是使用最为广泛的一类金属材料。含碳量小于 0.0218% 的铁碳合金称为工业纯铁，含碳量在 0.0218%～2.11% 之间的称为碳钢，含碳量大于 2.11% 的称为铸铁。铁碳合金相图是研究铁碳合金最基本的工具，熟悉铁碳合金相图，对于研究碳钢和铸铁的成分、组织及性能之间的关系，钢铁材料的使用，各种热加工工艺的制订及工艺废品原因的分析等，都具有重要的指导意义。

2.3.1　纯铁及其同素异构转变

　　铁是元素周期表中第 26 位元素，原子质量为 55.85，属于过渡元素。纯铁在常压下熔点为 1538℃，并于 2746℃ 发生汽化。铁的密度为 7.879g/cm³。工业纯铁的含铁量一般为 99.8%～99.9%，其主要力学性能为：抗拉强度为 180～280MPa，屈服强度为 100～170MPa，伸长率为 30%～50%，断面收缩率为 70%～80%，冲击韧性为 160～200J/cm²，硬度为 50～80HBS。可以看出，在室温下纯铁的塑性和韧性非常好，但强度和硬度太低，无法作为结构材料使用。

　　金属在固态下随温度的改变，由一种晶格转变为另一种晶格的现象，称为同素异构转变。在金属晶体中，铁的同素异构转变尤为重要，图 2-22 所示为纯铁的冷却曲线及晶体结构的变化。液态纯铁在 1538℃ 开始结晶，得到具有体心立方的 δ-Fe。冷却到 1394℃ 时发生同素异构转变，δ-Fe 变为面心立方的 γ-Fe。γ-Fe 再冷却到 912℃ 时又发生一次同素异构转变成为体心立方的 α-Fe。而在高压下，铁还可以呈现密排六方结构。即纯铁在结晶后冷却至室温的过程中，先后发生两次晶格转变，其转变过程如下：

　　同素异构转变实质上是一种广义的结晶过程，也就是原子重新排列的过程，与液态金属的结晶过程相似，它也遵循形核与长大的基本规律。故同素异构转变称为二次结晶或重结晶。同素异构转变与液固结晶过程的不同之处在于晶体结构的转变是在固态下进行的，原子

22

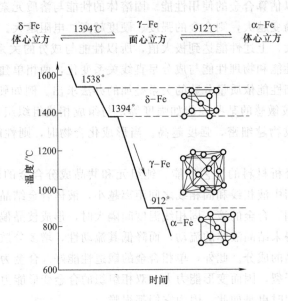

图 2-22　纯铁的冷却曲线及其晶体结构的变化

扩散比液态慢得多，转变的时间较长，需要较大的过冷。正是由于铁的同素异构转变，加上碳在不同晶型的晶体中溶解能力有差别，才有可能对钢和铸铁进行各种热处理，以改变其组织与性能，得到性能多种多样、用途广泛的钢铁材料。

2.3.2　铁碳合金的基本相和基本组织

在液态时，碳以原子的形式溶解于液体铁中。凝固成固体后，碳便以固溶体或金属化合物的形式存在于铁中。Fe 和 Fe_3C 是组成 $Fe-Fe_3C$ 相图的两个基本组元。由于铁与碳之间的相互作用不同，铁碳合金的基本相分为：铁素体、奥氏体和渗碳体，前两者属于固溶体，后者属于金属化合物。

(1) 铁素体

纯铁在 912℃ 以下为具有体心立方晶格的 α-Fe。碳溶解在 α-Fe 中形成的间隙固溶体称为铁素体，用符号 F 或 α 来表示。α-Fe 的晶格间隙很小，溶碳能力很差，在 727℃ 时，α-Fe 中溶碳量最大也仅为 0.0218%，随着温度的降低，α-Fe 中的溶碳量逐渐减小，在室温时碳的溶解度几乎等于零（为 0.0008%）。由于铁素体的含碳量低，所以铁素体的性能与纯铁相似，即具有良好的塑性和韧性，而强度和硬度较低。温度在 770℃ 以下时，铁素体具有铁磁性；温度高于 770℃ 后，铁素体的显微组织则失去铁磁性。如图 2-23 所示为铁素体的显微组织。

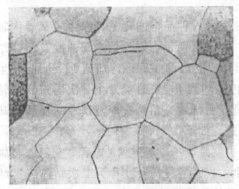

图 2-23　铁素体的显微组织形貌

(2) 奥氏体

在 γ-Fe 中形成的间隙固溶体称为奥氏体，用符号 A 或 γ 表示。奥氏体为面心立方晶格，由于 γ-Fe 晶体结构中的间隙半径与碳的原子半径比较接近，其溶碳能力比铁素体要高得多，最高溶碳量为 1148℃ 时的 2.11%。随着温度的降低，其溶碳量减少，到 727℃时，溶碳量仅为 0.77%。奥氏体强度低、硬度低、塑性好。对于碳钢来说，奥氏体主要存在于 727℃以上的高温范围内，因而生产中常将钢材加热到高温奥氏体相区进行塑性成形。室温下碳钢的组织中无奥氏体，但当钢中含有某些合金元素时，可部分或全部变为奥氏体组织。

(3) 渗碳体

渗碳体（Fe_3C）是铁与碳所形成的间隙化合物，含碳量为 6.69%，晶体结构比较复杂（可参考本章的图 2-12）。渗碳体具有很高的硬度（800HB）和耐磨性，脆性很大，塑性和韧性几乎为零。渗碳体在钢和铸铁中一般呈片状、网状或球状。它的尺寸、形状和分布对钢的性能影响很大，是铁碳合金的重要强化相。渗碳体中的铁、碳原子可以被其他原子置换，形成合金渗碳体。

(4) 珠光体

珠光体是铁素体和渗碳体的机械混合物，用符号 P 表示。它是渗碳体和铁素体片层相间交替排列形成的混合物在缓慢冷却条件下形成的，珠光体的含碳量为 0.77%。由于珠光体是由硬的渗碳体和软的铁素体组成的混合物，所以其力学性能取决于铁素体和渗碳体的性能均值。故珠光体的强度较高，硬度适中，具有一定的塑性，大体上是铁素体和渗碳体两者性能的平均。

(5) 莱氏体

莱氏体含碳量为 4.3% 的液态铁碳合金。在 1148℃时发生共晶转变，转变产物为奥氏体和渗碳体的混合物，称为高温莱氏体，用符号 Ld 表示。随着温度的降低，在 727℃时高温莱氏体中的奥氏体还将发生共析转变，转变产物为珠光体，所以在室温下的莱氏体由珠光体和渗碳体组成，这种混合物叫作低温莱氏体（变态莱氏体），用符号 Ld′ 来表示。低温莱氏体的力学性能和渗碳体相似，硬度很高，塑性很差。

在上述这些基本组织中，铁素体、奥氏体以及渗碳体都是单相组织，称为铁碳合金中的基本相，而珠光体和莱氏体是由基本相混合组成的多相组织，如珠光体是由铁素体和渗碳体组成的，因此它们不是铁碳合金中的基本相。

2.3.3　铁碳合金相图分析

(1) 特征线和特征点

图 2-24 为铁碳合金（$Fe-Fe_3C$）相图，可以看出它主要由包晶、共晶和共析三个恒温转变所组成，下面对铁碳相图中的主要特征线和特征点进行分析。

① *ABCD* 线为液相线，*AHJECF* 线为固相线。

② 在 *HJB* 水平线（1495℃）发生包晶转变：$L_B + \delta_H \leftrightarrow \gamma_J$。其转变产物为奥氏体。此转变仅发生在碳质量分数为 0.09%～0.53% 的铁碳合金中。

③ 在 *ECF* 水平线（1148℃）发生共晶转变：$L_C \leftrightarrow \gamma_E + Fe_3C$。其转变产物是奥氏体和渗碳体的机械混合物，即莱氏体。碳的质量分数为 2.11%～6.69% 的铁碳合金都发生这种转变。

④ 在 *PSK* 水平线（727℃）发生共析转变：$\gamma_S \leftrightarrow \alpha_P + Fe_3C$。其转变产物是铁素体和渗碳体的机械混合物，即珠光体。所有碳质量分数超过 0.02% 的铁碳合金都发生这个转变。*PSK* 共析转变线又称为 A1 线。

⑤ *GS* 线：是奥氏体中开始析出铁素体或铁素体全部溶入奥氏体的转变线，又称为

A_3 线。

⑥ ES 线：表示碳在奥氏体中的溶解度线，又称 A_{cm} 线。由于在 1148℃时，碳在奥氏体中的溶解度最大，为 2.11%（E 点）。随着温度的降低，溶解度下降，在 727℃时溶解度仅为 0.77%，所以含碳量超过 0.77%的铁碳合金在冷却到此线时，将从奥氏体中析出渗碳体，称为二次渗碳体（Fe_3C_{II}），所以 ES 线又称为二次渗碳体开始析出线。

⑦ PQ 线：是碳在铁素体中的溶解度曲线。在 727℃时，碳在铁素体中的溶解度最大，达到 0.0218%，随着温度的降低，溶解度下降，到室温时，碳在铁素体中的溶解度仅为 0.0008%，所以含碳量超过 0.0218%的铁碳合金在冷却到此线时，将从铁素体中析出渗碳体，称为三次渗碳体（Fe_3C_{III}）。

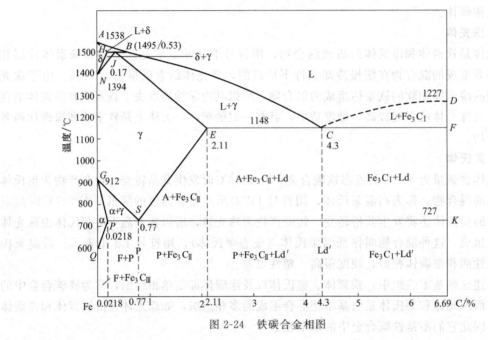

图 2-24　铁碳合金相图

除了上述重要的特征线之外，铁碳合金相图中还有很多特征点，用于表征一些重要的成分点或温度点，如表 2-1 所示。

表 2-1　铁碳合金相图中的特征点

点的符号	温度/℃	含碳量/%	含　义
A	1538	0	纯铁熔点
B	1495	0.53	包晶反应时液相的成分
C	1148	4.3	共晶点 $L_C \leftrightarrow \gamma_E + Fe_3C$
D	1227	6.69	渗碳体的熔点
E	1148	2.11	碳在 γ-Fe 中的最大溶解度
F	1148	6.69	渗碳体的成分
G	912	0	γ-Fe→α-Fe 同素异构转变点
H	1495	0.09	碳在 δ-Fe 中的最大溶解度
J	1495	0.17	包晶点 $L_B + \delta_H \leftrightarrow \gamma_J$
K	727	6.69	渗碳体的成分

点的符号	温度/℃	含碳量/%	含　义
N	1394	0	δ-Fe→γ-Fe 同素异构转变点
P	727	0.0218	碳在 α-Fe 中的最大溶解度
S	727	0.77	共析点 $\gamma_S \leftrightarrow \alpha_P + Fe_3C$
Q	室温	0.0008	室温线碳在 α-Fe 中的溶解度

(2) 典型铁碳合金结晶过程及其组织

图 2-25 所示为 7 种典型铁碳合金冷却时的组织转变过程,下面以这 7 种典型铁碳合金为例,利用铁碳相图简单分析其结晶过程以及室温下的显微组织构成。

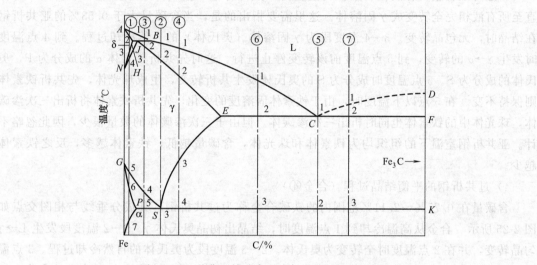

图 2-25　7 种典型铁碳合金冷却时的组织转变过程

1) 工业纯铁的平衡结晶过程(合金①)

工业纯铁含碳量小于 0.0218%,其成分垂线与相图的交点如图 2-25 所示。根据图 2-25 可知,当工业纯铁由高温冷却时在 1—2 温度段发生匀晶转变,即 L→δ,到 2 点温度时液相全部转变为 δ 固溶体。2—3 温度段为 δ 固溶体的自然冷却,3 点温度时开始发生 δ→γ 转变,到 4 点温度时转变结束,δ 固溶体全部转变为固溶体。4—5 温度段为奥氏体的自然冷却。5 点温度时开始发生 γ→α 转变,生成铁素体,到 6 点温度时该转变结束,合金全部转变为铁素体。6—7 温度段为铁素体的自然冷却,7 点温度下,由于碳在铁素体中的溶解度发生变化,会析出三次渗碳体。室温组织为铁素体+三次渗碳体,其中三次渗碳体呈细颗粒状分布在铁素体的基体上或晶界上。

2) 共析钢的平衡结晶过程(合金②)

含碳量为 0.77% 的铁碳合金称为共析钢,其成分线与相图交点如图 2-25 所示。共析钢由高温冷却到 1 点温度时,开始结晶析出初始 γ 固溶体,在 1—2 温度段发生匀晶转变,即 L→γ,在 2 点温度时液相全部转变为奥氏体。2—3 温度段为奥氏体的自然冷却过程,在 3 点温度(727℃,共析温度)时发生恒温共析转变,即 γ→α+Fe₃C,得到 100% 的共析体,即珠光体组织。通常我们称珠光体中的渗碳体为共析渗碳体,珠光体中的渗碳体和铁素体具有一定的比例,可以用杠杆定律计算。

$$F(\alpha) = \frac{SK}{PK} \times 100\% = \frac{6.69 - 0.77}{6.69 - 0.0218} \times 100\% = 88.8\%$$

$$Fe_3C = \frac{PS}{PK} \times 100\% = \frac{0.77 - 0.0218}{6.69 - 0.0218} \times 100\% = 11.2\%$$

继续冷却时，同样会由于铁素体中碳的溶解度变化而析出三次渗碳体，因其数量极少很难区分，一般忽略不计。因此共析钢的室温组织为珠光体。

3）亚共析钢的平衡结晶过程（合金③）

含碳量在 0.0218%～0.77% 范围内的铁碳合金称为亚共析钢。其成分线与相图的交点见图 2-25。合金在 1—2 温度区间析出 δ 固溶体。冷却至 2 点温度时发生包晶转变，即 L+δ→γ，这时该合金仍有液相剩余。当温度由 2 点冷却至 3 点时，继续发生匀晶转变 L→γ，直至所有液相完全转变成 γ 固溶体。这里需要指出的是，当含碳量大于 0.53% 的亚共析钢在结晶时，无包晶转变。3—4 温度段为 γ 固溶体（奥氏体）的自然冷却过程。到 4 点温度时发生 γ→α 的转变，到 5 点温度前该转变停止进行，这时先共析铁素体 α 的成分为 P，奥氏体的成分为 S。5 点温度时成分为 S 的奥氏体发生共析转变，生成珠光体，先共析铁素体则保持不变。在 5 点以下温度时，由于铁素体固溶度的变化，先共析铁素体将析出三次渗碳体，珠光体中的铁素体也同时析出三次渗碳体。但由于三次渗碳体的数量很少，因此忽略不计。亚共析钢室温下的组织均为铁素体和珠光体，含碳量越低，铁素体越多，反之铁素体越少。

4）过共析钢的平衡结晶过程（合金④）

含碳量在 0.77%～2.11% 范围内的铁碳合金称为过共析钢。其成分垂线与相图交点如图 2-25 所示。合金从高温冷却到 1 点温度时，结晶出初晶奥氏体 γ。1—2 温度段发生 L→γ 匀晶转变，并在 2 点温度时全转变为奥氏体。2—3 温度段为奥氏体的自然冷却过程。3 点温度时与碳在奥氏体中的固溶度曲线 ES 接触，在 3—4 温度范围内，由于固溶度的变化，析出二次渗碳体。到 4 点温度时二次渗碳体停止析出，这时奥氏体含碳量为 0.77%，发生恒温共析转变，即 γ→α+Fe₃C，得到珠光体。在 4 点以下温度时，由于铁素体溶解度变化，将析出三次渗碳体，但由于其数量很少，因此忽略不计。所以，一般过共析钢的室温组织为 P+Fe₃C$_{II}$。过共析钢随含碳量的增加，二次渗碳体的量增加。珠光体和二次渗碳体的量可由杠杆定律计算。

5）共晶白口铸铁的平衡结晶过程（合金⑤）

含碳量为 4.3% 的铁碳合金称为共晶铸铁。其成分线与相图的交点如图 2-25 所示。该合金在相图中仅与共晶转变线和共析转变线交于 1、2 两点。在 1 点温度（1148℃）即共晶温度时发生 L→γ+Fe₃C 共晶转变，获得奥氏体和渗碳体的机械混合物莱氏体 Ld，其中奥氏体和渗碳体的相对量为：

$$A(\gamma) = \frac{CF}{EF} \times 100\% = \frac{6.69 - 4.3}{6.69 - 2.11} \times 100\% = 52\%$$

$$Fe_3C = \frac{EC}{EF} \times 100\% = \frac{4.3 - 2.11}{6.69 - 2.11} \times 100\% = 48\%$$

在 1—2 温度段冷却，由于奥氏体固溶度沿 ES 线变化，因此奥氏体将不断析出二次渗碳体。到 2 点温度（727℃）时奥氏体成分为 0.77%，发生共析转变为 γ→α+Fe₃C，得到珠光体组织 P。由此可见，共晶莱氏体组织中的奥氏体冷却后转变为珠光体和二次渗碳体，而共晶渗碳体则不发生改变。我们把室温下获得的由 $P+Fe_3C_{II}+Fe_3C$ 组成的莱氏体称为变态莱氏体 Ld'（又称低温莱氏体）。

6）亚共晶白口铸铁的平衡结晶过程（合金⑥）

含碳量为 $2.11\%\sim4.3\%$ 的铁碳合金称为亚共晶铸铁，其成分线（以 $3.0\%C$ 为例）与相图的交点如图 2-25 所示。亚共晶白口铸铁自高温冷却至 1 点温度时，开始析出先共晶奥氏体，随着温度的下降，先共晶奥氏体不断增多，液相成分沿 BC 线向 C 变化，奥氏体成分沿 JE 线向 E 变化。到 2 点温度（1148℃）时，先共晶奥氏体含碳量为 2.11%，液相含碳量为 4.3%，发生恒温共晶转变 $L\rightarrow\gamma+Fe_3C$，生成莱氏体（Ld）组织。共晶转变后组织为先共晶奥氏体（γ）和莱氏体（Ld）。在 2—3 温度范围内，合金继续冷却，奥氏体的固溶度沿 ES 线发生变化，析出二次渗碳体，这时奥氏体的含碳量由 2.11% 降至 0.77%。在 3 点温度（727℃）时，含碳量为 0.77% 的奥氏体发生共析转变 $\gamma\rightarrow\alpha+Fe_3C$ 生成珠光体。共析转变后，先共晶奥氏体转变为珠光体＋二次渗碳体（$P+Fe_3C_{II}$），莱氏体转变为变态莱氏体（Ld'）。按杠杆定律可计算出其组织组成物的相对量，亚共晶白口铸铁中含碳量越高，变态莱氏体越多，珠光体和二次渗碳体越少。

7）过共晶白口铸铁的平衡结晶过程（合金⑦）

含碳量为 $4.3\%\sim6.69\%$ 范围内的铁碳合金为过共晶铸铁。其成分线与相线的交点如图 2-25 所示。该合金自高温冷却到 1 点温度时，首先发生 $L\rightarrow Fe_3C$ 的匀晶转变，渗碳体的析出使液相的含碳量降低，其成分沿 CD 线向 C 变化。到 2 点温度（1148℃）时，液相成分为 4.3%，发生共晶转变 $L\rightarrow\gamma+Fe_3C$，生成莱氏体 Ld。共晶反应后组织为一次渗碳体（Fe_3C_I）和共晶莱氏体。2—3 温度范围内，随温度降低，莱氏体中奥氏体析出二次渗碳体。到 3 点温度时将发生共析转变 $\gamma\rightarrow\alpha+Fe_3C$，生成珠光体。此时莱氏体组织转变为变态莱氏体组织。该合金的室温组织为一次渗碳体和变态莱氏体（Fe_3C_I+Ld'）。

2.3.4　铁碳合金相图的应用

铁碳合金不论其成分如何，虽然其室温下的相组成都是铁素体和渗碳体，但随成分（碳含量）的不同，合金经历的转变有所不同，因而相的相对量、形态、分布差异较大，即不同成分的铁碳合金，其组织有较大差异。

(1) 平衡组织

根据杠杆定律进行计算的结果，对铁碳合金的成分与平衡结晶后的组织组成物及相组成物之间的定量关系进行总结，如图 2-26 所示。从相组成角度来看，铁碳合金在室温下的平衡组织均由铁素体和渗碳体组成，当含碳量为零时，合金全部由铁素体组成。随着含碳量的增加，铁素体的含量呈直线下降，到了 $C=6.69\%$ 时降为零。与此相反，渗碳体的含量则由零增加到 100%。

含碳量的变化不仅引起铁素体和渗碳体相对质量的变化，而且合金的组织也将发生变化，这是由于成分的变化引起不同性质的结晶过程，从而使相发生变化。由图 2-26 可见，随着含碳量的增加，铁碳合金的组织变化顺序为：$F\rightarrow F+Fe_3C_{III}\rightarrow P\rightarrow P\rightarrow P+Fe_3C_{II}\rightarrow P+Fe_3C+Ld'\rightarrow Ld'\rightarrow Ld'+Fe_3C_I\rightarrow Fe_3C$。由此可见，同一种组成相，由于生成条件不同，虽然相的本质未变，但其形态会有很大的差别。如渗碳体，由于生成条件不同，其形态变得十分复杂，当 $C<0.0218\%$ 时，三次渗碳体从铁素体中析出，沿晶界呈小片状分布；共析反应生成的共析渗碳体与铁素体呈交替层片状分布；从奥氏体中析出的二次渗碳体则以网状分

布于奥氏体的晶界；共晶渗碳体是与奥氏体相关形成的，在莱氏体中为连续的基体，比较粗大，有时呈鱼骨状；从液相中直接析出的一次渗碳体呈规则的长条状。因此，成分的变化，不仅引起相的相对含量的变化，而且引起组织的变化，从而对铁碳合金的性能产生很大的影响。

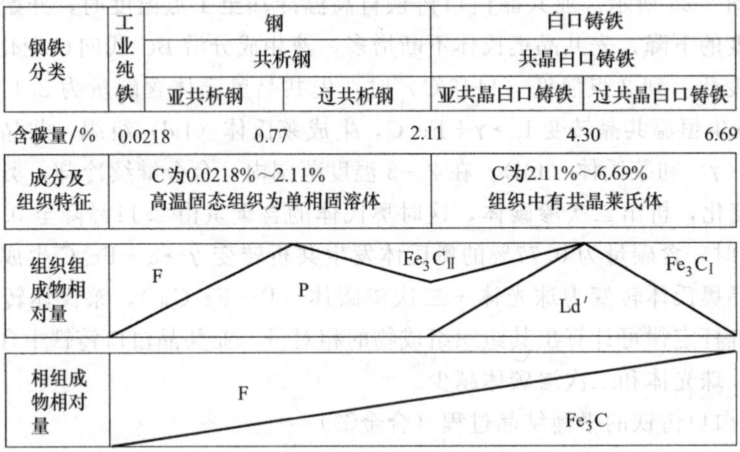

钢铁分类	工业纯铁	钢		白口铸铁	
		共析钢		共晶白口铸铁	
		亚共析钢	过共析钢	亚共晶白口铸铁	过共晶白口铸铁
含碳量/%	0.0218	0.77	2.11	4.30	6.69
成分及组织特征		C为0.0218%～2.11% 高温固态组织为单相固溶体		C为2.11%～6.69% 组织中有共晶莱氏体	
组织组成物相对量	F	P	Fe₃C_Ⅱ	Ld′	Fe₃C_Ⅰ
相组成物相对量	F			Fe₃C	

图 2-26　铁碳合金的成分与组织的关系

（2）力学性能

除了影响铁碳合金的组织构成，碳含量还会最终影响合金的力学性能。如前所述，铁素体强度、硬度低，塑性好，而渗碳体则硬而脆。珠光体是由铁素体和渗碳体组成的机械混合物，渗碳体以细片状分布在铁素体基体上，起到强化作用，因此珠光体具有较高的强度和硬度，但塑性较差。珠光体的片层间距越小，则强度越高。

图 2-27 所示为含碳量对退火碳钢力学性能的影响。在亚共析钢中，随着含碳量的增加，珠光体含量逐渐增多，强度、硬度升高，塑性、韧性下降；当含碳量为 0.77% 时，组织全部为珠光体，钢的性能即为珠光体的性能，在过共析钢中，当含碳量大于 0.9% 时，其强度达到最高值，含碳量继续增加，过共析钢中的二次渗碳体在奥氏体晶界上形成连续网状，因而强度下降，但硬度仍直线上升。为了保证工业上使用的钢具有足够的强度，并具有一定的塑性和韧性，钢中碳的质量分数一般都不超过 1.3%～1.4%。而当含碳量大于 2.11% 时，由于组织中出现了以渗碳体为基体的莱氏体组织，材料脆性很大，强度低，难以切削加工，所以白口铸铁在工业上很少应用。

（3）合理选材

铁碳合金相图提供了合金的相与组织随成分变化的规律，进而可以通过相与组织的变化判断其性能，这就便于根据制造产品的力学性能要求

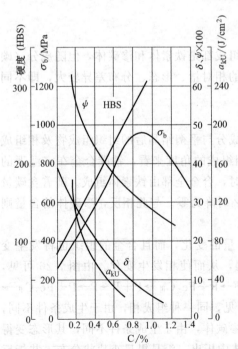

图 2-27　含碳量对退火碳钢力学性能的影响

选择合适的材料。若要塑性、韧性高，焊接性能好的材料，应选用低碳钢（C＜0.25％）；需要强度、塑性和韧性都较好的材料，应选用中碳钢（C＝0.3％～0.6％）；需要硬度高、耐磨性好的材料，则应选用高碳钢（C＝0.6％～1.3％）。所以，低碳钢适于生产成形性能很好的各种型材、板材、带材和钢管等，用于制造桥梁、船舶及各种建筑结构；中碳钢主要用于制造工作中承受冲击载荷和要求较高综合力学性能的机器零件，如轴和连杆等；高碳钢用于制造弹簧及各种切削工具。要求高硬度、高耐磨性、但不受冲击而形状复杂的零件，如拔丝模、轧辊、球磨机的磨球等，则可选择白口铸铁件。

（4）工艺性能

1）切削加工性能

中碳钢的切削加工性能比较好。含碳量过低，不易断屑，同时难以得到良好的加工表面；含碳量过高，硬度太大，对刀具磨损严重，也不利于切削。一般说来，钢的硬度为170～250HBS 时切削加工性能最好。

2）可锻性能

可锻性能钢的可锻性与含碳量有直接关系，低碳钢的可锻性良好，随含碳量增加，可锻性逐渐变差。由于奥氏体塑性好，易于变形，热力加工都加热到奥氏体相试进行，但始轧或始锻温度不能过高，以免产生过烧，而终轧或终锻温度又不能过低，以免产生裂纹。

3）铸造性能

共晶成分附近的合金结晶温度低，流动性好，铸造性能最好。越远离共晶成分，液、固相线的间距越大，凝固过程会越容易形成树枝晶，阻碍后续液体充满型腔，使铸造性能变差，容易形成分散缩孔和偏析。

4）焊接性能

钢的塑性越好，焊接性能越好，所以低碳钢比高碳钢易于焊接。

必须说明，铁碳合金相图各相的相变温度是在所谓平衡条件（即极其缓慢的加热或冷却状态）下得到的，所以不能反映实际快速加热或冷却时组织的变化情况。铁碳合金相图也不能反映各种组织的形状和分布状况。由于在通常使用的铁碳合金中，除了含有铁、碳两种元素之外，还含有许多杂质元素和其他合金元素，它们会影响相图中各点、各线和各区的位置和形状，所以在应用铁碳合金相图时，必须充分考虑其他元素对相图的影响。

习题

一、名词解释

空位　间隙原子　置换原子　位错　晶界　固溶体　金属间化合物　同素异构转变　铁素体　奥氏体　渗碳体　珠光体　莱氏体

二、简答题

1. 常见的金属晶体结构有哪几种？Fe、Al、Cu、Ni、Mg 和 Zn 各属于何种晶体结构？

2. 点缺陷、线缺陷和面缺陷主要包括哪些具体缺陷？简要分析晶格缺陷存在对金属性能的影响。

3. 过冷度与冷却速度有何关系，它对金属结晶过程有何影响？

4. 简要分析结晶过程中如何控制晶粒尺寸。

5. 简要分析共析转变与共晶转变的异同点。

6. 固溶体和金属间化合物在结构和性能上的主要差别是什么？

7. 简要分析固溶强化、细晶强化以及析出强化的基本原理。

8. 画出铁碳合金相图，并标出主要的特征线、特征点以及各相区的相组成物或组织组成物，简要分析它们所表征的意义。

9. 简述铁碳相图中的共晶转变和共析转变，写出反应式，并分析它们的发生条件。

10. 试分析含碳量为 0.4%、0.77% 及 1.2% 的钢在平衡条件下从高温液态到室温所经历的相变过程，并分析它们室温组织的构成。

第**3**章

钢的热处理

● 学习目标

① 认识热处理及其生产实际意义；熟悉钢在加热和冷却过程中，组织转变和性能变化的基本规律。

② 掌握钢的热处理中常用的工艺方法及其适用范围；了解钢的热处理中常见工艺缺陷及其防止措施。

③ 熟悉常见机械零件的基本应用特点，初步具备零件的正确选材及合理制订热处理工艺流程的能力。

3.1 热处理的概述

热处理是通过对固态金属或合金进行适当的加热、保温、冷却，以获得所需组织结构和性能的一种工艺方法。

通过热处理可以改善金属材料工艺性能和使用性能，充分挖掘材料的潜力，减轻工件的重量，节约材料和能源，降低成本，还能延长零件的使用寿命。因此，热处理是强化材料的重要手段之一。

钢铁材料是当前工业生产中的基本材料，因其具有同素异构转变的特点，故在热处理中能产生良好的组织结构变化，其热处理的应用价值更广泛。现代机床工业中，有60%～70%的工件要经过热处理；汽车、重型机械工业中，有75%～85%的工件要经过热处理；而滚动轴承和各种刃、模具几乎是百分之百地要进行热处理。热处理技术在整个机械制造工业中的地位是十分突出的。

在实际生产中，钢的热处理按其在加工路线中位置和作用的不同，可以分为预备热处理和最终热处理两大类；按其工艺方法和目的的不同，可以分为退火、正火、淬火、回火及表面热处理等。但是，任何一种热处理都是经过加热、保温和冷却三个阶段来完成的。热处理基本工艺曲线如图3-1所示。

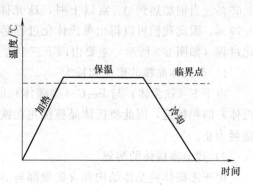

图 3-1　热处理基本工艺曲线

3.1.1 钢在加热时的转变

热处理工艺过程中，钢的加热是第一环节。这一环节对钢冷却后的组织和性能有着重要的影响。实践中发现：钢在加热时获得细小、均匀的奥氏体，可以为随后的冷却工艺、产物结构和使用性能奠定良好的基础。

因此，钢热处理时的加热过程就是使组织获得全体或部分奥氏体的过程（简称为：奥氏体化）。由 Fe-Fe₃C 相图的分析中我们知道，A_1、A_3、A_{cm} 是钢在极缓慢加热和冷却条件时获得的临界点（即平衡相变温度）。而在实际的热处理条件中，加热和冷却的速度较快，使得钢组织转变存在"滞后"现象。

故：实际加热时的钢组织转变总在平衡相变温度以上才能进行；冷却时的钢组织转变总在平衡相变温度以下才能进行。且加热和冷却的速度越快，实际组织转变温度偏离越大。为区别平衡相变温度，常将实际加热时的各临界点用 A_{c1}、A_{c3}、A_{ccm} 表示；实际冷却时的各临界点用 A_{r1}、A_{r3}、A_{rcm} 表示。如图 3-2 所示为加热和冷却对临界转变温度的影响。常用钢的相变临界点如表 3-1 所示。

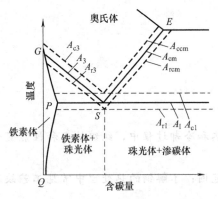

图 3-2　加热和冷却对临界转变温度的影响

表 3-1　常用钢的相变临界点　　　　　　　　　　　　℃

钢号	A_{c1}	A_{r1}	A_{c3}（或 A_{ccm}）	A_{r3}	M_s
15	735	685	865	840	450
30	732	677	815	796	380
45	724	682	780	751	345～350
65Mn	726	689	765	741	270
20Cr	766	702	838	799	390
60Si2Mn	755	700	810	770	305

(1) 共析钢的奥氏体化过程

共析钢是含碳量为 0.77% 的钢，其室温组织为珠光体，即是由铁素体与渗碳体组成的混合物。铁素体含碳量很低，在 A_1 点仅为 0.0218%；而渗碳体晶格复杂，含碳量高达 6.69%。当钢加热到 A_{c1} 点以上时，珠光体转变成具有面心立方晶格的奥氏体，含碳量为 0.77%，因此我们可以得出奥氏体化过程必须进行晶格的改组和铁、碳原子扩散。其奥氏体化过程（如图 3-3 所示）主要由以下三个方面来完成：

1）奥氏体晶核的形成和长大

由于 F（铁素体）与 Fe₃C（渗碳体）的晶界处原子排列紊乱，此外其含碳量与 A（奥氏体）的相接近，因此奥氏体晶核优先在铁素体与渗碳体的晶界处形成，并不断长大，直至接触为止。

2）残余渗碳体的溶解

由于渗碳体的晶体结构和含碳量都与奥氏体差别很大，因此渗碳体向奥氏体溶解较为落后。在铁素体全部转化后，仍有部分渗碳体残留。这部分的残余渗碳体需要在持续保温环境

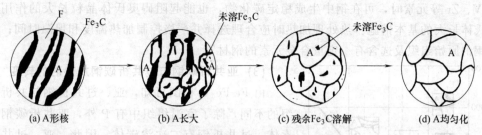

图 3-3　共析钢的奥氏体化过程示意图

中，继续不断地向奥氏体溶解，直至渗碳体全部消失。

3）奥氏体的均匀化

残余渗碳体全部溶解后，奥氏体晶粒中的碳浓度并不均匀，在原来渗碳体处含碳量较高，而原来铁素体处含碳量较低，经过持续地保温，原子不断扩散，奥氏体的含碳量逐渐变得均匀化。

当共析钢进行了完全的奥氏体化后，热处理加热环节的组织要求已达到。由于铁素体和渗碳体晶界多，有利于得到更多更细的奥氏体，并使冷却后的组织晶粒更细小，钢在室温时的力学性能更高，尤其是冲击韧性更高。但是，钢加热温度过高或保温时间过长则会使细小的奥氏体互相吞并而粗大（常称为"过热"现象），降低钢的力学性能，甚至极易使钢在随后的冷却过程中出现变形、开裂的危险。所以，钢的加热环节既要保证奥氏体化，同时又要避免过热现象出现，故应严格控制加热温度和保温时间。

(2) 奥氏体晶粒大小对钢力学性能的影响

晶粒越细小，则晶界越多越曲折，阻止裂纹的传播能力越强，保证钢在热处理冷却环节中不易出现变形和开裂，并能更好地满足钢零件使用性能要求。为此奥氏体晶粒的大小是评定热处理加热质量的主要指标之一。一般是用钢试样在金相显微镜下放大 100 倍，将其晶粒与标准晶粒号比较而评定其等级。标准晶粒号常分为 8 个等级，其中 1～4 级为粗晶粒，5～8 级为细晶粒，如图 3-4 所示。

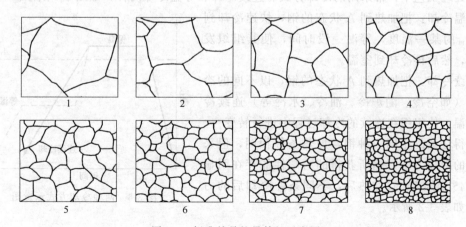

图 3-4　标准的晶粒号等级示意图

高温下的奥氏体晶粒长大是一个自发过程。奥氏体化的温度越高，保温时间越长，奥氏体晶粒长大越明显。且随钢中的含碳量的增加，奥氏体晶粒长大倾向也增大。而在含碳量大于 1.2% 时，奥氏体晶界处存在的未溶 Fe_3C 能阻碍晶粒的长大。另外，当钢中加入如 Ti、

Nb、V、Zr 等元素时，可在钢中生成稳定碳化物，也能起阻碍奥氏体晶粒长大的作用。控制奥氏体长大的基本措施：热处理加热时应合理选择并严格控制加热温度和保温时间；合理选择钢的原始组织及选含有一定量合金元素的钢材等。

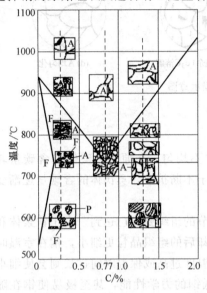

图 3-5 亚共析钢和过共析钢
加热时的转变示意图

(3) 亚共析碳钢与过共析碳钢加热时的转变

由 Fe-Fe$_3$C 相图可知，亚、过共析钢与共析钢组织的不同，除了室温组织中有 P 外，亚共析碳钢有铁素体，过共析钢有二次渗碳体，因此，亚、过共析钢的奥氏体化过程较为复杂，除了有 P→A 外，还有 F、Fe$_3$C 向 A 转化与溶解的过程，如图 3-5 所示。

1) 亚共析钢加热时的组织转变

亚共析钢加热到 A_{c1} 线以上后 P→A；在 A_{c1}～A_{c3} 点升温过程中，铁素体 F→A；温度到达 A_{c3} 点时，亚共析钢获取单一的奥氏体组织，进行了完全的奥氏体化。

2) 过共析钢加热时的组织转变

过共析钢加热到 A_{c1} 线以上后 P→A；在 A_{c1}～A_{ccm} 升温过程中，Fe$_3$C$_{II}$→A；温度超过 A_{ccm} 点后，过共析碳钢的奥氏体化全部结束，获取单一的奥氏体组织，进行了完全的奥氏体化。

3.1.2 钢在冷却时的转变

钢在加热获得细小、均匀的奥氏体后，以不同的速度冷却将获得不同性能的室温产物。因此，钢在冷却时的组织转变规律更为重要。

(1) 冷却方式

热处理工艺中，常采用的冷却方式有连续冷却和等温冷却两种，如图 3-6 所示。

等温冷却：把加热到 A 状态的钢，快速冷却到低于 A_{r1} 的某一温度，等温一段时间，使其组织发生转变，然后再冷却到室温。

连续冷却：把加热到 A 状态的钢，以不同的冷却速度（如空冷、随炉冷、油冷、水冷等）连续冷却到室温，使组织在连续的冷却过程中进行转变。

值得注意的是同一种钢，加热条件相同，但采用不同的冷却方法，钢所获得的力学性能存在明显差异。45 钢经 840℃ 加热后，不同条件冷却后的力学性能如表 3-2 所示。

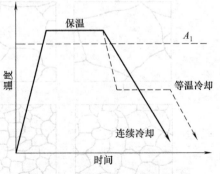

图 3-6 两种冷却方式示意图

表 3-2 45 钢经 840℃ 加热后，不同条件冷却后的力学性能

冷却方法	σ_b/MPa	σ_s/MPa	δ/%	ψ/%	HRC
随炉冷却	530	280	32.5	49.3	15～18
空气冷却	670～720	340	15～18	45～50	18～24

冷却方法	σ_b/MPa	σ_s/MPa	δ/%	ψ/%	HRC
油中冷却	900	620	18~20	48	45~60
水中冷却	1100	720	7~8	12~14	52~60

实践发现，加热到奥氏体状态的钢快速冷却到 A_1 线以下后，奥氏体处于不稳定状态，并且过冷到 A_1 点以下并不是立即发生转变，而是经过一个孕育期后才开始转变。这种在 A_1 温度下孕育时期的、处于不稳定状态的奥氏体，称为"过冷 A"。过冷 A 最终转变的组织产物及其转变规律，需要依靠曲线图来解决。等温转变曲线图是研究过冷奥氏体等温组织变化规律的重要工具之一。

(2) 过冷奥氏体的等温转变图

过冷奥氏体在不同温度下的等温转变，会使钢的组织与性能发生一系列有规律的变化。由于共析钢组织结构较为简单，其组织变化很有代表性。现以共析钢的等温转变图为例介绍它的建立和应用。

1) 共析钢过冷 A 等温转变图的建立

将共析钢制成若干薄片试样，统一加热到 A_{c1} 以上并保温一定时间，使其奥氏体化后，分别迅速放入到 A_1 以下不同温度（如 710℃、650℃、600℃、550℃、400℃、…）的盐浴炉中进行等温转变。每隔一定时间确定其组织是否转变，从而获得过冷奥氏体的转变开始点和转变终了点，分别标注于温度-时间坐标图上，再用光滑线连接相同意义的点，即得到等温冷却转变图（因其曲线形状像字母 C，故简称为 C 曲线）。如图 3-7 所示为共析钢过冷 A 等温转变图的建立方法。

2) 共析钢 C 曲线中的重要的点、线和区域

鼻尖点——C 曲线拐弯处约 550℃、孕育时间最短、过冷 A 最不稳定、转变速度最快的点（图 3-8）。它的位置对钢的热处理工艺有非常重要的影响。

四条线：

aa' 线——称为"过冷 A 转变开始线"，是由过冷 A 等温转变开始点连接而成的线。

bb' 线——称为"过冷 A 转变终了线"，是由过冷 A 等温转变终了点连接而成的线。

M_s 线——约为 230℃ 的一条水平线，是过冷 A 连续冷却向马氏体转变的开始线。

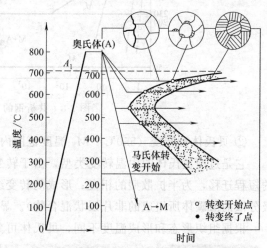

图 3-7 共析钢过冷 A 等温转变图的建立方法

M_f 线——约为 -50℃ 的一条水平线，是过冷 A 连续冷却向马氏体转变的终了线。

五个区域：

A_1 线以上——奥氏体稳定区；

A_1 线以下~aa' 线以左——过冷 A 孕育区；

aa' 线~bb' 线——过冷 A 转变过渡区，也是共存区；

bb' 线以右——过冷 A 等温转变产物区；

M_s 线~M_f 线——马氏体转变区。

3）过冷 A 等温转变的产物和性能

过冷 A 在共析线温度以下等温冷却，其转变类型主要包括：

① 珠光体型转变（A_1~550℃温度范围内等温）。

它是过冷奥氏体的高温转变类型，可使铁、碳原子充分扩散和完成晶格改组，获得铁素体和渗碳体片层相间的混合物；其转变也是通过形核和核长大来完成的。由于等温温度差异，使珠光体的片层间距不同，因此会形成珠光体、索氏体和托氏体三种不同产物。

珠光体 P：在 A_1~650℃范围内等温，因转变温度较高，获得粗片状的铁素体和渗碳体的混合物。

索氏体 S：在 650~600℃范围内等温，因过冷度较大，转变速度加快，形成细片状铁素体和渗碳体混合物。

托氏体 T：在 600~550℃范围内等温，形成极细片状的混合物。托氏体的力学性能取决于片层间距大小，间距越小，其强度、硬度和韧性越高。

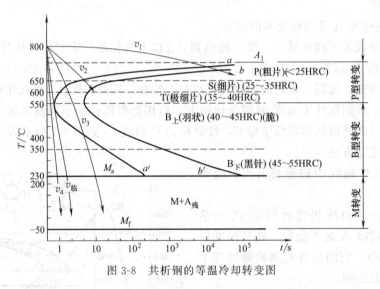

图 3-8　共析钢的等温冷却转变图

② 贝氏体型转变（550℃~M_s 温度范围内等温）。

它是过冷奥氏体的中温转变类型，由于转变温度较低，只能完成晶格改组和铁、碳原子的短程迁移，为半扩散型的相变；形成的转变组织为贝氏体（是由过饱和含碳量的铁素体和极分散的渗碳体所组成的非片层状混合物）。显微组织如图 3-9 所示。

根据组织形态和形成温度不同，贝氏体可分为：上贝氏体（$B_上$）和下贝氏体（$B_下$）。

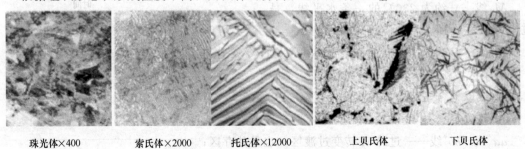

珠光体×400　　索氏体×2000　　托氏体×12000　　上贝氏体　　下贝氏体

图 3-9　珠光体、索氏体、托氏体和贝氏体显微组织

上贝氏体（$B_上$）：在 550～350℃ 温度范围内等温形成的贝氏体；其显微组织呈羽状，力学性能很差，脆性大、强度很低。上贝氏体基本上无实用价值。

下贝氏体（B_F）：在 350℃～M_s 温度范围内等温形成的贝氏体；其显微组织呈黑针或竹叶状。下贝氏体有较高的强度、硬度，良好的塑性、韧性，具有较优良的综合力学性能。生产中常用等温淬火获得下贝氏体，以达到提高零件强韧性的要求。

③ 过冷 A 连续冷却的马氏体转变。

如图 3-8 所示，当钢以 v_4 的冷却速度急冷至 M_s 温度以下，过冷 A 将转变为马氏体组织，此转变过程为马氏体转变。由于冷却速度很快，此转变为无扩散型的相变，仅有晶格的改组（γ-Fe 转变为 α-Fe），而无铁、碳原子的扩散。这种碳在 α-Fe 中的过饱和的固溶体，称为马氏体，符号用"M"表示。

由于碳过饱和地溶入 α-Fe 中，α-Fe 晶格畸变严重，因此马氏体以体心正方晶格呈现。

马氏体形态因钢中含碳量的不同，主要有针状 M 和板条 M 两类。

针状 M 是含碳量大于 1.0% 的钢经过淬火后所获得的组织形态［图 3-10（a）］。其由于过饱和碳原子量大，提高了马氏体晶格畸变，固溶强化效果强烈，呈现硬度高和脆性大的性能特点。

板条 M 是含碳量小于 0.25% 的钢经过淬火后所获得的组织形态［图 3-10（b）］。

(a) 针状马氏体(含碳量大于1.0%)　　　　　(b) 板条马氏体(含碳量小于0.25%)

图 3-10　马氏体显微组织

其过饱和碳原子量较少，马氏体晶格畸变程度稍弱，固溶强化效果较高，呈现良好的强度和较好韧性的性能特点。

当选用含碳量为 0.25%～1.0% 的钢经过淬火后所获得的组织由针状 M 和板条 M 相混合，其性能介于两者之间。

M 组织是钢铁材料热处理中极为重要的组织之一，对于强化钢铁材料起着关键性的作用。

过冷 A 向马氏体转变是在急速连续冷却条件下，转变是在 M_s～M_f 范围内通过形核和核长大进行的；其转变速度极快；转变中会伴随有一定的体积膨胀，因而产生较大的内应力；冷却如在中途停止，则马氏体转变也随之停止；即便连续冷却至 M_f，仍有一定量的奥氏体不能转变而残留，这些奥氏体称为残余奥氏体（其存在降低了淬火钢的硬度、耐磨性，而且有继续转变、引起零件变形或尺寸变化的可能），一般用冷处理减少残余奥氏体量。

(3) 过冷奥氏体的等温转变图的应用

1）利用等温转变图来估计连续冷却转变过程和产物

如图 3-8 所示，图示中 v_1、v_2、v_3、v_4 分别是采用炉内冷却、空气中冷却、油中冷却和水中冷却的冷却速度，根据冷却速度线与 C 曲线相交的位置，可获得估计产物依次为：

P、S、T+M、M+A残

2）确定钢的淬火冷却速度

为使钢在淬火时能获得马氏体组织，就必须使其冷却速度大于$v_临$（图3-8）。$v_临$是恰好与C曲线鼻尖相切的冷却速度，是保证钢在连续冷却过程中（不产生P或B转变）能全体向马氏体转变的最小冷却速度——称为临界冷却速度。它为钢淬火工艺的制订提供了重要依据。

3.2 钢的退火与正火

零件生产的过程是由许多道工序所组成的，在生产工序路线中为了达到良好的工艺效果，常会穿插多次热处理，而热处理可以分为两类：一类是预备热处理，即消除毛坯生产缺陷、为改善切削加工性、为最终热处理作准备的热处理，一般包括退火、正火、调质等；另一类是最终热处理，即最终已能满足工件使用性能的热处理，一般包括淬火、回火及表面热处理。

3.2.1 退火

退火是将钢加热到适当的温度，保温一定时间后缓慢冷却（如随炉冷却），以改善组织、提高工艺性能的一种热处理工艺。

常用退火方法：完全退火、等温退火、均匀化退火、球化退火和去应力退火。

(1) 完全退火和等温退火

完全退火是将钢加热至A_{c3}+（30～50）℃完全奥氏体化，随之缓慢冷却，以获得接近平衡状态组织的退火工艺。其主要用于亚共析碳钢和合金钢的铸件、锻件和焊件等。完全退火不能用于过共析钢，因为加热至完全奥氏体化后，在缓冷过程中有网状的二次渗碳体沿奥氏体晶界析出，严重削弱钢晶粒间结合力，降低钢的强度和韧性，故应尽量避免。

等温退火是将钢加热至高于A_{c3}或A_{c1}的适当温度（550～700℃），保温一定时间后，较快地冷却到高温转变区间的某一温度等温保持，使奥氏体转变为珠光体型产物，然后在空气中冷却的退火工艺。

完全退火和等温退火的工艺目的：降低钢的硬度、改善切削加工；消除内应力、稳定工件尺寸、防止变形和开裂；细化晶粒、改善组织，为以后的热处理作准备。它们的工艺目的相同，但等温退火缩短了近1/3退火时间，工件氧化、脱碳倾向较小，尤其是对于大型铸锻件和高合金钢的组织和性能生产有优势。

(2) 均匀化退火

为消除钢锭、铸锻件毛坯的偏析（成分不均匀）缺陷，常将其加热至固相线以下100～200℃，长时间保温（10～15h），然后缓慢冷却至室温的退火工艺称为均匀化退火。

钢经均匀化退火后，晶粒粗大现象较严重，故还应进行等温退火或正火。均匀化退火消耗时间长、成本高，主要用于质量要求高的优质合金钢铸锭和锻件。

(3) 球化退火

球化退火是将钢加热到A_{c1}+（20～30）℃，充分保温使未溶二次渗碳体球化，然后随炉缓慢冷却，或在A_{r1}以下20℃左右进行较长时间保温，使珠光体中的渗碳体球化，随后出炉空冷的退火工艺。

球化退火主要用于共析钢和过共析钢，其主要目的是使钢中渗碳体球化降低硬度，改善切削加工性能，同时为后续淬火做好组织准备。这种在铁素体基体上均匀分布着球状渗碳体的混合组织称为球化体（球状珠光体）。

对于有网状二次渗碳体的过共析钢，在球化退火之前应进行一次正火，以消除粗大的网状渗碳体。

近年来，球化退火工艺应用于亚共析钢也取得较好的效果，只要工艺控制恰当，同样可使渗碳体球化，从而有利于冷成形加工。

(4) 去应力退火（低温退火）

去应力退火是将钢件加热到 $500 \sim 650℃$，保温一定的时间，然后随炉缓慢冷却到近 $200℃$，再出炉空冷的退火工艺。

去应力退火并不产生相变，但主要用于消除冷加工件、铸件、焊接结构件中的残余内应力，达到稳定尺寸、防止工件的变形和开裂的工艺效果。去应力退火后的冷却应尽量缓慢，以免产生新的应力。

3.2.2 正火

正火是将钢加热到 A_{c3}（亚共析钢）或 A_{ccm}（过共析钢）以上 $30 \sim 50℃$，保温一定时间，随后在空气中冷却的热处理工艺。

正火和退火的工艺目的基本相同，主要区别是冷却速度稍快，珠光体组织较细小，故正火后工件的强度和硬度要比退火的高。45 钢退火、正火后的力学性能比较如表 3-3 所示。

表 3-3　45 钢退火、正火后的力学性能

工艺类型	σ_b/MPa	$\delta_5/\%$	$a_k/(J/cm^2)$	HBS
退火	$650 \sim 700$	$15 \sim 20$	$40 \sim 60$	180
正火	$700 \sim 800$	$15 \sim 20$	$50 \sim 80$	220

正火具有生产周期短、耗能低、操作简便等优点，故一般生产中尽可能采用正火代替退火；而当零件形状较复杂时，为避免冷却速度较快出现开裂的危险，则采用退火为宜。钢的退火、正火组织如图 3-11、图 3-12 所示。

图 3-11　40 钢的退火组织（×400）　　　　图 3-12　40 钢的正火组织（×400）

正火可以消除铸造或锻造生产中的过热缺陷，细化晶粒、均匀组织，获得较高的力学性能，能满足力学性能要求不高的零件性能要求，可以是普通结构件的最终热处理，能改善低碳钢和低碳合金钢的切削加工性。

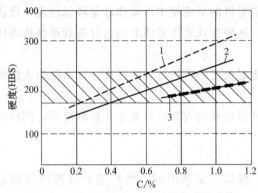

图 3-13　碳钢退火和正火后的大致硬度值
1—正火（细片状珠光体组织）；
2—退火（片状珠光体组织）；
3—球化退火（球状珠光体）

金属材料硬度为 160～230HBS 时，切削加工性能好。硬度过高，则难以切削加工，而且刀具易磨损，能量耗费也大；硬度过低，则加工易粘刀，使刀具发热和磨损，且降低加工零件表面光洁度。如图 3-13 所示，图中阴影处表示切削加工性能较好的硬度区，而低碳合金钢退火硬度一般都在 160HBS 以下，切削加工性能不良；选用正火，由于珠光体量增加，片层间距变细，从而改善了切削加工性能。

正火常用来为较重要零件进行预先热处理。例如，对中碳结构钢正火，可使一些不正常的组织变为正常组织，消除热加工所造成的组织缺陷，并且它对减小工件淬火变形与开裂、提高淬火质量有积极作用。

正火可消除过共析钢中的网状二次渗碳体，为球化退火做组织准备。因为正火冷却速度比较快，二次渗碳体来不及沿 A 晶界呈网状析出，保证后续球化退火的工艺效果，如图 3-14 所示。

对一些大型或形状复杂的零件，淬火可能有开裂的危险，正火也往往代替淬火、回火处理，作为这些零件的最终热处理。

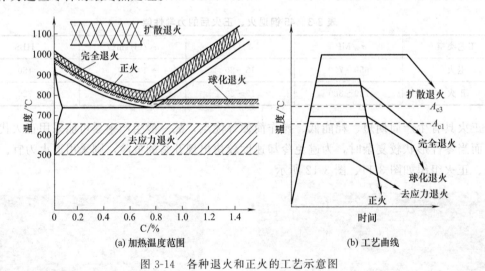

(a) 加热温度范围　(b) 工艺曲线

图 3-14　各种退火和正火的工艺示意图

3.3　钢的淬火

将钢加热到临界点（A_{c3} 或 A_{c1}）以上，保温一段时间，然后以大于 $v_临$ 的冷却速度快冷至室温，从而获得马氏体或下贝氏体组织的热处理工艺称为淬火。

淬火的目的主要是为了获取马氏体组织，以提高钢的强度和硬度。淬火是强化钢材最主要的热处理方法。但由于 M 是亚稳定组织，并不是零件热处理所要求的最后组织，钢材在淬火后必须进行回火处理，才能充分满足各种工具与结构件的使用性能要求。

3.3.1 淬火工艺

(1) 淬火加热温度的选择

钢淬火温度的确定主要是取决于钢的成分,并且是根据 Fe-Fe₃C 相图来选择的。其中

$$\begin{cases} \text{亚共析钢} & T = A_{c3} + (30\sim50)℃ \\ \text{共析钢、过共析钢} & T = A_{c1} + (30\sim50)℃ \end{cases}$$

亚共析钢的淬火加热温度应选择在 A_{c3} 以上完全奥氏体化后快冷,可获得细小的马氏体组织。如加热温度过高,则易引起奥氏体晶粒粗化,淬火后马氏体组织粗大,使钢脆化;如加热温度选择在 $A_{c1}\sim A_{c3}$ 之间,组织中有一部分铁素体存在,淬火冷却中铁素体不发生变化而保留下来,其将降低淬火钢的硬度,影响钢的力学性能。

而过共析钢在淬火前已经做了球化退火处理,淬火加热温度选择在 $A_{c1}\sim A_{c3}$ 之间的不完全奥氏体化后快冷,可获得细颗粒状的 Fe₃C 弥散分布于 M 基体上,给组织起到良好的弥散强化作用,钢呈现硬而耐磨、脆性小的性能特点。如将过共析钢加热到 A_{cm} 以上完全奥氏体化,高温条件使 Fe₃C 完全溶入奥氏体,奥氏体含碳量增加,M_s 点下降,淬火后残余奥氏体量增多,降低了钢的硬度与耐磨性。此外,因奥氏体晶粒粗大,淬火后所得 M 组织也粗大,显微裂纹增加,增大钢脆性及变形开裂倾向。

如图 3-15 所示为 T12 钢加热到 A_{cm} 以上淬火后所获取的带有显微裂纹的粗化 M 组织。

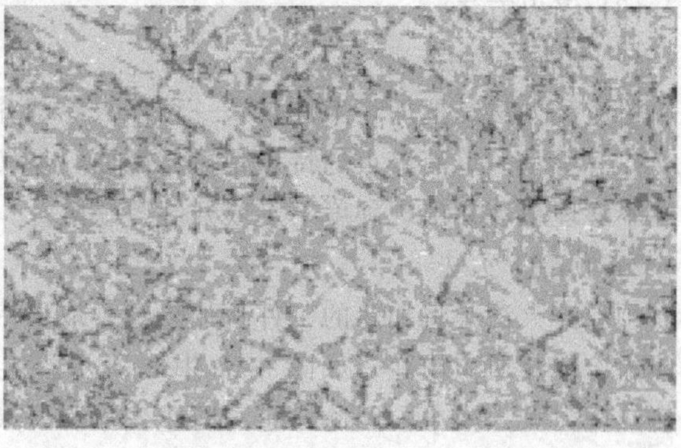

除了上述钢的淬火加热温度选择原则之外,对同一化学成分的钢,由于工件的形状和尺寸、淬火冷却介质或淬火方法不同,因此淬火加热温度要考虑各种因素的影响,结合具体情况制定。

(2) 淬火冷却介质

1) 理想淬火冷却速度

前面我们介绍过,加热到 A 状态的钢,冷却速度必须大于临界冷却速度才能获得要求的 M 组织。

图 3-15 带有显微裂纹的粗片状马氏体组织 (×650)

由 C 曲线可知,要获取 M 组织,并不需要全程都快速冷却,关键在 C 曲线鼻尖处(奥氏体最不稳定),只要在 650~400℃ 温度范围快冷,而在稍低于 A_1 点和稍高于 M_s 点处(过奥氏体较稳定)可放缓速度。在 $A_1\sim650℃$ 缓冷,则减少了淬火冷却中因工件截面内外温度差引起的热应力;特别是在 400℃ 以下缓冷,有效降低 M 转变过程中(工件内外体积膨胀差异)出现的组织应力,减轻工件变形和开裂倾向。如图 3-16 所示为理想淬火冷却速度。

2) 常用淬火冷却介质

常用的淬火冷却介质,按冷却能力由弱到强依次为油、水、盐水、碱水等,它们冷却的特性

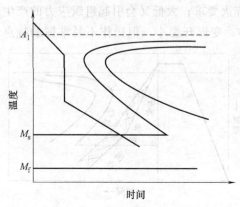

图 3-16 理想淬火冷却速度

如表 3-4 所示。各冷却速度值均根据有关冷却速度特性曲线估算。冷却速度特性曲线通常是用热导率高的银制球形试样（φ20mm），加热后淬入冷却介质中，利用热电偶测出试样心部温度随冷却时间的变化，并经示波器显示出来。

表 3-4 常用淬火冷却介质及其冷却特性

淬火冷却介质	最大冷却速度时		平均冷却速度/(℃/s)	
	所在温度/℃	冷却速度/(℃/s)	650~500℃	300~200℃
10 号机油,20℃	433	230	60	65
10 号机油,80℃	430	230	70	55
静止自来水,60℃	220	275	80	185
静止自来水,20℃	340	775	135	450
10%NaCl 水溶液,20℃	580	2000	1900	1000
15%NaOH 水溶液,20℃	560	2830	2750	775

生产中，因水价廉安全，故常用于碳钢的淬火（水温度应＜40℃）；盐水主要用于形状简单的低、中碳钢的淬火；碱水主要用于易产生淬火裂纹工件的淬火；机油、柴油、变压器油只能用于低合金钢和合金钢的淬火。

（3）淬火方法

1）单液淬火法

单液淬火法是把加热工件投入一种淬火冷却介质中，一直冷却至室温的淬火方法，如图 3-17 中 a 所示。单液淬火的特点是操作简便，易实现机械化与自动化，但是总存在综合冷却特性不够理想、易出现硬度不足或开裂等缺陷。

2）预冷淬火法

预冷淬火法是将加热的工件从加热炉中取出后，先在空气中预冷一定的温度，然后再投入淬火冷却介质中快冷，如图 3-17 中 b 所示。这种方法既可以保证获得良好的淬火组织，又使热应力大大减小，因此，它对防止变形和开裂有积极作用。

3）双液淬火法

双液淬火法是把加热的工件先投入冷却能力较强的介质中，当工件温度降低到稍高于 M_s 点温度时，立即转入另一冷却能力较弱的介质中，进行 M 组织转变的淬火（如先水后油），如图 3-18 所示。双液淬火的关键是要控制好从第一冷却介质转入到第二冷却介质的环节，温度太高取出缓冷会发生非 M 转变，达不到淬火要求；太低又会引起组织应力的产生，导致变形和开裂倾向增加。双液淬火具有内应力小、变形开裂小，但操作不易掌握的特点，

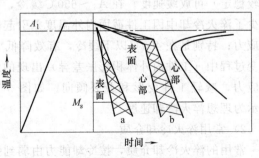

图 3-17 单液淬火法与预冷淬火法示意图

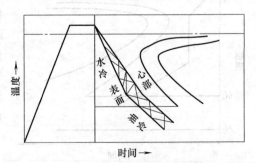

图 3-18 双液淬火法示意图

主要适用于碳素工具钢制造的易开裂工件。

4）分级淬火法

将加热的工件先投入温度在 M_s 点附近的盐溶或碱溶槽中，保温一定时间，使工件内外温度协调后取出空冷，以获得 M 组织的淬火，称为分级淬火（图 3-19）。分级淬火可以使淬火热应力和组织应力减到最小，减小了变形与开裂的倾向。盐溶或碱溶的冷却能力较小，容易使 A 稳定性较小的钢在分级过程中形成珠光体，故只使用于截面尺寸不大、形状较复杂的碳钢及合金钢件，一般为直径小于 $10\sim15mm$ 的碳钢工件及直径小于 $20\sim30mm$ 的低碳合金钢工具，以及直径小于 $20\sim30mm$ 的低碳合金钢工具。

5）等温淬火法

等温淬火法是把加热的工件投入温度稍高于 M_s 点的盐溶或碱溶槽中，保温足够的时间，发生下贝氏体转变后取出空冷。钢等温淬火后获得下贝氏体组织，故又称为贝氏体淬火。特点：淬火内应力很小，工件不易变形和开裂，而且所获得的下贝氏体组织具有良好的综合力学性能，强度、硬度、韧性也都较高，多用来处理形状复杂，尺寸精度较高，且硬度、韧性也都很高的工件，如各种

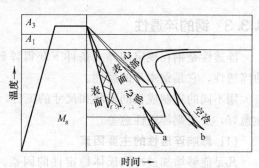

图 3-19 分级淬火法与等温淬火法示意图

冷、热冲模，成形工具和弹簧等。低碳贝氏体性能不如低碳 M 好，因此低碳钢不适于进行等温淬火。等温淬火主要适用于中碳钢以上的钢。

3.3.2 淬火缺陷

热处理生产中，由于热处理工艺处理不当，常会给工件带来缺陷，如氧化、脱碳、变形与开裂、过热、过烧、硬度不足等。

(1) 氧化与脱碳

氧化是因为钢加热介质控制不当，钢与氧化性气体作用而在工件表面形成一层松脆氧化皮的现象。氧化缺陷使钢的力学性能和表面质量降低，甚至造成钢耗损。

脱碳是钢件表层的碳与加热介质起作用而逸出，使钢件表面含碳量降低的现象。脱碳会导致钢件表层强度、硬度和疲劳强度降低，尤其是对于各种工具、弹簧、轴承等产生严重影响。

防止氧化、脱碳的措施：控制好炉内气氛，可采用盐浴炉、真空加热炉、保护气氛或给工件表面涂覆保护剂等。

(2) 变形与开裂

淬火变形与开裂缺陷主要是淬火内应力引起的。当工件淬火时所承受的复合应力（热应力＋组织应力）大于材料的 σ_s 时，工件变形；复合应力大于材料的 σ_b 时，工件开裂。当变形不大时，可以通过校正来弥补缺陷；而变形过大或开裂的工件只能报废。

(3) 过热和过烧

过热是工件加热温度和保温时间控制不当导致淬火后出现粗大的马氏体组织的现象；其容易使钢的微裂纹形成或严重降低淬火件的冲击韧性，也易引起变形和开裂。过热可以用正火予以纠正。

而当加热温度过高或保温时间过长时，晶界氧化或部分熔化的现象称为过烧。过烧后使淬火钢脆性大大增加，工件只能报废。

防止过热和过烧的关键是正确选择淬火加热温度，准确计算保温时间。

（4）硬度不足

淬火回火后硬度不足一般是淬火加热不足、表面脱碳、在高碳合金钢中淬火残余奥氏体过多或回火不足造成的。一般可以在重新退火或正火后，通过淬火处理来消除。

由上可知，工件的热处理过程要侧重控制：加热介质环境；加热温度、时间；选材恰当、结构设计合理；冷却介质和方法、减少内应力等。

3.3.3 钢的淬透性

淬透性是钢在规定的淬火条件下获得淬硬层（M组织）深度的能力。不同的钢有不同的淬透性，它是钢本身的属性。

用不同的钢制成相同形状和尺寸的工件，在同样条件下淬火，钢获得淬硬层愈深则淬透性愈好，反之则淬透性愈差。

（1）影响淬透性的主要因素

凡是能够增加过冷奥氏体稳定性的因素，或者说凡是使C曲线位置右移、减小临界冷却速度的因素，都能提高钢的淬透性。即钢的淬透性主要取决于钢的 $v_临$。

钢中含碳量对淬透性的影响：在亚共析成分范围内，随含碳量增加，C曲线右移，因此使钢的临界冷却速度减小，使钢的淬透性提高；过共析钢随含碳量增加，C曲线左移，钢的临界冷却速度增大，淬透性降低。

合金元素对淬透性的影响：除钴和铝以外的合金元素能使C曲线右移，也就是说能降低临界冷却速度，使钢的淬透性提高。

奥氏体化条件对淬透性的影响：奥氏体化温度越高，成分越均匀，奥氏体越稳定，因此临界冷却速度越小，淬透性越高。

（2）淬透性的应用

钢的淬透性是选用材料和制订热处理工艺规程的重要依据。材料淬透性好，工件整个截面都能被淬透，钢件在回火后整个截面组织均匀，综合力学性能好，对于选用缓和介质、防止工件变形和开裂、满足大截面工件使用性能、发挥材料潜力起着关键性的作用。

机械中大截面、重载荷的零件，同时承受拉、压应力或交变应力、冲击载荷的连杆、锻模、锤杆、弹簧等，应选用淬透性高的钢；承受交变应力、扭转应力、冲击载荷和表面磨损的轴类零件，其表面受力大，心部受力较小，不需要全部淬透，可选用淬透性适中的钢；而焊接结构件，为防止在焊缝和热影响区出现淬火组织而导致开裂、变形，一般选用淬透性低的钢。

3.4 钢的回火

将淬火钢重新加热到 A_1 点以下某一温度，保温一定时间，然后冷却到室温的热处理工艺，称为回火。

淬火处理所获得的 $M_淬 + A_残$，组织不稳定，性能很硬且脆，并存在很大的内应力，容易变形和开裂。因此，钢淬火后必须要进行回火处理。

3.4.1　回火的目的

① 获得工件所需的组织和性能。通过回火可提高钢的韧性，适当调整组织和改善钢的性能，满足工件所需使用性能和寿命。

② 稳定组织和尺寸。通过回火可使淬火组织转变为稳定组织，从而保证工件在使用过程中不再发生形状和尺寸的改变。

③ 消除淬火内应力、防止工件变形和开裂。

3.4.2　淬火钢的回火转变

淬火处理所获得的 $M_淬$ ＋ $A_残$，都是不稳定组织，都有自发向稳定组织转变的趋势。回火是提供温度环境，控制组织转变过程和结果，使钢件满足性能要求的工艺。按照加热温度的不同，淬火钢的组织转变可分为四个阶段。

回火第一阶段（≤200℃）：马氏体分解。当回火温度达 100℃ 以上时，马氏体中过饱和的碳原子以 ε 碳化物形式析出，碳的析出降低了 M 中碳的过饱和度，晶格畸变也随之减小。在这一温度较低的阶段，原子运动能力较低，马氏体中分解析出的碳原子很有限。在回火的第一阶段中钢的硬度并不降低，但由于 ε 碳化物的析出，晶格畸变降低，淬火内应力有所减小。这种组织为：M＋碳化物→回火 M。

回火第二阶段（200～300℃）：残余 A 的转变。$A_残$ 在 200℃ 开始转变，至 300℃ 基本结束，$A_残$ 转变为下贝氏体的同时，M 还在继续分解，M 继续分解会使钢的硬度降低，但由于较软的 $A_残$ 转变成较硬的下贝氏体，因此钢的硬度并没有明显降低，但淬火内应力进一步减小。

回火第三阶段（300～400℃）：碳化物的转变。温度超过 300℃ 继续升高，碳原子从过饱和 α 固溶体中继续析出，同时 ε 碳化物也逐渐变为与 α 固溶体不再有晶格联系的渗碳体（Fe_3C），α 固溶体中含碳量几乎已是平衡含碳量。经过第三阶段以后，钢的组织由铁素体和颗粒状渗碳体所组成，钢的硬度降低、塑性和韧性提高，淬火应力到此基本消除。这种组织为：F＋Fe_3C 细粒→回火 T。

回火第四阶段（>400℃）：渗碳体聚集长大。在第三阶段后，温度继续升高时，混合组织中的细粒状铁素体的颗粒度也随之长大，组织已是在铁素体基体上分布着球粒状的渗碳体。钢的硬度继续降低、塑性和韧性显著提高，淬火应力完全消除。如图 3-20 所示为回火温度与淬火钢的组织变化关系。这种组织为：F＋Fe_3C 粗粒→回火 S。淬火钢回火后的显微组织如图 3-21 所示。

3.4.3　回火的种类及应用

决定钢回火后的组织、性能的主因素是：回火温度。回火温度根据工件要求的力学性能来选择。

（1）低温回火（150～250℃）

淬火后低温回火，所得组织为回火马氏体；能保持淬火钢的高硬度和高耐磨性，降低淬火内应力和脆性，以免使用时崩裂刀具或过早损坏。

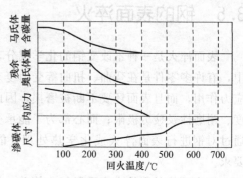

图 3-20　淬火钢在回火时的组织变化

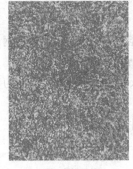

(a) 回火马氏体   (b) 回火托氏体   (c) 回火索氏体

图 3-21 淬火钢回火后的显微组织

它主要用于高碳钢的切削刀具、量具、冷冲模具、滚动轴承等。硬度一般为 58～64HRC。

（2）中温回火（350～500℃）

淬火后中温回火，所得组织为回火托氏体；可获得较高的屈服强度、弹性极限、韧性，主要用于处理各种弹簧和热锻模等；硬度一般为 40～50HRC。

（3）高温回火（500～650℃）

淬火后高温回火，所得组织为回火索氏体；可获得强度、硬度和塑性、韧性都较好的综合力学性能。

淬火和高温回火相结合的热处理称为调质。调质处理广泛用于重要的结构零件，如连杆、螺栓、齿轮及轴类等。硬度一般为 25～40HRC。

表 3-5 45 钢经调质和正火后的性能比较

热处理状态	σ_b/MPa	δ/%	a_k/(J/cm²)	HBS	组织
正火	700～800	15～20	50～80	163～220	索氏体
调质	750～850	20～25	80～120	210～250	回火索氏体

如表 3-5 所示，钢经正火后和调质处理后的硬度值接近，但为什么主要的零件一般都选用调质处理而不采用正火？这是由于调质处理后的组织为回火索氏体，而正火所得到的索氏体中渗碳体呈片状；调质钢不仅硬度高，且塑性与韧性也高于正火状态。

调质处理一般作为最终热处理，但也可以作为表面淬火和化学热处理的预先热处理。为了保持淬火后的高硬度及尺寸稳定性，淬火后又可进行时效处理（温度低于低温回火温度）。

3.5 钢的表面淬火

表面淬火是一种不改变钢的化学成分，但改变表层组织的局部热处理方法。例如：生产中，有许多零件是在弯曲、扭曲等受力复杂的条件下工作的。零件表层受到比心部高得多的应力作用，而且表面还要不断被磨损，因此必须使工件表层强化，使它具有较高的强度、硬度、耐磨性及疲劳极限；而心部为了能承受冲击载荷的作用，仍应保持足够的塑性与韧性。通过对钢进行表面淬火或化学热处理，能满足同一工件在表层、心部的不同力学性能的要求。

钢表面热处理的生产手段较为简单，其应用也较为普遍。钢表面热处理是通过快速加热使钢的表面奥氏体化,不等热量传至中心,立即淬火冷却,这样就可获得表层硬而耐磨的 M 组织;心部仍保持原来塑性、韧性较好的退火、正火或调质状态的组织。表面淬火方法较多,常用的有感应加热表面淬火、火焰加热表面淬火。表面淬火适宜选用中碳钢或中碳合金钢;在表面淬火前要正火或调质,表面淬火后必须低温回火处理。工件应满足表面高硬、耐磨,心部为正火或调质时的高韧性和塑性的要求。

3.5.1 感应加热表面淬火

(1) 感应加热表面淬火的基本原理

感应加热表面淬火如图 3-22 所示。把工件放入由空心铜管绕成的感应器(线圈)内,当线圈通入交变电流后,立即产生交变磁场,工件会产生频率相同、方向相反的感应电流,感应电流在工件内形成闭合回路,则有电阻热产生;且电流密度在工件截面分布不均匀,表面密度大、中心密度小,表层迅速被加热到淬火温度时而心部仍处于较低温度,立即喷水冷却后,使表面淬火获得高硬度,而心部组织保持原正火或调质的状态。

(2) 感应加热输入电流频率的选用

高频感应加热:频率为 $200\sim300\mathrm{kHz}$,淬硬层深度为 $0.5\sim2\mathrm{mm}$;主要用于处理淬硬层较薄的中、小型零件,如小模数齿轮,中、小型轴的表面淬火等。

中频感应加热:频率为 $500\sim10000\mathrm{Hz}$,淬硬层深度为 $2\sim8\mathrm{mm}$;主要用于处理淬硬层要求较深的零件,如直径较大的轴类和模数较大的齿轮等。

工频感应加热:频率为 $50\mathrm{Hz}$,淬硬层深度可达 $10\sim15\mathrm{mm}$;主要用于处理要求淬硬层较深的大直径零件,如轧辊、火车车轮等。

超频感应加热:频率为 $20\sim40\mathrm{kHz}$,淬硬层深度为 $1\sim4\mathrm{mm}$;适于中、小模数的齿轮、花键轴、链轮等。

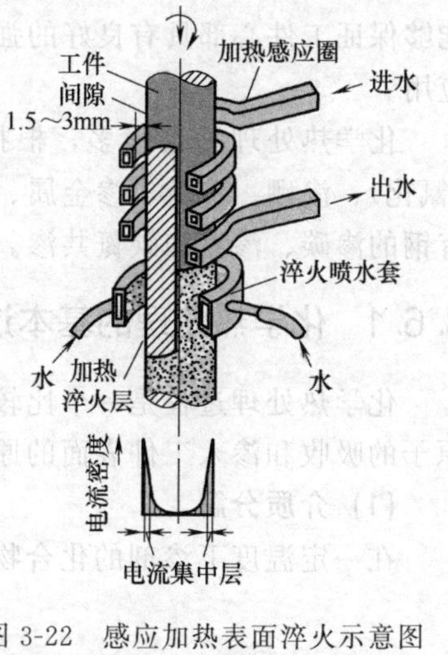

(3) 感应加热表面淬火的优缺点

图 3-22 感应加热表面淬火示意图

优点:感应加热表面淬火加热速度快,生产率高,加热温度和淬硬层深度容易控制,工件表面氧化和脱碳少,工件变形小,可以使全部淬火过程实现机械化、自动化。

缺点:设备较昂贵,形状复杂的零件感应圈不易制造,且仅适用于大批量生产。

3.5.2 火焰加热表面淬火

火焰加热表面淬火是用燃烧的火焰(如乙炔-氧的燃烧)喷射至零件表面,使它快速加热,当达到淬火温度时立即喷水冷却,从而获得预期的硬度和淬硬层深度的一种表面淬火方法。火焰加热表面淬火常用的装置如图 3-23 所示。

火焰加热表面淬火的优点为:设备简单、投资少、成本低;适用于单件或小批生产,也适用于大型工件的局部淬火要求,如大齿轮、轧辊、大型壳体

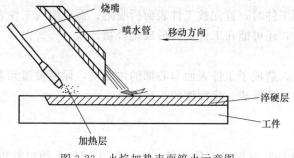

图 3-23 火焰加热表面淬火示意图

（马达壳体）、导轨等；不易产生表面氧化与脱碳；不受现场环境与工件大小的限制，适用性广，操作简便。

火焰加热表面淬火的缺点是：不易稳定控制质量，大部分是手工操作和凭肉眼观察来掌握温度；表面容易烧化、过热与淬裂，很难达到均匀的淬火层与高的表面硬度；淬硬层深度一般是 2～6mm；实现机械化流水线生产较为困难；火焰加热的均匀性很难保证，中、高碳钢和合金钢在进行火焰加热表面淬火时容易发生开裂。

3.6　钢的化学热处理

化学热处理是将工件置于特定介质环境加热和保温，使介质中的活性原子渗入工件表层，改变表层的化学成分和组织，从而达到强化表层性能的一种热处理工艺。与表面淬火相比，化学热处理后的工件表层不仅有组织的变化，而且有化学成分的变化，所以，化学热处理使工件表层性能提高的程度超过了表面淬火的水平。

化学热处理不仅可以显著提高工件表层的硬度、耐磨性、疲劳强度和耐腐蚀性能，而且能够保证工件心部具有良好的强韧性。因此，化学热处理在工业生产中已获得越来越广泛的应用。

化学热处理种类很多，根据渗入元素的不同，可分为渗碳、渗氮（氮化）、碳氮共渗（氰化）、渗硼、渗硫、渗金属、多元共渗等。在机械制造工业中，最常用的化学热处理工艺有钢的渗碳、渗氮和碳氮共渗。

3.6.1　化学热处理的基本过程

化学热处理过程是一个比较复杂的过程。一般将它看成由渗剂的分解、工件表面对活性原子的吸收和渗入工件表面的原子向内部扩散三个基本过程组成。

(1) 介质分解

在一定温度下渗剂的化合物发生分解，产生渗入元素的活性原子（或离子）。例如：

$$2CO \longrightarrow CO_2 + [C]$$
$$CO + H_2 \longrightarrow H_2O + [C]$$
$$CH_4 \longrightarrow 2H_2 + [C]$$
$$2NH_3 \longrightarrow 3H_2 + 2[N]$$

值得注意的是，作为化学热处理渗剂的物质必须具有一定的活性，即具有易于分解出被渗元素原子的能力。然而并非所有含被渗元素的物质都能作为渗剂。例如：N_2 在普通渗氮温度下就不能分解出活性氮原子，因此不能作为渗氮的渗剂。

(2) 表面吸收

刚分解出的活性原子（或离子）碰到工件时，首先被工件表面所吸附；而后溶入工件表面，形成固溶体；在活性原子浓度很高时，还可能在工件表面形成化合物。

(3) 原子扩散

工件表面吸收被渗元素的活性原子后，造成了工件表面与心部的浓度差，促使被渗元素的原子由高浓度表面向内部的定向迁移，从而形成一定深度的扩散层。

3.6.2　渗碳

将低碳钢放入渗碳介质中，在 900～950℃下保温，使活性碳原子渗入钢件表面以获得高碳渗层的化学热处理工艺称为渗碳。渗碳的主要目的是提高工件表面的硬度、耐磨性和疲劳强度，同时保持心部具有一定强度和良好的塑性与韧性。渗碳钢的含碳量一般为 0.1%～0.3%，常用渗碳钢有 20、20Cr、20CrMnTi、12CrNi、20MnVB 等。因此，一些重要的钢制机器零件经渗碳、淬火和回火处理，通过碳原子的表层渗入使钢能兼有高碳钢和低碳钢的性能；从而使它们既能承受磨损和较高的表面接触应力，同时又能承受弯曲应力及冲击载荷的作用。

(1) 渗碳方法

根据所用渗碳剂的不同，渗碳方法可分为三种，即气体渗碳、固体渗碳和液体渗碳。常用的是前两种，尤其是气体渗碳应用最为广泛。

1) 气体渗碳

气体渗碳是零件在含有气体渗碳介质的密封高温炉罐中进行渗碳处理的工艺。通常使用的渗碳剂是易分解的有机液体，如煤油、苯、甲醇、丙酮等。这些物质在高温下发生分解反应，产生活性碳原子，造成渗碳条件：

$$CH_4 \longrightarrow 2H_2 + [C]$$
$$2CO \longrightarrow CO_2 + [C]$$
$$CO + H_2 \longrightarrow H_2O + [C]$$

2) 固体渗碳

固体渗碳如图 3-24 所示。将工件装入渗碳箱中，周围填满固体渗碳剂，密封后送入加热炉内，进行加热渗碳。渗碳温度一般为 900～950℃。

(2) 渗碳层成分

低碳钢渗碳后，表层含碳量可达过共析的程度，由表往里碳浓度逐渐降低，直至渗碳钢的原始组织成分，如图 3-25 所示。所以渗碳件缓冷后，表层组织为珠光体加二次渗碳体（表层含碳量达 0.85%～1.05%）；心部为铁素体加少量珠光体组织；两者之间为过渡层，越靠近表层铁素体越少。一般，从表面到过渡层一半处的厚度为渗碳层的厚度。

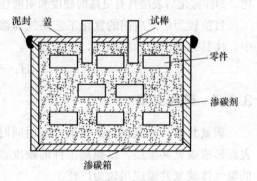

图 3-24 固体渗碳装置箱示意图

渗碳层的厚度主要根据零件的工作条件来确定。渗碳层太薄，易产生表面疲劳剥落；太厚则使承受冲击载荷的能力降低。一般机械零件的渗碳层厚度在 0.5～2.0mm 之间。工作中磨损轻、接触应力小的零件，渗碳层可以薄些；渗碳钢含碳量较低时，渗碳层应厚些；合金钢的渗碳层可以比碳钢的薄些。

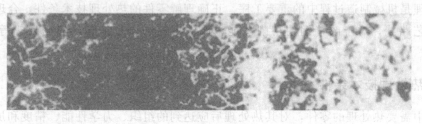

过共析层 ⟶ 共析层 ⟶ 亚共析层 ⟶ 心部原始组织

图 3-25 低碳钢渗碳缓冷后的组织

（3）渗碳后的热处理

为了充分发挥渗碳层的作用，使渗碳件表面获得高硬度和高耐磨性，渗碳后一般还要继续进行直接淬火或一次淬火。

直接淬火：工件渗碳后预冷到一定温度直接进行淬火。这种方法一般适用于气体或液体渗碳，固体渗碳时较难采用。

一次淬火：渗碳后让工件缓慢冷却下来，然后再次加热淬火。与直接淬火相比，一次淬火可使钢的组织得到一定程度的细化。对于心部性能要求较高的工件，淬火温度应略高于心部成分的 A_{c3}；对于心部强度要求不高而要求表面有较高硬度和耐磨性的工件，淬火温度应略高于 A_{c1}；对介于两者之间的渗碳件，要兼顾表层与心部的组织及性能，淬火温度可选在 $A_{c1} \sim A_{c3}$ 之间。

不论采用哪种方法淬火，渗碳件在最终淬火后都应进行低温回火。回火温度一般为 $180 \sim 200℃$。

3.6.3 渗氮

向钢的表面渗入氮元素，以获得富氮表层的化学热处理称为渗氮，通常叫作氮化。与渗碳相比，钢件氮化后表层具有更高的硬度和耐磨性。氮化后的工件表层硬度高达 $950 \sim 1200HV$。

目前较为广泛应用的氮化工艺是气体渗氮，即将氨气通入加热到氮化温度的密封氮化罐中，使其分解出活性氮原子，反应如下：

$$2NH_3 \longrightarrow 3H_2 + 2[N]$$

3.6.4 碳氮共渗

碳氮共渗又称氰化，是在钢件表面同时渗入碳和氮原子的化学热处理工艺。其目的是在表面形成碳氮共渗层，以提高工件的硬度、耐磨性和疲劳强度。目前以中温气体碳氮共渗和低温气体碳氮共渗应用较为广泛。

中温气体碳氮共渗的主要目的是提高钢的硬度、耐磨性和疲劳强度。

低温气体碳氮共渗以渗氮为主，其主要目的是提高钢的耐磨性和抗咬合性。将钢件放入密封炉罐内加热到 $820 \sim 860℃$，并向炉内滴入煤油或其他渗碳剂，同时通入氨气。

3.7 热处理技术条件与工序位置

热处理是机械制造过程中的重要工序。正确理解零件的热处理技术条件，合理安排零件的加工工艺路线，对于改善钢的切削性能、保证零件的质量、满足使用要求等具有重要意义。

3.7.1 热处理技术条件

生产中需要热处理的零件，对其热处理后应达到的组织、力学性能、精度和加工工艺性能等的要求，统称为热处理技术条件。热处理技术条件是根据零件的工作条件而提出的；其标注内容主要有最终热处理方法和应达到的力学性能。

一般零件常以硬度作为力学性能要求指标；对于力学性能要求高的零件，如主轴、曲轴、齿轮、连杆等，还应标出强度、塑性和韧性指标要求，有的甚至有显微组织要求；渗碳或渗氮零件应标出所渗部位、渗入深度及淬火回火后的表面和心部硬度指标等；表面淬火零件应标出淬硬部位、淬硬层深度以及表面和心部硬度指标等。

标注热处理技术条件时，可以用简要文字和数据说明；也可以用国标规定的热处理工艺代号标注。

3.7.2 热处理工序位置安排

零件生产都是沿一定的工艺路线进行的。根据热处理目的和工序位置不同，热处理可分为预备热处理、最终热处理两大类。热处理工序位置安排的一般规律如下：

预备热处理：为消除毛坯生产缺陷、改善切削加工以及为最终热处理做准备的热处理。其主要包括：退火、正火、调质等。退火、正火一般安排在毛坯生产后、切削加工之前；以消除毛坯组织缺陷、改善切削加工性能，并为以后的热处理做组织准备。调质一般安排在粗切削加工后、精或半精加工之前；目的是为获得良好的综合力学性能，为以后的表面淬火热处理等做组织准备。调质一般不安排在粗切削加工之前，以避免良好组织大量切削，造成不必要的浪费。

最终热处理：能满足工件使用要求的热处理。其主要包括：淬火、回火、表面热处理等。最终热处理使零件获得所需的使用性能，故一般安排在半精加工之后、磨削之前。当零件工作性能要求不高，进行退火、正火、调质即可满足要求时，则它们也可作为最终热处理。

3.7.3 热处理工艺应用举例

(1) 锻工大锤锤头

锻工大锤锤头工作特性要求其工作部分有足够的硬度，具有较高韧性。

材料选用：T7 钢。

热处理技术条件：淬火、回火，50～55HRC。

工艺路线：下料→锻造→球化退火→机加工→淬火、回火。

(2) 蜗杆

蜗杆工作特性要求其齿部有较高的硬度和耐磨性，其余部分要求有足够的强度和韧性。

材料选用：45 钢。

热处理技术条件：齿部 45～50HRC，其余部位 220～250HBS。

工艺路线：下料→锻造→正火→粗加工→调质→半精加工→表面淬火→精加工。

(3) 汽车半轴

汽车半轴承受很大的扭转载荷，同时承受弯曲、冲击载荷等交变载荷作用，故要求汽车半轴具有较高的强度和冲击韧性，并且应有较高的疲劳强度。

材料选用：40Cr。

热处理技术条件：调质，220～250HBS。

工艺路线：下料→锻造→正火→粗加工→调质→精加工。

习题

一、填空题

1. 热理是通过对_____金属或合金进行适当的_____、_____、_____，以获得所需_____和性能的一种工艺方法。

2. 钢铁材料是当前工业生产中的基本材料，因其具备_____的特点，故在热处理中能产生良好的_____效果。热处理根据工艺目的和方法不同，可以分为_____、_____、_____、_____和_____等。

3. 钢热处理时，加热的目的是为得到_____、_____的奥氏体。奥氏体的形成过程可以分为三个步骤：①_____；②_____；③_____。

4. 过冷 A 等温转变类型：_____型和_____型。

5. 马氏体是碳在_____中的过饱和的_____，符号用"_____"表示，主要有_____和_____两种结构类型。

6. 钢的淬火是将钢加热到_____以上，保温一段时间，然后以大于_____的速度快冷至室温，从而获得_____或_____组织的热处理工艺。淬火工艺主要是为了提高钢的_____和_____。

7. 回火是将_____钢重新加热到_____某一温度，保温一定时间，然后冷却到室温的热处理工艺。淬火钢回火后的组织、性能均发生变化，其基本趋势是：随回火温度的增加，钢的_____和_____降低，_____和_____增加；决定钢回火后的组织、性能的主要因素是_____。回火的主要种类有_____、_____和_____。

8. 生产中需要热处理的零件，对其_____后应达到的组织、性能、精度和加工工艺性能等的要求，统称为_____。它是根据零件的_____而提出的；其标注内容主要有_____和应达到的_____。

二、名词解释

淬透性　调质　表面淬火

三、简答题

1. 正火与退火有何异同点？在实际应用中应如何选择？

2. 淬火钢回火的目的是什么？淬火钢采用低温或高温回火各获得什么组织，主要应用在什么场合？

3. 指出下列工件的淬火及回火温度：45钢车床主轴；60钢弹簧；T12钢锉刀。

4. 表面淬火的目的是什么？常用的表面淬火方法有哪几种？

5. 化学热处理包括哪几个基本过程？常用的化学热处理方法有哪几种？

第4章

钢铁材料

● 学习目标

① 掌握钢和铸铁的种类及特点，熟悉钢铁材料的应用场合，能根据材料的特点判断其类别。

② 了解钢与铸铁的牌号，会根据使用要求选用钢铁材料。

钢铁材料是在工程材料中产量最大、应用最广泛的一种。其主要分为工业纯铁（C≤0.0218%）、钢（0.0218%≤C≤2.11%）和铸铁（2.11%≤C≤6.69%）。钢是指以铁为主要元素、含碳量一般在2.11%以下并含有其他元素的材料。

钢铁材料的生产，一般由钢铁厂先用铁矿石等原料经高炉冶炼成生铁，再用生铁（或加入废钢）在炼钢炉内冶炼成钢液，将钢液浇注成钢锭，最后经轧制等压力加工方法制成各种钢材。在此过程中，通过各种渠道进入到钢材中的杂质和合金元素会对钢材的性能产生很大的影响，所以其生产过程也是对杂质、成分严格加以控制的过程。

4.1 钢的常存元素及分类

4.1.1 钢中的常存元素对性能的影响

（1）锰（Mn）

Mn是炼钢时由生铁和锰铁脱氧剂带入钢中的。Mn有很强的脱氧能力，能清除钢中的FeO，降低钢的脆性。Mn还能与S化合成MnS，减轻S的有害作用，改善钢的热加工性能。在室温下，Mn大部分溶于铁素体中，形成置换固溶体（含锰铁素体），对钢有一定的强化作用。适量的Mn是一种有益元素。锰在钢中的质量分数一般为0.258%~0.8%。

（2）硅（Si）

Si也是来源于生铁和脱氧剂。Si的脱氧能力比Mn强，可以有效地消除FeO，改善钢的品质。在室温下，大部分Si溶于铁素体中，使铁素体强化，从而提高钢的强度。适量Si是有益元素。通常，碳素钢中Si的质量分数小于0.4%。

（3）硫（S）

S是由生铁和燃料带进钢中的。在固态下，S不溶于Fe，而以FeS的形式存在。FeS与

Fe 能形成低熔点的共晶体（Fe＋FeS），熔点为 985℃，且分布在晶界上，当钢材在 1000～1200℃进行热加工时，共晶体熔化，钢材变脆，这种现象称为热脆性。为消除这种热脆性，在炼钢时可加入 Mn。由于 Mn 与 S 能形成熔点为 1620℃的 MnS，MnS 在高温时有一定的塑性，从而避免了热脆性。但 MnS 作为一种非金属夹杂物，在轧制时会形成热加工纤维，使钢的性能具有方向性。因此，通常情况下 S 是有害杂质元素，应根据钢的质量要求严格控制其含量，在我国钢中 S 的质量分数控制在 0.065% 以下。含硫较多的钢中会形成较多的 MnS，在切削加工过程中 MnS 能起断屑作用，可改善钢的切削加工性能，这是 S 有利的一面。

（4）磷（P）

P 主要来源于生铁。一般情况下，P 在钢中能全部溶于铁素体，提高了铁素体的强度、硬度，但在室温下却使钢的塑性和韧度急剧降低，使钢变脆，尤其在低温时更为严重，这种现象称为冷脆性。通常希望脆性转变温度低于工件的工作温度，以免发生冷脆，而 P 使脆性转变温度升高。可见 P 是一种有害的杂质元素，钢中含磷量要严格控制。通常，钢中 P 的质量分数控制在 0.045% 以下，高级优质钢则控制在 0.035% 以下。

（5）氮（N）、氢（H）、氧（O）

自然界中的 N_2、H_2、O_2 进入到钢中，将严重影响钢的性能，降低钢材质量。N 在铁素体中的溶解度很小，并随温度下降而减小。因此，N 的逸出会使钢产生时效而变脆。一般可在炼钢时采用 Al 和 Ti 脱 N，使 N 形成 AlN_2 和 TiN_2，以减少 N 存在于铁素体中的数量，从而减轻钢的时效倾向，这种方法称为"固氮"处理。H 在钢中既不溶于铁素体，也不生成化合物，它是以原子状态或分子状态出现的。微量的 H 能使钢的塑性急剧下降，出现所谓的"氢脆"现象。若以分子状态出现，则会造成局部的显微裂纹，断裂后在显微镜下可观察到白色圆痕，这就是所谓的"白点"。它有可能使钢突然断裂，造成安全事故。在炼钢时进行真空处理是减少含氢量的最有效方法。O 通常以 FeO、MnO、SiO_2、Al_2O_3 等氧化物夹杂的形式存在于钢中而成为微裂纹的根源，降低了疲劳强度，从而影响钢的使用寿命。

4.1.2 钢的分类

根据分类目的不同，可以按照不同的方法对钢进行分类。常用的分类方法有：按化学成分、按冶金方法、按浇注前脱氧程度、按钢的品质、按钢的用途和按成形方式（表 4-1）。

表 4-1 钢的分类

分类方法	分类名称	说　明
按化学成分	①碳素钢	碳素钢是指钢中除铁、碳外，还含有少量锰、硅、硫、磷等元素的铁碳合金，按其含碳量的不同可分为： ①低碳钢——C≤0.25% ②中碳钢——0.25%＜C≤0.60% ③高碳钢——C＞0.60%
	②合金钢	为了改善钢的性能，在冶炼碳素钢的基础上，加入一些合金元素而炼成的钢，如铬钢、锰钢、铬锰钢、铬镍钢等。按其合金元素的总含量，可分为： ①低合金钢——合金元素的总含量≤5% ②中合金钢——5%＜合金元素的总含量≤10% ③高合金钢——合金元素的总含量＞10%

续表

分类方法	分类名称	说　明
按冶金方法	①转炉钢	用转炉吹炼的钢,可分为底吹、侧吹、顶吹和空气吹炼、纯氧吹炼等转炉钢;根据炉衬的不同,又分酸性和碱性两种
	②平炉钢	用平炉炼制的钢,按炉衬材料的不同分为酸性和碱性两种,一般平炉钢多为碱性
	③电炉钢	用电炉炼制的钢,有电弧炉钢、感应炉钢及真空感应炉钢等。工业上大量生产的是碱性电弧炉钢
按浇注前脱氧程度	①沸腾钢	属脱氧不完全的钢,浇注时在钢锭模里产生沸腾现象。其优点是冶炼损耗少、成本低、表面质量及深冲性能好;缺点是成分和质量不均匀、抗腐蚀性和力学强度较差,一般用于轧制碳素结构钢的型钢和钢板
	②镇静钢	属脱氧完全的钢,浇注时在钢锭模里的钢液镇静,没有沸腾现象。其优点是成分和质量均匀;缺点是金属的收得率低,成本较高。一般合金钢和优质碳素结构钢都为镇静钢
	③半镇静钢	脱氧程度介于镇静钢和沸腾钢之间的钢。因生产较难控制,目前产量较低
按钢的品质	①普通钢	钢中含杂质元素较多,含硫量 S 一般≤0.05%,含磷量 P≤0.045%,如碳素结构钢、低合金结构钢等
	②优质钢	钢中含杂质元素较少,含硫及磷量 S,P 一般均≤0.04%,如优质碳素结构钢、合金结构钢、碳素工具钢和合金工具钢、弹簧钢、轴承钢等
	③高级优质钢	钢中含杂质元素极少,含硫量 S 一般≤0.03%,含磷量 P≤0.035%,如合金结构钢和工具钢等。高级优质钢在牌号后面,通常加符号"A"或汉字"高",以便识别
按钢的用途	①结构钢	①建筑及工程用结构钢——简称建造用钢,它是指用于建筑、桥梁、船舶、锅炉或其他工程上制作金属结构件的钢,如碳素结构钢、低合金钢、钢筋钢等 ②机械制造用结构钢——是指用于制造机械设备上结构零件的钢。这类钢基本上都是优质钢或高级优质钢,主要有优质碳素结构钢、合金结构钢、易切结构钢、弹簧钢、滚动轴承钢等
	②工具钢	一般用于制造各种工具,如碳素工具钢、合金工具钢、高速工具钢等。如按用途又可分为刃具钢、模具钢、量具钢
	③特殊钢	具有特殊性能的钢,如不锈耐酸钢、耐热不起皮钢、高电阻合金钢、耐磨钢、磁钢等
	④专业用钢	这是指各个工业部门专业用途的钢,如汽车用钢、农机用钢、航空用钢、化工机械用钢、锅炉用钢、电工用钢、焊条用钢等
按成形方式	①铸钢	铸钢是指采用铸造方法生产出来的一种钢铸件。铸钢主要用于制造一些形状复杂、难于进行锻造或切削加工成形而又要求较高的强度和塑性的零件
	②锻钢	锻钢是指采用锻造方法生产出来的各种锻材和锻件。锻钢件的质量比铸钢件高,能承受大的冲击力作用,塑性、韧性和其他方面的力学性能也都比铸钢件高,所以凡是一些重要的机器零件都应当采用锻钢件
	③热轧钢	热轧钢是指用热轧方法生产出来的各种热轧钢材。大部分钢材都是采用热轧方法轧成的,热轧常用来生产型钢、钢管、钢板等大型钢材,也用于轧制线材
	④冷轧钢	冷轧钢是指用冷轧方法生产出来的各种冷轧钢材。与热轧钢相比,冷轧钢的特点是表面光洁、尺寸精确、力学性能好。冷轧常用来轧制薄板、钢带和钢管
	⑤冷拔钢	冷拔钢是指用冷拔方法生产出来的各种冷拔钢材。冷拔钢的特点是精度高、表面质量好。冷拔主要用于生产钢丝,也用于生产直径在 50mm 以下的圆钢和六角钢,以及直径在 76mm 以下的钢管

4.2 碳素钢

4.2.1 碳素结构钢

(1) 牌号表示方法

钢的牌号由"屈服点"的汉语拼音的字母"Q"、屈服点数值(单位为MPa)和质量等级符号、脱氧方法符号按顺序组成,例如:Q235AF、Q235BZ 等。在碳素结构钢的牌号组成中，表示镇静钢的符号"Z"和表示特殊镇静钢的符号"TZ"可以省略。

（2）典型牌号及化学成分

表 4-2 所示为碳素结构钢的具体牌号和化学成分等技术条件。

表 4-2　普通碳素结构钢牌号及化学成分　　　　　　　　　%

牌号	化学成分				
	C	Si	Mn	P	S
Q195	0.06～0.12	0.12～0.30	0.25～0.50	≤0.045	≤0.050
Q215A	0.09～0.15	0.12～0.30	0.25～0.55	≤0.045	≤0.050
Q315B	0.09～0.15	0.12～0.30	0.25～0.55	≤0.045	≤0.045
Q235A	0.14～0.22	0.12～0.30	0.30～0.65	≤0.045	≤0.050
Q335B	0.12～0.20	0.12～0.30	0.30～0.70	≤0.045	≤0.045
Q235C	≤0.18	0.12～0.30	0.35～0.80	≤0.040	≤0.040
Q235D	≤0.17	0.12～0.30	0.35～0.80	≤0.030	≤0.030
Q255A	0.18～0.28	0.12～0.30	0.40～0.70	≤0.045	≤0.050
Q255B	0.18～0.28	0.12～0.30	0.40～0.70	≤0.045	≤0.045
Q275	0.28～0.38	0.15～0.35	0.5～0.80	≤0.045	≤0.050

（3）主要特点和用途

碳素结构钢按钢中硫、磷含量划分质量等级。其中，Q195 和 Q275 不分质量等级；Q215 和 Q255 各分为 A 和 B 两级；Q235 分为 A、B、C、D 四个等级。按冶炼时脱氧程度的不同，碳素结构钢又可分为沸腾钢（F）、半镇静钢（b）和镇静钢（Z）。

碳素结构钢是一种普通碳素钢，不含合金元素，通常也称为普碳钢。在各类钢中碳素结构钢的价格最低，具有适当的强度，良好的塑性、韧性、工艺性能和加工性能。这类钢的产量最高、用途很广，多轧制成板材、型材（圆、方、扁、工、槽、角等）、线材和异型材，用于制造厂房、桥梁和船舶等建筑工程结构。这类钢材一般在热轧状态下直接使用。

4.2.2　优质碳素结构钢

（1）牌号表示方法

优质碳素结构钢的牌号采用阿拉伯数字或阿拉伯数字和化学元素符号及其他符号表示。以两位阿拉伯数字表示平均含碳量（以万分之几计），例如：08F、45、65Mn。

较高锰含量（0.70%～1.20%）的优质碳素结构钢在表示平均含碳量的阿拉伯数字后面加上化学元素 Mn 符号，例如 65Mn 即是平均含碳量为 0.65%、含锰量为 0.90%～1.20% 的优质碳素结构钢。

优质碳素结构钢按冶金质量分为优质钢、高级优质钢和特级优质钢。高级优质钢在牌号后面加 A；特级优质钢加 E；优质钢在牌号上不另外加符号。例如：平均含碳量为 0.20% 的高级优质碳素结构钢的牌号表示为 20A。质量等级间的区别在于硫、磷含量的高低。

镇静钢一般不另外标符号，例如：平均含碳量为 0.45% 的优质碳素结构镇静钢，其牌号表示为 45。

专用优质碳素结构钢采用阿拉伯数字（平均含碳量）和代表产品用途的符号表示。例如：平均含碳量为 0.20% 的锅炉用钢，其牌号为 20g。

(2) 典型牌号及化学成分

表 4-3 列出了优质碳素结构钢牌号及化学成分。

表 4-3　优质碳素结构钢牌号及化学成分

牌号	化学成分/%					σ_s/MPa $\geqslant$
	C	Si	Mn	P	S	
08F	0.05～0.11	≤0.03	0.25～0.50	<0.035	<0.035	175
10	0.07～0.13	0.17～0.37	0.35～0.65	<0.035	<0.035	205
20	0.17～0.23	0.17～0.37	0.35～0.65	<0.035	<0.035	245
35	0.32～0.39	0.17～0.37	0.50～0.80	<0.035	<0.035	315
40	0.37～0.44	0.17～0.37	0.50～0.80	<0.035	<0.035	335
45	0.42～0.50	0.17～0.37	0.50～0.80	<0.035	<0.035	355

(3) 主要特点和用途

优质碳素结构钢牌号的区别主要在于含碳量不同。通常根据含碳量将优质碳素结构钢分为低碳钢（C≤0.25%）、中碳钢（0.25%<C≤0.60%）和高碳钢（C>0.60%）。低碳钢主要用于冷加工和焊接结构，在制造受磨损零件时，可进行表面渗碳。中碳钢主要用于强度要求较高的机械零件，根据要求的强度不同，进行淬火和回火处理。高碳钢主要用于制造弹簧和耐磨损机械零件。这类钢一般都在热处理状态下使用。有时也把其中的 65、70、85、65Mn 四个牌号称为优质碳素弹簧钢。表 4-4 列出了弹簧钢牌号及化学成分。

表 4-4　弹簧钢牌号及化学成分　　　　　　　　　　　　　%

牌号	化学成分							
	C	Si	Mn	P	S	Cr	Ni	Cu
				≤				
65	0.62～0.70	0.17～0.37	0.50～0.80	0.035	0.035	0.25	0.25	0.25
70	0.62～0.75	0.17～0.37	0.50～0.80	0.035	0.035	0.25	0.25	0.25
85	0.82～0.90	0.17～0.37	0.50～0.80	0.035	0.035	0.25	0.25	0.25
65Mn	0.62～0.70	0.17～0.37	0.90～1.2	0.035	0.035	0.25	0.25	0.25

优质碳素结构钢产量较高、用途较广，多轧制或锻制成圆、方、扁等形状比较简单的型材，供使用单位再加工成零、部件来使用。这类钢一般需经正火或调质等热处理后使用，多用于制作机械产品一般的结构零、部件。

4.2.3　碳素工具钢

(1) 牌号表示方法

碳素工具钢的牌号用汉字"碳"的拼音首字母"T"、阿拉伯数字和化学符号来表示。阿拉伯数字表示平均含碳量（以千分之几计）。

普通含锰量（不高于 0.40%）的碳素工具钢的牌号是由"T"和其后的阿拉伯数字组成的。例如：平均含碳量为 1.00% 的碳素工具钢的牌号为 T10。

较高含锰量（0.40%～0.60%）的碳素工具钢的牌号，在"T"和阿拉伯数字后加锰元素符号。例如：平均含碳量为 0.8%、含锰量为 0.40%～0.60%的碳素工具钢的牌号表示为 T8Mn。

对于高级优质碳素工具钢，在牌号尾部加符号"A"。例如：平均含碳量为 1.0%的高级优质碳素工具钢的牌号表示为 T10A。

（2）典型牌号及化学成分

表 4-5 列出了碳素工具钢牌号及化学成分，其中含有 T7、T8、T8Mn、T9、T10、T11、T12 和 T13 八个牌号。

表 4-5　碳素工具钢牌号及化学成分　　　　　　　　　　%

牌号	化学成分≤							
	C	Si	Mn	P	S	Cr	Ni	Cu
T7	0.65～0.74	0.35	0.40	0.035	0.030	0.25	0.20	0.30
T8	0.75～0.84	0.35	0.40	0.035	0.030	0.25	0.20	0.30
T8Mn	0.80～0.90	0.35	0.40～0.60	0.035	0.030	0.25	0.20	0.30
T9	0.85～0.94	0.35	0.40	0.035	0.030	0.25	0.20	0.30
T10	0.95～1.04	0.35	0.40	0.035	0.030	0.25	0.20	0.30
T11	1.05～1.14	0.35	0.40	0.035	0.030	0.25	0.20	0.30
T12	1.15～1.24	0.35	0.40	0.035	0.030	0.25	0.20	0.30
T13	1.15～1.35	0.35	0.40	0.035	0.030	0.25	0.20	0.30

（3）主要特点和用途

碳素工具钢是一种高碳钢。其最低的碳含量为 0.65%，最高可达 1.35%。为了提高钢的综合性能，在 T8 钢中加入 0.40%～0.60%的锰得到 T8Mn 钢。碳素工具钢钢材按使用加工方法分为压力加工用钢（热压力加工和冷压力加工）和切削加工用钢。钢材的主要品种有热轧圆钢和方钢、锻制圆钢和方钢、冷拉及银亮钢条钢。这类钢材主要用于制造各种工具，如车刀、锉刀、刨刀、锯条等，还用来制造形状简单、精度较低的量具和刃具等。碳素工具钢钢材制造的刀具，当工作温度大于 250℃时，其硬度和耐磨性（即钢的红硬性）急剧下降，性能变差。

4.2.4　铸钢

（1）牌号表示方法

一般工程与结构用铸造碳钢的牌号采用强度分级的表示方法，即用汉字"铸钢"的拼音首字母"ZG"后加两组数字，数字中间用"-"隔开，前一组数字表示屈服强度，后一组数字表示抗拉强度。如：ZG200-400 表示屈服强度为 200MPa、抗拉强度为 400MPa 的铸钢。

（2）典型牌号及化学成分

表 4-6 列出了铸钢的主要牌号及化学成分。

（3）主要特点和用途

铸钢是指采用铸造方法生产的一种钢铸件材料，其含碳量一般为 0.15%～0.60%。铸钢件由于铸造性能差，常常需要用热处理和合金化等方法来改善其组织和性能，在机械制造业中，铸钢主要用于制造一些形状复杂、难于进行锻造或切削加工成形而又要求较高的强度和塑性的零件。按照化学成分，铸钢一般分为铸造碳钢和铸造合金钢两大类；按照用途，铸钢又可分为铸造结构钢、铸造特殊钢和铸造工具钢三大类。

表 4-6 铸钢牌号及化学成分 %

牌号	化学成分				
	C	Si	Mn	P	S
ZG200-400	0.10～0.20	0.20～0.50	0.35～0.80	≤0.04	≤0.04
ZG230-450	0.20～0.30		0.50～0.90		
ZG270-500	0.30～0.40				
ZG310-570	0.40～0.50	0.20～0.60			
ZG340-640	0.50～0.60	0.20～0.60			

4.3 合金钢

碳素钢具有冶炼简单、价格低、易加工等优点,是工业上应用最广泛的钢铁材料,但其淬透性差、回火稳定性差、基本组成相强度低等缺点,使其应用受到一定的限制。为克服碳钢的不足,在冶炼优质碳钢的同时有目的地加入一定量的一种或一种以上的金属或非金属元素,这类元素统称合金元素,这类有合金元素的钢统称合金钢。通常,加入的合金元素有Cr、Mn、Ni、Co、Cu、Si、Al、B、W、M、V、Ti、Nb、Zn 及 Re。

合金钢具有优异或特殊的性质,是非常重要的钢种,可适应各方面的需要,但合金钢也存在不少缺点,其中主要的是:合金元素的加入,使钢的冶炼以及加工工艺性能比碳素钢差,价格也较为昂贵。按照合理选材的原则,当碳素钢能够满足使用要求时,应尽量选用碳素钢,以降低生产成本。

4.3.1 合金元素在钢中的作用

(1) 合金元素对钢中基本相的影响

在退火、正火或调质状态,碳钢中的基本相是铁素体和渗碳体,当钢中加入少量合金元素时,有可能一部分溶于铁素体内形成合金铁素体,而另一部分溶于渗碳体内形成合金渗碳体。

通常与碳的亲和力很弱、不形成碳化物的元素主要固溶于铁素体、奥氏体、马氏体中,如:Ni、Si、Al、Co 等。

碳化物形成元素可形成合金渗碳体和特殊碳化物,如:Mn、Cr、Mo、W、V、Ti、Nb、Zr 等。其中 Mn 与碳的亲合力较弱,它的大部分固溶于铁素体、奥氏体、马氏体中,而少部分固溶于渗碳体中形成合金渗碳体。V、Ti、Nb、Zn 等金属元素与碳的亲合力很强,主要以特殊碳化物形式存在。而 Cr、Mo、W 与碳的亲和力较强,当含量较少时,它们主要固溶于渗碳体中,含量较高时,才能形成特殊碳化物,如:$Cr_{23}C_6$、WC、MoC、Cr_7C_3。固态下不溶于铁或在铁中溶解度很小的少数元素,如 Pb、Cu 等,常以游离态存在。

钢中存在的合金元素对钢的性能有明显的影响,下面具体介绍几种合金元素的存在方式和对钢性能的影响。

1) 形成固溶体

固溶体产生固溶强化,使钢的强度提高,而且合金元素的原子半径及晶格类型与铁原子相差愈大,强化作用便愈大。如 Ni、Mn、Si 对铁素体的强化作用大于 Cr、Mo、W。而且这种固溶于铁素体中的合金元素，除少量的 Mn、Cr、Ni、Si（Mn≤1.5%，Cr≤2%，Ni≤5%，Si≤0.6%）能使铁素体的塑性、韧性提高外，都降低其塑性、韧性。据此，通常使用的结构钢中各合金元素的含量都有一定限度。图 4-1 所示为合金元素对缓慢冷却后铁素体硬度的影响。

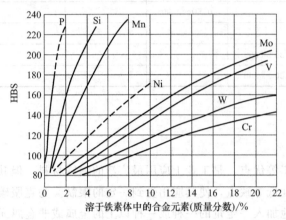

图 4-1　合金元素对缓慢冷却后铁素体硬度的影响

2）形成合金渗碳体

合金渗碳体是合金元素固溶于渗碳体中，部分替代了渗碳体中的 Fe 原子而形成的，如 Fe_3C、Cr_3C。

合金元素使渗碳体的硬度和稳定性提高，因为和碳化物形成元素相比，铁和碳的亲和力最弱，故渗碳体是稳定性最差的碳化物。合金元素溶于渗碳体内增加了铁与碳的亲和力，从而提高了其稳定性，且这种稳定性较高的合金渗碳体较难溶于奥氏体，较难聚集长大，可提高钢的强度、硬度、耐磨性。

3）形成特殊碳化物

VC、TiC、WC、MoC 等特殊碳化物因其稳定性很高，具有高熔点和高硬度，更难溶于奥氏体，难以聚集长大。随特殊碳化物数量增多，钢的硬度增大，耐磨性增加，但塑性、韧性下降，特别是当这类碳化物大小不一、分布不均匀时，钢的脆性显著增加。

4）游离态存在

显著降低钢的强度、塑性和韧性，但可提高切削加工性。

（2）合金元素对 $Fe\text{-}Fe_3C$ 相图的影响

图 4-2 和图 4-3 中的两种不同合金相图表明，合金元素对 $Fe\text{-}Fe_3C$ 相图的影响，主要表现在对纯铁同素异构转变温度 A_4、A_3，共析转变温度 A_1 及对 γ 区的影响。

1）扩大 γ 区

Ni、Mn 等元素是扩大 γ 区的元素，它们使 A_4 和 NJ 线升高，A_3 和 GS 线降低，使 γ 区增大，当扩大 γ 区的元素含量很高时，可把 A_3 点温度降至室温以下，这时钢在室温下就得到奥氏体组织——称为奥氏体钢，如含 13%Mn 的 Mn13 耐磨钢、含 9%Ni 的 Cr18Ni9 不锈钢等均属奥氏体钢。

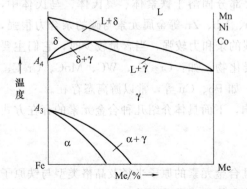

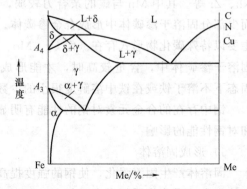

图 4-2　扩大 γ 相区的 Fe-Me 示意图（图中 Me 代表合金元素）

2) 缩小 γ 区

有些合金元素如 Cr、W、Mo、V、Ti、Al、Si 等是缩小 γ 区的元素，它们能使 A_4 和 NJ 线下降，此时钢在冷却时便不发生组织转变，室温下得到铁素体组织——称为铁素体钢，如含 $17\%\sim28\%$Cr 的 Cr17、Cr25、Cr28 等铬不锈钢均属铁素体钢。

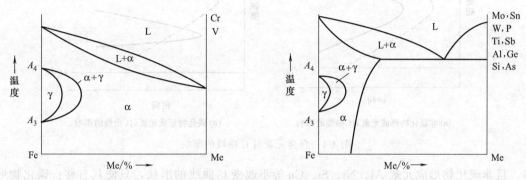

图 4-3　缩小 γ 相区的 Fe-Me 示意图

3) 使 E 点和 S 点左移

无论是扩大 γ 区的合金元素还是缩小 γ 区的合金元素，均使 E 点和 S 点左移，即降低共析点的含碳量及碳在奥氏体中的最大溶解度。因此使相同含碳量的碳钢和合金钢具有不同的显微组织，如含 0.4%C 的碳钢具有亚共析组织，而含 0.4%C、13%Cr 的合金钢则具有过共析组织。因为此时的共析成分已不再是 0.77%C，而是变为 0.3%C 了。另外，由于 E 点的左移，使含碳量远低于 2.11% 的合金钢中出现莱氏体。如含 18%W 的高速工具钢，含碳量为 $0.70\%\sim0.80\%$，其铸态组织中出现了莱氏体。

(3) 合金元素对钢的热处理工艺的影响

1) 对钢加热时奥氏体形成的影响

实验表明，合金元素对钢加热时奥氏体形成的影响，主要表现在对奥氏体的形成速度及奥氏体的晶粒大小的影响。

① 对奥氏体形成速度的影响。合金钢在室温时的平衡组织大多由合金铁素体和碳化物组成，在加热至 A_{c1} 或 A_{c3} 以上温度时将发生奥氏体化过程，此过程同样包括奥氏体的形成，剩余碳化物的溶解和奥氏体成分均匀化均是由合金元素和碳的扩散所控制的。

非碳化物形成元素 Co 和 Ni 提高碳在奥氏体中的扩散速度，加速奥氏体的形成。Si、Al、Mn 等元素，对 C 的扩散速度影响不大，因而对奥氏体的形成速度影响不大。碳化物形成元素 Cr、W、Nb、Mo、Ti、V 阻碍 C 的扩散，减缓奥氏体的形成速度。

此外，奥氏体转变完成时，合金元素和碳的分布是不均匀的，必须通过 C 和合金元素的扩散，才能使奥氏体成分均匀化，且合金元素的扩散能力远比碳小，因此，要获得均匀的奥氏体，合金钢的加热温度应比碳钢高，保温时间应比碳钢长。

② 对奥氏体晶粒大小的影响。碳化物形成元素：Ti、V、Nb、Zr 等强烈阻碍晶粒长大；W、Mo、Cr 等一般阻止晶粒长大。非碳化物形成元素：Ni、Cu、Si、Co 等影响不大；P、Mn 促进晶粒长大。

2) 对钢淬透性的影响（对 C 曲线的影响）

① 对 C 曲线的影响。

除 Co、Al 以外，大多数溶入奥氏体中的合金元素都增加奥氏体的稳定性，使 C 曲线右

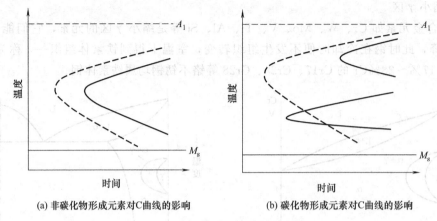

(a) 非碳化物形成元素对C曲线的影响 (b) 碳化物形成元素对C曲线的影响

图 4-4　合金元素对 C 曲线的影响

移。且非碳化物形成元素 Al、Ni、Si、Cu 等不改变 C 曲线的形状，只使其右移；碳化物形成元素 Mn、Cr、Mo、W 等除使 C 曲线右移外，还改变其形状（图 4-4）。

碳化物形成元素 Mn、Cr、Mo、W 等将 C 曲线分裂为珠光体转变和贝氏体转变两个 C 曲线，并在此两曲线之间出现一个过冷奥氏体的稳定区，其中 Cr 和 Mn 推迟贝氏体转变的作用大于珠光体转变；而 Mo、W 推迟珠光体转变的作用大于贝氏体转变。

② 对 M_s 点的影响。

除钴、铝以外，大多数合金元素溶入奥氏体中会降低钢的 M_s 点，增加钢中的残余奥氏体的数量，对钢的硬度和尺寸稳定性产生较大的影响。

合金元素使 C 曲线位置和形状的改变，有重要的实际意义：一方面由于合金元素使 C 曲线右移，因而使淬火的临界冷却速度降低，提高了钢的淬透性，这样采用较小的冷却速度甚至在空气中冷却就能得到马氏体，从而避免了由于冷却速度过大而引起的变形和开裂；另一方面由于形状的改变，使某些钢（如 28CrMoNiVB）采取空冷便得贝氏体组织，具有良好的综合力学性能，就不用采取等温淬火。

3）对淬火钢回火的影响

① 提高钢的回火稳定性。

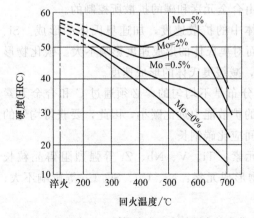

图 4-5　对含碳 0.35% 钢淬火回火后硬度的变化

合金元素固溶于马氏体中，减慢了碳的扩散，从而减慢了马氏体及残余奥氏体的分解过程和阻碍碳化物析出，聚集长大，因而在回火过程中合金钢的软化速度比碳钢慢，即合金钢具有较高的回火抗力，在较高的回火温度下仍保持较高的硬度，即在回火温度相同时，合金钢的硬度及强度比相同含碳量的碳钢高；而回火至相同硬度时，合金钢的回火温度高，内应力的消除比较彻底，因此，其塑性和韧性比碳钢好。

② 产生二次硬化。

若钢中 Cr、W、Mo、V 等元素超过一定量时，除了提高回火抗力外，在 400℃以上还会形成弥散分布的特殊碳化物，使硬度重新升高；直到 500～600℃硬度达最高值，出现所谓的二次硬化现象；600℃以后硬度下降是由于这些弥散分布的碳化物聚集长大的结果。图 4-5 所示为对含碳 0.35％钢淬火回火后硬度的变化。

二次硬化现象对高合金工具钢十分重要，通过 500～600℃回火可使其硬度比淬火态硬度高 5HRC 以上。

③ 回火脆性。

合金元素对淬火钢回火后的力学性能的不利方面是回火脆性问题。

回火脆性一般是在 250～400℃与 500～650℃这两个温度范围内回火时出现的，它使钢的韧性显著降低（图 4-6）。结构钢回火时在 250～400℃出现的冲击韧性下降的现象称为"第一类回火脆性"。这类回火脆性无论是在碳钢还是合金钢中均会出现，它与钢的成分和冷却速度无关，即使加入合金元素及回火后快冷或重新加热到脆性回火温度范围内回火，都无法避免，故又称"不可逆回火脆性"。但合金元素可使第一类回火脆性的温度范围移向较高的温度。一般认为这类回火脆性的产生与马氏体、残余奥氏体的分解及 Fe_3C 析出有关，防止方法就是避开这一温度范围内回火。500～650℃回火后缓慢冷却出现的冲击韧性下降现象称为"第二类回火脆性"。这类回火脆性如果在回火时快冷就不会出现，另外，如果脆性已经发生，只要再加热到原来的回火温度重新回火并快冷，就可完全消除，因此这类回火脆性又称"可逆回火脆性"。

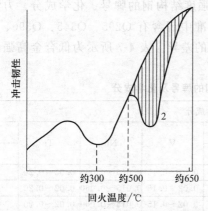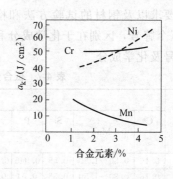

图 4-6   回火温度对合金钢冲击韧性的影响

并非所有的钢都有第二类回火脆性，它只在含 Cr、Mn 或 Cr-Ni、Cr-Si 的合金钢中出现，发生了这类回火脆性的钢不仅室温下的冲击韧性低，而且韧脆转化温度高，因此必须设法防止或避免。其产生原因是 P、Mn、S、Si 等元素在晶界偏聚。

消除方法：自回火温度快冷；消除 P、Mn、S、Si 元素的偏聚；在钢中加入 0.2％～0.3％Mo 或 0.4％～0.8％W 来减缓偏聚过程的发生，从而消除或减轻回火脆性。

(4) 合金元素使合金钢具有某些特殊性能

加入元素 Cr、Si、Al 等，在高温下钢的表面形成致密的高熔点的氧化膜，可防止钢件继续氧化；加入 W、Mo、V 等元素可提高钢的高温强度，使钢具有耐热性。

总之，不同合金元素在钢中的作用不同，同一种合金元素，其含量不同，对钢的组织和性能影响不同，因此就形成了不同类型的合金钢。

(5) 合金钢的分类

合金钢的种类繁多，为了便于生产、选材、管理及研究，常按用途将合金钢分为三大类：合金结构钢、合金工具钢、特殊性能钢。

4.3.2 低合金高强度结构钢

(1) 牌号表示方法

钢的牌号由"屈服点"的汉语拼音首字母"Q"、屈服点数值（单位为 MPa）、质量等级符号（A、B、C、D、E）三部分按顺序排列组成，例如：Q390A、Q420E。

低合金高强度结构钢按脱氧方法的不同分为镇静钢和特殊镇静钢，因此在牌号的组成中表示脱氧方法的符号"Z"和"TZ"予以省略。

低合金高强度结构钢通常也可以采用两位阿拉伯数字和化学元素符号表示，例如：16Mn。

专用低合金高强度结构钢一般采用代表屈服点的符号"Q"、屈服点数值和代表产品用途的符号来表示。例如：Q295HP 为焊接气瓶用钢的牌号；Q345R 是压力容器用钢的牌号。

专用低合金高强度结构钢的牌号通常也可以采用阿拉伯数字（用两位阿拉伯数字表示平均含碳量，以万分之几计）、化学元素符号以及产品用途符号表示。例如：压力容器用钢 16MnR。

(2) 典型牌号及化学成分

国家标准 GB/T 1591—2008 规定了低合金高强度结构钢的牌号、化学成分、力学性能等技术要求以及钢材的试验方法和检验规则。标准中现含有 Q295、Q345、Q390、Q420、Q460 五个牌号，区别在于化学成分和力学性能上的差异。表 4-7 所示为低合金高强度结构钢的牌号及化学成分。

表 4-7 低合金高强度结构钢的牌号及化学成分 %

牌号	化学成分										
	C ≤	Mn	Si ≤	P ≤	S ≤	Cr	Ni	V	Nb	Ti	Al ≥
Q295A	0.16	0.80~1.50	0.55	0.045	0.045			0.02~0.15	0.015~0.060	0.02~0.20	
Q295B	0.16	0.80~1.50	0.55	0.04	0.04			0.02~0.15	0.015~0.060	0.02~0.20	
Q345A	0.2	0.10~1.60	0.55	0.045	0.045			0.02~0.15	0.015~0.060	0.02~0.20	
Q345B	0.2	0.10~1.60	0.55	0.04	0.04			0.02~0.15	0.02~0.20		
Q345C	0.2	0.10~1.60	0.55	0.035	0.035			0.02~0.15	0.02~0.20		0.015
Q345D	0.18	0.10~1.60	0.55	0.03	0.03			0.02~0.15	0.02~0.20		0.015
Q345E	0.18	0.10~1.60	0.55	0.025	0.025			0.02~0.15	0.02~0.20		0.015
Q345A	0.2	0.10~1.60	0.55	0.045	0.045	0.3	0.7	0.02~0.20			
Q390B	0.2	0.10~1.60	0.55	0.04	0.04	0.3	0.7	0.02~0.20			
Q390C	0.2	0.10~1.60	0.55	0.035	0.035	0.3	0.7	0.02~0.20			0.015
Q390D	0.2	0.10~1.60	0.55	0.03	0.03	0.3	0.7	0.02~0.20			0.015
Q390E	0.2	0.10~1.60	0.55	0.025	0.025	0.3	0.7	0.02~0.20			0.015
Q420A	0.2	1.00~1.70	0.55	0.045	0.045	0.4	0.7	0.02~0.20			
Q420B	0.2	1.00~1.70	0.55	0.04	0.04	0.4	0.7	0.02~0.20			
Q420C	0.2	1.00~1.70	0.55	0.035	0.035	0.4	0.7	0.02~0.20			0.015
Q420D	0.18	1.00~1.70	0.55	0.03	0.03	0.4	0.7	0.02~0.20			0.015
Q420E	0.18	1.00~1.70	0.55	0.025	0.025	0.4	0.7	0.02~0.20			0.015
Q460C	0.2	1.00~1.70	0.55	0.035	0.035	0.7	0.7	0.02~0.20			0.015
Q460D	0.2	1.00~1.70	0.55	0.03	0.03	0.7	0.7	0.02~0.20			0.015
Q460E	0.2	1.00~1.70	0.55	0.03	0.03	0.7	0.7	0.02~0.20			0.015

（3）主要特点和用途

低合金高强度结构钢是在碳素结构钢的基础上，加入少量合金元素（一般不超过 3%）冶炼的低合金钢。过去曾经称其为普通低合金钢或低合金结构钢。这类钢碳含量低（不超过 0.2%），合金元素主要有钒、铌、钛、锰、硼等；这类钢与碳素结构钢相比，强度较高、韧性好，有较好的加工性能、焊接性能和耐蚀性。低合金高强度结构钢钢材品种主要有热轧型钢、棒材和钢板。这类钢材广泛地应用于制造锅炉、桥梁、化工设备、矿山设备、船舶设备等。

4.3.3　合金结构钢

（1）执行标准和牌号

国家标准 GB/T 3077—2015 规定了合金结构钢的牌号、化学成分、力学性能、低倍组织、表面质量、脱碳层深度、非金属夹杂物等方面的技术要求。钢组是按钢中所含有的合金元素来划分的，每个钢组都含有多个牌号。例如：Cr 钢组含有 15Cr、50Cr 等八个牌号。合金结构钢的钢种类别较多，故在此不列表体现，需要时可查阅国家标准。

（2）主要特点和用途

合金结构钢是在碳素结构钢的基础上，加入一种或几种合金元素，以提高钢的强度、韧性和淬透性。根据化学成分（主要是含碳量）、热处理工艺和用途的不同，合金结构钢又可分为渗碳钢、调质钢和氮化钢。

合金结构钢的钢材品种主要有热轧棒材和厚钢板、薄钢板、冷拉钢、锻造扁钢等。这类钢材主要用于制造截面尺寸较大的机械零件，广泛用于制造汽车、船舶、重型机床等交通工具和设备的各种传动件和紧固件。

4.3.4　合金弹簧钢

（1）牌号表示方法

合金弹簧钢牌号的表示方法与合金结构钢相同。例如：碳、硅、锰的平均含量分别为 0.60%、1.75%、0.75% 的弹簧钢，其牌号表示为 60Si2Mn；高级优质弹簧钢在牌号尾部加符号 "A"，例如 60Si2MnA。

（2）典型牌号及化学成分

国家标准 GB/T 1222—2016 规定了弹簧钢的牌号、化学成分、力学性能、钢材的低倍组织、表面质量、脱碳层深度等方面的技术要求和试验方法及检验规则。表 4-8 所示为合金弹簧钢牌号及化学成分。

表 4-8　合金弹簧钢牌号及化学成分　　　　　　　　　　%

牌号	化学成分									
	C	Si	Mn	V	W、Mo、B	Cr	P	S	Ni	Cu
							≤			
55Si2Mn	0.52～0.60	1.50～2.00	0.60～0.90			≤0.35	0.035	0.035	0.35	0.25
55Si2MnB	0.52～0.60	1.50～2.00	0.60～0.90		0.0005～0.004	≤0.35	0.035	0.035	0.35	0.25
55SiMnVB	0.52～0.60	0.70～1.00	1.00～1.30	0.08～0.10	0.0005～0.0035	≤0.35	0.035	0.035	0.35	0.25
60Si2Mn	0.56～0.64	1.50～2.00	0.60～0.90			≤0.35	0.035	0.035	0.35	0.25

牌号	化学成分									
	C	Si	Mn	V	W、Mo、B	Cr	P	S	Ni	Cu
							≤			
60Si2MnA	0.56~0.64	1.60~2.00	0.60~0.90			≤0.30	0.03	0.035	0.35	0.25
60Si2CrA	0.56~0.64	1.40~1.80	0.40~0.60			0.70~1.00	0.03	0.03	0.35	0.25
60Si2CrVA	0.56~0.64	1.40~1.80	0.40~0.60	0.10~0.20		0.90~1.20	0.03	0.03	0.35	0.25
55CrMnA	0.50~0.60	0.17~0.37	0.65~0.95			0.65~0.95	0.03	0.03	0.35	0.25
60CrMnA	0.56~0.64	0.17~0.37	0.70~1.00			0.70~1.00	0.03	0.03	0.35	0.25
60CrMnMoA	0.56~0.64	0.17~0.37	0.70~1.00		0.25~0.35	0.70~0.90	0.03	0.03	0.35	0.25
50CrVA	0.46~0.64	0.17~0.37	0.50~0.80	0.10~0.20		0.80~1.10	0.03	0.03	0.35	0.25
60CrMnBA	0.56~0.64	0.17~0.37	0.70~1.00		0.0005~0.004	0.70~1.00	0.03	0.03	0.35	0.25
30W4Cr2VA	0.26~0.34	0.17~0.37	≤0.40	0.50~0.80	4.00~4.50	2.00~2.50	0.03	0.03	0.35	0.25

(3) 主要特点和用途

由于弹簧在冲击、振动或长期交变应力下使用，因此要求专门用来制造弹簧的弹簧钢具有高的抗拉强度、弹性极限和疲劳强度的同时，还要求其具有一定的淬透性。

合金弹簧钢的含碳量稍低（不高于 0.64%），主要靠增加硅含量，加入少量的合金元素铬、钼、钒、硼、钨（总含量一般不高于 2.0%）来提高性能。

弹簧钢钢材品种主要有热轧圆钢、方钢、冷拉圆钢、热轧扁钢、盘条和钢丝等。热轧钢材以热处理状态或者不经热处理交货；冷拉钢材以热处理状态交货。弹簧钢钢材用于制造螺旋弹簧、扭转弹簧及其他形式的弹簧，在飞机、铁道车辆、汽车和拖拉机等运输工具以及其他工业产品上得到广泛应用。制造厂将弹簧钢钢材加工制造成各式弹簧，并经热处理后直接使用，因而对钢材的表面质量的要求比其他钢种更为严格，对脱碳层深度也有严格要求。

4.3.5 合金工具钢

(1) 牌号表示方法

合金工具钢的牌号采用合金元素符号和阿拉伯数字表示。合金元素符号的表示方法与合金结构钢相同，当平均含碳量小于 1.00% 时，采用一位阿拉伯数字表示含碳量（以千分之几计），放在牌号头部。当平均含碳量大于 1.00% 时，一般不标出平均含碳量。例如：平均含碳为 0.88%、平均含铬量为 1.50% 的合金工具钢，其牌号表示为 9Cr2；平均含碳量为 1.58%、平均含铬量为 11.75%、平均含钼量为 0.50%、平均含钒量为 0.23% 的合金工具钢，其牌号表示为 Cr12MoV。

低铬合金工具钢（平均含铬量小于 1%）在含铬量（以千分之几计）前加数字"0"。例如：平均含铬量小于 0.6% 的合金工具钢，其牌号为 Cr06。

(2) 典型牌号及化学成分

国家标准 GB/T 1299—2014 规定了合金工具钢的技术要求。表 4-9 所示为量具刃具用钢牌号及化学成分。

(3) 主要特点和用途

在合金工具钢中，热作模具钢和冷作模具钢是应用比较广泛的两个钢种，按化学成分可分为两种类型，一类是高碳低合金型；另一类是高碳高铬型。

表 4-9　量具刃具用钢牌号及化学成分　　　　　　　　　　%

牌号	化学成分							
	C	Si	Mn	Cr	P	S	Ni	Cu
					≤			
9SiCr	0.85~0.95	1.20~1.60	0.30~0.60	0.95~1.25	0.030	0.030	0.35	0.30
8MnSi	0.75~0.85	0.30~0.60	0.60~0.80		0.030	0.030	0.25	0.30
Cr06	1.30~1.45	≤0.40	≤0.40	0.50~0.70	0.030	0.030	0.25	0.30
Cr2	0.95~1.10	≤0.40	≤0.40	1.30~1.65	0.030	0.030	0.25	0.30
9Cr2	0.80~0.95	≤0.40	≤0.40	1.30~1.70	0.030	0.030	0.25	0.30

高碳低合金冷作模具钢是在碳素工具钢的基础上添加适量的铬、钒、硅、锰等合金元素，但合金元素总含量一般在 5% 以下。常用的牌号有 9CrWMn、9Mn2V。

高碳高铬冷作模具钢的成分特点是高碳量和高铬量，碳含量为 1.45%~2.30%、铬含量为 11.00%~13.00%。常用的牌号有 Cr12、Cr12MoV、Cr12Mo1V1。

在标准中，热作模具钢现含有十四个牌号，其中包括近几年国内研制的新牌号，如：5Cr4Mo3SiMnVAl（012Al），还包括引进的国外通用的牌号，如：4Cr5MoSiV1（H13）。热作模具钢按使用特性可以分为具有高韧性的模具钢（如常用的 5CrMnMo 和 5CrNiMo）、具有高强韧性的模具钢［如常用的 4Cr5MoSiV1（H13）］和具有高热强性的模具钢（如常用的 3Cr2W8V）。

合金工具钢不仅具有很高的碳含量，而且铬、钨、钼、钒等合金元素的含量也很高。因此合金工具钢比碳素工具钢具有更高的硬度、耐磨性和韧性，特别是具有碳素工具钢所达不到的淬透性和红硬性。

合金工具钢钢材按使用加工方法分为压力加工用钢（热压力加工和冷压力加工）和切削加工用钢。钢材的主要品种有热轧和锻制的圆钢、方钢、扁钢以及冷拉及银亮条钢。这类钢材主要用于制造冷热变形用的各式模具以及各式量具和刃具。

4.3.6　高速工具钢

(1) 牌号表示方法

高速工具钢牌号表示方法与合金结构钢的相同，采用合金元素符号和阿拉伯数字表示。高速工具钢所有牌号都是高碳钢（含碳量不小于 0.7%），故不用标明含碳量数字，阿拉伯数字仅表示合金元素的平均含量。若合金元素含量小于 1.5%，则牌号中仅标明元素符号，不标出含量。例如：平均含碳量为 0.85%、平均含钨量为 6.00%、平均含钼量为 5.00%、平均含铬量为 4.00%、平均含钒量为 2.00% 的高速工具钢，其牌号表示为 W6Mo5Cr4V2。

(2) 典型牌号及化学成分

按合金元素含量和性能特点，高速工具钢可分为钨高速钢、钼高速钢和超硬高速钢。钨高速钢以 W18Cr4V 为代表，表 4-10 列出了其主要牌号及化学成分；钼高速工具钢以 W6Mo5Cr4V2 为代表，其韧性、塑性优于钨高速钢，但加热时易脱碳；超硬高速钢以 W2Mo9Cr4VCo8 为代表，硬度可高达 70HRC。

表 4-10　钨高速钢牌号及化学成分　　　　　　　　　　%

牌号	化学成分									
	C	Si	Mn	P	S	Ni	Cu	Cr	Mo	V
				≤						
W18Cr4V	0.70~0.80	0.20~0.40	0.10~0.40	0.030	0.030	0.30	0.25	3.80~4.40	<0.30	1.00~1.40
W18Cr4VCo5	0.70~0.80	0.20~0.40	0.10~0.40	0.030	0.030	0.30	0.25	3.75~4.50	0.40~1.00	0.80~1.20
W18Cr4V2Co8	0.75~0.85	0.20~0.4	0.20~0.40	0.030	0.030	0.30	0.25	3.75~5.00	0.50~1.25	1.80~2.40
W12Cr4V5Co5	1.50~1.60	0.15~0.40	0.15~0.40	0.030	0.030	0.30	0.20	3.75~5.00	<1.00	4.50~5.25

(3) 主要特点和用途

高速工具钢俗称锋钢，碳含量高，多数牌号不低于 0.95%；合金元素钨、钼、铬、钒、钴的含量高。

钨是产生高速工具钢的耐磨性和热硬性的主要元素；钼与钨有相似的作用，钼还与钒一起促进弥散、细小的回火碳化物的形成，高的钼、钒含量对高速工具钢获得高的回火硬度做出贡献，同时又能改善碳化物的非均匀性，提高钢的工艺性能；铬主要用以提高钢的淬透性；钴强化钢的基体，提高钢的红硬性（高温硬度）。高速工具钢有很高的淬透性，经回火处理后钢具有很高的硬度（63~70HRC）、高温硬度和耐磨性。用其制造的刀具和刃具在 500~600℃ 下高温切削时，仍能保持高的硬度（约 62HRC），切削速度比碳素工具钢和合金工具钢制造的刀具提高 1~3 倍，使用寿命延长 7~14 倍。

高速工具钢钢材的主要品种有热轧、锻制、剥皮、冷拉及银亮钢棒，大截面锻制圆钢和热轧及冷轧钢板。高速工具钢用于制作刀具（车刀、铣刀、铰刀、拉刀、麻花钻等）及模具、轧辊和耐磨的机械零件。

4.3.7　轴承钢

(1) 牌号表示方法

轴承钢按化学成分和使用特性分为高碳铬轴承钢、渗碳轴承钢、高碳铬不锈轴承钢和高温轴承钢四大类。

高碳铬轴承钢牌号表示方法是在牌号头部加符号"G"，但不标明含碳量。铬含量以千分之几计，其他合金元素的表示方法与合金结构钢的合金含量表示方法相同。例如：平均含铬量为 1.5% 的轴承钢其牌号是 GCr15。

渗碳轴承钢的牌号采用合金结构钢的牌号表示方法，仅在牌号的头部加符号"G"。例如：平均含碳量为 0.2%、平均含铬量为 0.35%~0.65%、平均含镍量为 0.40%~0.70%、平均含钼量为 0.10%~0.35% 的渗碳轴承钢，其牌号表示为 G20CrNiMo。高级优质渗碳轴承钢在牌号的尾部加"A"，例如 G20CrNiMoA。

高碳铬不锈轴承钢和高温轴承钢的牌号采用不锈钢和耐热钢的牌号表示方法，牌号头部不加符号"G"。例如：平均含碳量为 0.9%、平均含铬量为 18% 的高碳铬不锈轴承钢，其牌号表示为 9Cr18；平均含碳量为 1.02%、平均含铬量为 14%、平均含钼量为 4% 的高温轴承钢，其牌号表示为 10Cr14Mo4。

(2) 典型牌号及化学成分

轴承钢在各钢类中是检验项目最多的钢类，可见对其质量要求之严格。

表 4-11 所示为高碳铬轴承钢牌号及化学成分。

表 4-11 高碳铬轴承钢牌号及化学成分 %

牌号	化学成分								
	C	Si	Mn	Mo	Cr	P	S	Ni	Cu
						≤			
GCr4	0.95～1.05	0.15～0.30	0.15～0.30	≤0.08	0.35～0.50	0.025	0.025	0.25	0.2
GCr15	0.95～1.05	0.15～0.35	0.25～0.45	≤0.10	1.40～1.50	0.025	0.025	0.3	0.25
GCr15SiMn	0.95～1.05	0.45～0.75	0.95～1.25	≤0.10	1.40～1.65	0.025	0.025	0.3	0.25
GCr15SiMn	0.95～1.05	0.65～0.85	0.20～0.40	0.30～0.40	1.40～1.70	0.027	0.02	0.25	0.25
GCr18Mo	0.95～1.05	0.20～0.40	0.25～0.40	0.15～0.25	1.65～1.95	0.025	0.02	0.25	0.25

(3) 主要特点和用途

轴承钢具有高的硬度、抗拉强度、接触疲劳强度和耐磨性以及相当的韧性，满足在一定条件下对耐蚀性和耐高温性能的要求。高碳铬轴承钢含碳量高（0.95%～1.05%），淬火后可获得高且均匀的硬度，疲劳寿命长，缺点是耐大载荷冲击韧性稍差。高碳铬轴承钢主要用作一般使用条件下滚动轴承的套圈和滚动体。渗碳轴承钢含碳量低（不大于 0.23%），经渗碳后，表面硬度提高，而心部仍具有良好的韧性，能承受较大冲击载荷，主要用于制作大型机械内受冲击载荷较大的轴承。高碳铬不锈轴承钢含碳量高（0.90%～1.05%），因而在获得高硬度的同时具有足够的耐蚀性，主要用于制作处于恶劣的腐蚀条件下工作的轴承。高温轴承钢的硬度高，且在高达 430℃ 的工作温度下仍可保持相当高的硬度，高温强度好，具有一定的抗氧化性，加工性能较好，主要用于制作高温发动机轴承。轴承钢钢材的主要供应品种有热轧和锻制的圆钢、冷拉圆钢及钢丝。

4.3.8 不锈钢

(1) 牌号表示方法

不锈钢是不锈耐酸钢的简称。不锈钢牌号的表示方法采用合金元素符号和阿拉伯数字表示。一般用一位阿拉伯数字表示含碳量（以千分之几计），当平均含碳量不小于 1.00% 时，采用两位阿拉伯数字表示。当含碳量上限小于 0.10% 时，以 "0" 表示含碳量；当含碳量上限大于 0.01% 且小于等于 0.03%（超低碳）时，以 "03" 表示含碳量；当含碳量上限不大于 0.01%（极低碳）时，以 "01" 表示含碳量。不规定含碳量下限，仅采用阿拉伯数字表示含碳量上限。

不锈钢牌号中合金元素含量的表示方法与合金结构钢的相同。例如：平均含碳量为 0.20%、含铬量为 13% 的不锈钢，其牌号表示为 2Cr13；含碳量上限为 0.08%、平均含铬量为 18%、含镍量为 9% 的铬镍不锈钢，其牌号表示为 0Cr18Ni9；平均含碳量为 1.10%、含铬量为 17% 的高碳铬不锈钢，其牌号表示为 11Cr17；含碳量上限为 0.03%、平均含铬量为 19%、含镍量为 10% 的超低碳不锈钢，其牌号表示为 03Cr19Ni10；含碳量上限为 0.01%、平均含铬量为 19%、含镍量为 11% 的极低碳不锈钢，其牌号表示为 01Cr19Ni11。专门用途的不锈钢在牌号头部加上代表用途的符号，例如：易切削铬不锈钢 Y1Cr17。

(2) 典型牌号及化学成分

不锈钢按其金相组织分为奥氏体型、奥氏体-铁素体型、铁素体型、马氏体型、沉淀硬化型五个类型，表 4-12 列出了铁素体不锈钢牌号及化学成分。

表 4-12　铁素体不锈钢牌号及化学成分　　　　　　%

牌号	化学成分									
	C	Si	Mn	P	S	Cr	Mo	Ni	Cu	Al
	≤							≤		
0Cr13Al	0.08	1.00	1.00	0.035	0.03	11.50~14.50		0.60	0.20	0.10~0.30
00Cr12	0.03	1.00	1.00	0.035	0.03	11.00~13.00		0.60	0.20	
1Cr17	0.12	0.75	1.00	0.035	0.03	16.00~18.00		0.60	0.20	
Y1Cr17	0.12	1.00	1.25	0.06	≥0.15	16.00~18.00	≤0.60	0.60	0.20	
1Cr17Mo	0.12	1.00	1.00	0.035	0.03	16.00~18.00	0.75~1.25	0.60	0.20	
00Cr30Mo2	0.10	0.40	0.40	0.035	0.03	28.50~32.00	1.50~2.50	0.60	0.20	
00Cr27Mo	0.10	0.40	0.40	0.03	0.02	25.00~27.50	0.75~1.50	0.60	0.20	

（3）主要特点和用途

奥氏体型不锈钢是不锈钢中最重要的一类，其产量和用量占不锈钢总量的 70%。钢中主要合金元素为铬和镍，钛、铌、钼、氮、锰也作为添加的合金元素。这类钢韧性高，具有良好的耐蚀性和高温强度、较好的抗氧化性、良好的压力加工性能和焊接性能，缺点是强度和硬度偏低，且不能采用热处理方式强化。

铁素体型不锈钢主要合金元素为铬，含量通常不小于 13%，基本上不含镍。这类钢具有良好的抗氧化性介质的腐蚀能力，并具有良好的热加工性及一定的冷加工性能，缺点是对晶间腐蚀敏感，低温韧性较差。

奥氏体-铁素体型不锈钢是在奥氏体型不锈钢的基础上，或添加更多的铬、钼和硅元素，或降低碳含量而建立的牌号，这类钢兼有奥氏体型和铁素体型不锈钢的优点。

马氏体型不锈钢主要合金元素为铬，含量在 13% 以上，钢中含碳量较高，可采用热处理方法强化。这类钢淬透性较高，在淬火、回火状态下使用，有较高的强度和硬度。

沉淀硬化型不锈钢通过热处理手段使钢中碳呈碳化物析出，使钢的强度提高。这类钢的耐蚀性优于铁素体型不锈钢而略低于奥氏体型不锈钢。不锈钢钢材的主要品种有热轧钢板与钢带、冷轧钢板与钢带、热轧和锻制的棒材与型钢、热轧盘条、无缝管和焊管等。不锈钢的用途十分广泛，主要用于制造石油化工设备和管道、原子能工业设备、船舶设备、医疗器械、餐具以及其他要求不锈耐蚀的器件等。

4.3.9　耐热钢

（1）牌号表示方法

耐热钢牌号表示方法与不锈钢的相同。

（2）典型牌号及化学成分

耐热钢按金相组织分为奥氏体型、铁素体型、马氏体型、沉淀硬化型四个类型，表 4-13 列出了铁素体型耐热钢牌号及化学成分。

（3）主要特点和用途

耐热钢在高温下具有良好的化学稳定性，能抗氧化和抵抗其他介质的侵蚀，同时具有较高的强度。

表 4-13 铁素体型耐热钢牌号及化学成分 %

牌号	化学成分								
	C	Si	Mn	P	S	N	Cu	Cr	Al
2Cr25N	0.2	1.00	1.5	0.04	0.03	0.25	0.30	23.00~27.00	0.10~0.30
0Cr12	0.08	1.00	1.00	0.04	0.03			11.50~14.50	
00Cr12	0.03	1.00	1.00	0.04	0.03			11.00~13.00	
1Cr17	0.12	0.75	1.00	0.04	0.03			16.00~18.00	

奥氏体型耐热钢在室温和使用温度条件下的金相组织为奥氏体（有时存在析出的碳化物）。代表性的钢号有 0Cr18Ni9、0Cr25Ni20。这类钢在高温下具有较高的热强性和极优异的抗氧化性，有些钢号同时是性能优异的奥氏体型不锈钢的牌号。奥氏体型耐热钢用于制作在 600℃ 以上承受较高应力的部件，其抗氧化温度可高达 850~1250℃。

铁素体型耐热钢在室温和使用温度条件下的金相组织为铁素体。钢中铬含量高于12.5%，不含镍，含有少量的硅、钛、钼等合金元素。代表性的钢号有 0Cr13 和 1Cr17。这类钢具有优异的抗大气腐蚀、抗应力腐蚀性能，在一定的酸、碱、盐环境下也具有一定的耐蚀性。有些钢号同时是性能优异的铁素体型不锈钢的牌号。铁素体型耐热钢在高温下有良好的抗氧化性能及一定的热强性，该类钢在动力、石油化工等工业部门得到极为广泛的应用。然而这类钢的可焊性较差、较脆，应用受到一定的限制。

马氏体型耐热钢在室温下的金相组织为马氏体。钢中铬含量为 7%~13%，以 13%Cr型为主。该类钢在温度高达 650℃ 时仍具有良好的抗氧化性，低于 600℃ 时具有较好的热强性，并具有良好的减振性和导热性。这类钢主要用于制造蒸汽轮机、燃气轮机、内燃机、航空发动机的叶片、轮盘等部件及宇航弹弹和核反应堆的部件等。但这类钢的焊接性能较差。

沉淀硬化型耐热钢（热强钢）在室温和使用温度条件下的金相组织为马氏体或奥氏体。这类钢在 540~750℃ 范围内具有较高的热强性和较好的抗氧化性，因此在航空发动机、火箭发动机等制造业有重要应用。耐热钢钢材的主要品种有热轧和锻制的型材（圆、方等）和扁钢、热轧和冷轧钢板与钢带、无缝钢管等。

4.3.10 电工用硅钢

(1) 牌号表示方法

硅钢牌号采用符号和阿拉伯数字表示。阿拉伯数字表示典型产品（某一厚度产品）的厚度和最大允许铁损值（W/kg）。

电工用硅钢分为热轧硅钢和冷轧硅钢；冷轧硅钢又分为无取向硅钢和取向硅钢。

电工用热轧硅钢在牌号头部加符号"DR"，符号后为最大允许铁损值乘上 100 的阿拉伯数字。如果在高频率（400Hz）下检验，在表示铁损值的阿拉伯数字后加符号"G"；不加符号"G"的表示检验在 50Hz 频率下进行。在铁损值或在"G"后加一横线，横线后为产品公称厚度（单位为 mm）乘上 100 的阿拉伯数字。例如：在 50Hz 频率下检验的厚度为0.5mm、最大允许铁损值为 4.4W/kg 的电工用热轧硅钢的牌号表示为 DR440-50；在400Hz 频率下检验的厚度为 0.35mm、最大允许铁损值为 17.50W/kg 的电工用热轧硅钢，其牌号表示为 DR1750G-35。电工用冷轧无取向硅钢和取向硅钢，在牌号中间为分别表示无取向硅钢的符号"W"和取向硅钢的符号"Q"，在该符号前为产品公称厚度（单位为 mm）

乘上 100 的阿拉伯数字，在该符号后为最大允许铁损值乘上 100 的阿拉伯数字，例如：30Q130、35W300。取向高磁感硅钢的牌号应在表示无取向或取向硅钢的符号与表示铁损值的数字之间加符号"G"，例如：27QG100。电信用冷轧取向高磁感硅钢牌号采用符号和阿拉伯数字表示。阿拉伯数字表示电磁性能的级别，从 1～6 标出电磁性能从低到高的等级，例如：DG3、DG6。

(2) 执行标准和牌号

电工用硅钢的标准与其他类钢的标准有一个明显的不同，即不是规定硅钢化学成分的要求，而是根据硅钢的使用性能对不同牌号硅钢的电磁性能做出明确的规定，标准按照钢带的电磁性能（磁感应强度、铁损、矫顽力）的高低分成了 DG1、DG2、DG3、DG4、DG5、DG6 六个牌号。

(3) 主要特点和用途

用热轧硅钢薄板制造的发电和输电设备以及变压器在使用中，由于铁损过高、表面质量差，使电力消耗为无用的热，因此一些国家已停止生产和使用热轧硅钢薄板。我国也在 2002 年底前不再生产和使用热轧硅钢薄板。

硅钢是一种低碳的铁-硅软磁合金材料，由于碳在硅钢中是有害元素，钢中含碳量一般不大于 0.015%。硅是提高铁的电阻最有效的元素，在电工用钢中添加硅可以减少涡流损失，降低材料的铁损。冷轧无取向硅钢带中，硅和铝的含量为 0.80%～3.5%；冷轧取向硅钢带中，硅含量为 2.9%～3.3%，进一步增加硅含量则使冷加工困难。冷轧无取向硅钢带的铁晶粒排列方向随机、无序，钢带具有各向同性，主要用于制作旋转机的铁芯，含硅量较低的硅钢带用于制作家用电器的小型电动机，含硅量较高的硅钢带用于制作发电机和大型电动机等。

冷轧取向硅钢带中铁的晶粒沿轧制方向定向排列，与冷轧无取向硅钢带相比较，沿轧制方向的磁特性格外优异。其主要用于制作发电、输电和配电用变压器铁芯等。晶粒取向硅钢薄带（厚度不大于 0.20mm），主要用于制作工作频率在 400Hz 以上的各种电源变压器、脉冲变压器、磁放大器、变换器等的铁芯。

4.4 铸铁

铸铁是 C>2.11% 的铁碳合金。它是以铁、碳、硅为主要组成元素，并比碳钢含有更多的锰、硫、磷等杂质元素的多元合金。铸铁件生产工艺简单、成本低廉，并且具有优良的铸造性、切削加工性、耐磨性和减振性等。因此，铸铁件广泛应用于机械制造、冶金、矿山及交通运输等部门。

4.4.1 铸铁的成分及性能特点

与碳钢相比，铸铁的化学成分中除了含有较多 C、Si 等元素外，还有较多的 S、P 等杂质；在特殊性能铸铁中，还含有一些合金元素。这些元素含量的不同，将直接影响铸铁的组织和性能。

(1) 成分与组织特点

工业上常用铸铁的成分（质量分数）一般为 C2.5%～4.0%、Si1.0%～3.0%、Mn0.5%～1.4%、P0.01%～0.5%、S0.02%～0.2%。为了提高铸铁的力学性能或

某些物理、化学性能，还可以添加一定量的 Cr、Ni、Cu、Mo 等合金元素，得到合金铸铁。

铸铁中的碳主要是以石墨（G）形式存在的，所以铸铁的组织是由钢的基体和石墨组成的。铸铁的基体有珠光体、铁素体、珠光体加铁素体三种，它们都是钢中的基体组织。因此，铸铁的组织特点可以看作是在钢的基体上分布着不同形态的石墨。

(2) 铸铁的性能特点

铸铁的力学性能主要取决于铸铁的基体组织及石墨的数量、形状、大小和分布。石墨的硬度仅为 3～5HBS，抗拉强度约为 20MPa，伸长率接近于零，故分布于基体上的石墨可视为空洞或裂纹。由于石墨的存在，减少了铸件的有效承载面积，且受力时石墨尖端处产生应力集中，大大降低了基体强度的利用率。因此，铸铁的抗拉强度、塑性和韧性比碳钢低。

石墨的存在，使铸铁具有了一些碳钢所没有的性能，如良好的耐磨性、消振性、低的缺口敏感性以及优良的切削加工性能。此外，铸铁的成分接近共晶成分，因此铸铁的熔点低，约为 1200℃，液态铸铁流动性好。因为石墨结晶时体积膨胀，所以铸造收缩率低，其铸造性能优于钢。

(3) 铸铁的石墨化及其影响因素

1) 铁碳合金双重相图

碳在铸件中存在的形式有渗碳体（Fe_3C）和游离状态的石墨（G）两种。渗碳体是由铁原子和碳原子所组成的金属化合物，它具有较复杂的晶格结构。石墨的晶体结构为简单六方晶格，如图 4-7 所示。晶体中碳原子呈层状排列，同一层上的原子间为共价键，原子间距小，结合力强；层与层之间为分子键，间距大，结合力较弱。

若将渗碳体加热到高温，则可分解为铁素体或奥氏体与石墨，即 $Fe_3C \rightarrow F$（A）$+G$。这表明石墨是稳定相，而渗碳体仅是介（亚）稳定相。成分相同的铁液在冷却时，冷却速度越慢，析出石墨的可能性越大；冷却速度越快，析出渗碳体的可能性越大。因此，描述铁碳合金结晶过程的相图应有两个，即前述的 Fe-Fe_3C 相图（它说明了介稳定相 Fe_3C 的析出规律）和 Fe-G 相图（它说明了稳定相石墨的析出规律）。为了便于比较和应用，习惯上把这两个相图合画在一起，称为铁碳合金双重相图（图 4-8）。

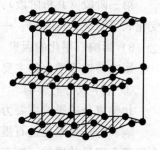

图 4-7　石墨的晶体结构

2) 石墨化过程

① 石墨化方式。

铸铁组织中石墨的形成过程称为石墨化过程。铸铁的石墨化有以下两种方式：

按照 Fe-G 相图，从液态和固态中直接析出石墨。在生产中经常出现的石墨飘浮现象，就证明了石墨可从铁液中直接析出；按照 Fe-Fe_3C 相图结晶出渗碳体，随后渗碳体在一定条件下分解出石墨。在生产中，白口铸铁经高温退火后可获得可锻铸铁，就证实了石墨也可由渗碳体分解得到。

② 石墨化过程。

现以过共晶合金的铁液为例，当它以极缓慢的速度冷却，并全部按 Fe-G 相图进行结晶时，则铸铁的石墨化过程可分为三个阶段：

第一阶段（液相—共晶阶段）：从液体中直接析出石墨，包括过共晶液相沿着液相线

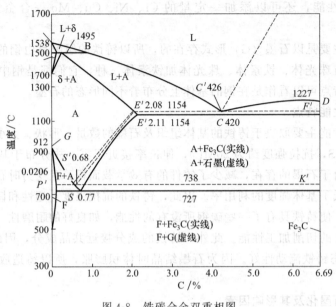

图 4-8　铁碳合金双重相图

$C'D$ 冷却时析出的一次石墨 G_I，以及共晶转变时形成的共晶石墨 $G_{共晶}$，其变化式可写成：$L \rightarrow L_C' + G_I \rightarrow A_E' + G_{共晶}$。

第二阶段（共晶—共析阶段）：过饱和奥氏体沿着 $E'S'$ 线冷却时析出的二次石墨 G_{II}，其变化式可写成：$A_E' \rightarrow A_S' + G_{II}$。

第三阶段（共析阶段）：在共析转变阶段，由奥氏体转变为铁素体和共析石墨 $G_{共析}$，其变化式可写成：$A_S' \rightarrow F_P' + G_{共析}$。

3）影响石墨化的因素

影响铸铁石墨化的主要因素是化学成分和结晶过程中的冷却速度。

① 化学成分的影响。

化学成分的影响主要为碳、硅、锰、硫、磷的影响，具体如下：

碳和硅是强烈促进石墨化的元素，铸铁中碳和硅的含量越高，便越容易石墨化。这是因为随着含碳量的增加，液态铸铁中石墨晶核数增多，所以促进了石墨化。硅与铁原子的结合力较强，硅溶于铁素体中，不仅会削弱铁、碳原子间的结合力，还会使共晶点的含碳量降低、共晶温度提高，这都有利于石墨的析出。

实践表明，铸铁中硅的质量分数每增加 1%，共晶点碳的质量分数相应降低 0.33%。为了综合考虑碳和硅的影响，通常把含硅量折合成相当的含碳量，并把这个碳的总量称为碳当量 CE 即：CE＝C+1/3Si

用碳当量代替 Fe-G 相图的横坐标中的含碳量，就可以近似地估算出铸铁在 Fe-G 相图上的实际位置。因此调整铸铁的碳含量，是控制其组织与性能的基本措施之一。由于共晶成分的铸铁具有最佳的铸造性能，因此在灰铸铁中，一般将其碳当量控制在 4% 左右。

锰是阻止石墨化的元素。但锰与硫能形成硫化锰，减弱了硫的有害作用，结果又间接地起着促进石墨化的作用，因此，铸铁中含锰量要适当。

硫是强烈阻止石墨化的元素，硫不仅增强铁、碳原子的结合力，而且形成硫化物后，常以共晶体形式分布在晶界上，阻碍碳原子的扩散。此外，硫还降低铁液的流动性和促使高温铸件开裂。所以硫是有害元素，铸铁中含硫量愈低愈好。

磷是微弱促进石墨化的元素，同时它能提高铁液的流动性，但形成的 Fe_3P 常以共晶体形式分布在晶界上，增加铸铁的脆性，使铸铁在冷却过程中易于开裂，所以一般铸铁中磷含量也应严格控制。

② 冷却速度的影响。

在实际生产中，往往存在同一铸件厚壁处为灰铸铁，而薄壁处却出现白口铸铁的情况。这种情况说明，在化学成分相同的情况下，铸铁结晶时，厚壁处由于冷却速度慢，有利于石墨化过程的进行；薄壁处由于冷却速度快，不利于石墨化过程的进行。

冷却速度对石墨化程度的影响，可用铁碳合金双重相图进行解释：由于 Fe-G 相图较 $Fe-Fe_3C$ 相图更为稳定，因此成分相同的铁液在冷却时，冷却速度越缓慢，即过冷度越小时，越有利于按 Fe-G 相图结晶，析出稳定相石墨的可能性就越大；相反，冷却速度越快，即过冷度越大时，越有利于按 $Fe-Fe_3C$ 相图结晶，析出介稳定相渗碳体的可能性就越大。

根据上述影响石墨化的因素可知，当铁液的碳当量较高，结晶过程中的冷却速度较慢时，易于形成灰铸铁；相反，则易形成白口铸铁。生产中铸铁冷却速度可由铸件的壁厚来调节，如图 4-9 所示综合了铸铁化学成分和冷却速度对铸铁组织的影响。

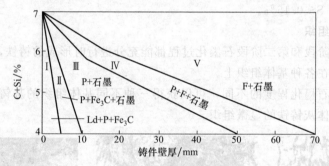

图 4-9　铸件壁厚（冷却速度）和化学成分对铸铁组织的影响

4.4.2　铸铁的分类

(1) 按石墨化程度分类

根据铸铁在结晶过程中石墨化过程进行的程度可分为三类：

① 白口铸铁：它是第一、第二、第三阶段的石墨化过程全部被抑制，而完全按照 $Fe-Fe_3C$ 相图进行结晶而得到的铸铁，其中的碳几乎全部以 Fe_3C 形式存在，断口白亮，故称为白口铸铁。此类铸铁组织中存在大量莱氏体，性能硬而脆，切削加工较困难。除少数用来制造不需加工的高硬度、耐磨零件外，主要用作炼钢原料。

② 灰口铸铁：它是第一、二阶段石墨化过程充分进行而得到的铸铁，其中碳主要以石墨形式存在，断口呈暗灰色，故称灰口铸铁，是工业中应用最多、最广的铸铁。

③ 麻口铸铁：它是第一阶段石墨化过程部分进行而得到的铸铁，其中一部分碳以石墨形式存在，另一部分以 Fe_3C 形式存在，其组织介于白口铸铁和灰口铸铁之间，断口呈黑白相间构成麻点，故称为麻口铸铁。该铸铁性能硬而脆、切削加工困难，故工业上使用也较少。

(2) 按灰口铸铁中石墨的形态分类

根据灰口铸铁中石墨存在的形态不同，可将铸铁分为以下四种。

① 灰铸铁：铸铁组织中的石墨呈片状。这类铸铁力学性能较差，但生产工艺简单、价格低廉，工业上应用最广。

② 可锻铸铁：铸铁中的石墨呈团絮状。其力学性能优于灰铸铁，但生产工艺较复杂、成本高，故只用来制造一些重要的小型铸件。

③ 球墨铸铁：铸铁组织中的石墨呈球状。此类铸铁生产工艺比可锻铸铁简单，且力学性能较好，故得到广泛应用。

④ 蠕墨铸铁：铸铁组织中的石墨呈短小的蠕虫状。蠕墨铸铁的强度和塑性介于灰铸铁和球墨铸铁之间。此外，它的铸造性、耐热疲劳性比球墨铸铁好，因此可用来制造大型复杂的铸件以及在较大温度梯度下工作的铸件。

4.4.3 灰铸铁

灰铸铁是铸铁中应用最广泛的一种。

(1) 灰铸铁的化学成分

铸铁中碳、硅、锰是调节组织的元素，磷是控制使用的元素，硫是应限制的元素。目前生产中，灰铸铁的化学成分范围一般为：C2.5%～4.0%，Si1.0%～3.0%，P≤0.3%，Mn0.5%～1.3%，S≤0.15%。

(2) 灰铸铁的组织

灰铸铁是第一阶段和第二阶段石墨化过程都能充分进行时形成的铸铁，它的显微组织特征是片状石墨分布在各种基体组织上。

由于第三阶段石墨化程度的不同，可以获得三种不同基体组织的灰铸铁。如图 4-10 所示是这三种不同机体灰铸铁的显微组织。

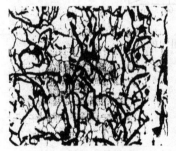  

(a) 铁素体灰铸铁　　　　　　(b) 珠光体灰铸铁　　　　　　(c) 铁素体+珠光体灰铸铁

图 4-10　灰铸铁的显微组织

(3) 灰铸铁的性能特点

1）力学性能

灰铸铁的抗拉强度、塑性、韧性和弹性模量远比相应基体的钢低。石墨片的数量越多，尺寸越粗大，分布越不均匀，对基体的割裂作用和应力集中现象越严重，则铸铁的强度、塑性与韧性就越低。

由于灰铸铁的抗压强度、硬度与耐磨性主要取决于基体，石墨的存在对其影响不大，因此灰铸铁的抗压强度一般是其抗拉强度的 3～4 倍。同时，珠光体基体比其他两种基体的灰铸铁具有较高的强度、硬度与耐磨性。

2）其他性能

石墨虽然会降低铸铁的抗拉强度、塑性和韧性，但也正是由于石墨的存在，铸铁才具有了一系列其他优良性能。

① 铸造性能良好 由于灰铸铁的碳当量接近共晶成分，因此其与钢相比，不仅熔点低、流动性好，而且因为在凝固过程中要析出比容较大的石墨，部分地补偿了基体的收缩，从而减小了灰铸铁的收缩率，所以灰铸铁能浇铸形状复杂与壁薄的铸件。

② 减摩性好 减摩性是指减少对偶件之间的磨损的性能。灰铸铁中的石墨本身具有润滑作用，而且当它从铸铁表面掉落后，所遗留下的孔隙具有吸附和储存润滑油的能力，使摩擦面上的油膜易于保持而具有良好的减摩性。所以承受摩擦的机床导轨、气缸体等零件可用灰铸铁制造。

③ 减振性强 铸铁在受振动时，石墨能阻止振动的传播，起缓冲作用，并把振动能量转变为热能。灰铸铁的减振能力约比钢大 10 倍，故常用于制作承受压力和振动的机床底座、机架、机床床身和箱体等零件。

④ 切削加工性良好 由于石墨割裂了基体的连续性，使铸铁切削时容易断屑和排屑，且石墨对刀具具有一定的润滑作用，因此可使刀具磨损减少。

⑤ 缺口敏感性小 钢常因表面有缺口（如油孔、键槽、刀痕等）造成应力集中，使力学性能显著降低，故钢的缺口敏感性大。灰铸铁中石墨本身已使金属基体形成了大量缺口，致使外加缺口的作用相对减弱，所以灰铸铁具有小的缺口敏感性。

由于灰铸铁具有以上一系列的优良性能，而且价廉、易于获得，因此在目前工业生产中，它仍然是应用最广泛的金属材料之一。

(4) 灰铸铁的孕育处理

灰铸铁组织中石墨片比较粗大，因而它的力学性能较差。为了提高灰铸铁的力学性能，生产上常进行孕育处理。孕育处理就是在浇注前往铁液中加入少量孕育剂，改变铁液的结晶条件，从而获得细珠光体基体加上细小均匀分布的片状石墨组织的工艺过程。降低碳硅成分和经过孕育处理后的铸铁称为孕育铸铁。

生产中常先熔炼出含碳（2.7%～3.3%）、硅（1%～2%）均较少的铁水，然后向出炉的铁水中加入孕育剂，经过孕育处理后再浇注。常用的孕育剂为含硅 75% 的硅铁，加入量为铁水重量的 0.25%～0.6%。因孕育剂增加了石墨结晶的核心，故经过孕育处理的铸铁石墨细小、均匀，并获得珠光体基体。孕育铸铁的强度、硬度较普通灰铸铁均高，如 $\sigma_b =$ 250～400Pa，硬度达 170～270HBS。孕育铸铁的石墨仍为片状，塑性和韧性仍然很低，其本质仍属灰铸铁。

(5) 灰铸铁的牌号和应用

1）灰铸铁的牌号

灰铸铁的牌号以其力学性能来表示。灰铸铁的牌号以"HT"起首，其后以三位数字来表示，其中"HT"表示灰铸铁，数字为其最低抗拉强度值。灰铸铁共分为 HT100、HT150、HT200、HT250、HT300、HT350 六个牌号。其中，HT100 为铁素体灰铸铁，HT150 为珠光体-铁素体灰铸铁，HT200 和 HT250 为珠光体灰铸铁，HT300 和 HT350 为孕育铸铁。

2）灰铸铁的应用

选择铸铁牌号时必须考虑铸件的壁厚和相应的强度值，如表4-14所列。例如，某铸件的壁厚为40mm，要求抗拉强度值为200MPa，此时应选HT250，而不是HT200。

表4-14 灰铸铁的牌号、性能、组织及用途

铸铁类别	牌号	铸体主要壁厚/mm	试体直径/mm	抗拉强度/MPa	抗弯强度/MPa	挠度支距/mm	抗压强度/MPa	硬度（HB）	显微组织		用途举例
				≥					基体	石墨	
铁素体灰铸铁	HT100	所有尺寸	30	100	260	2	500	143～229	F+P（少量）	粗片状	承受低负荷和不重要的零件，如盖、外罩、手轮、支架和重锤等
铁素体珠光体灰铸铁	HT150	4～8	13	280	470	1.5	650	170～241	F+P	较粗片状	承受中等应力的零件，如支柱、底座、齿轮箱、工作台、刀架、端盖、阀体、管路、附件等
		>8～15	20	200	390	2		170～241			
		>15～30	30	150	330	2.5		163～229			
		>30～50	45	120	250	3		163～229			
		>50	60	100	210	4		143～229			
珠光体灰铸铁	HT200	6～8	13	320	530	1.8	750	187～255	P	中等片状	承受较大应力、重要的零件，如气缸、齿轮、机座、飞轮、床身、刹车轮、联轴器、齿轮箱和轴承座等
		>8～15	20	250	450	2.5		170～241			
		>15～30	30	200	400	2.5		170～241			
		>30～50	45	180	340	3		170～241			
		>50	60	160	310	4.5		163～229			
	HT250	>8～15	20	290	500	2.8	1000	187～255	细P	较细片状	
		>15～30	30	250	470	3		170～241			
		>30～50	45	220	420	4		170～241			
		>50	60	200	390	4.5		163～229			
孕育铸铁	HT300	15～30	30	300	540	3	1100	187～255	S或T	细小片状	承受高弯曲应力及高抗压强度的重要零件，如齿轮、凸轮、车床卡盘、剪床及压力机机身和润滑阀壳体等
		>30～50	45	270	500	4		170～241			
		>50	60	260	480	4.5		170～241			
	HT350	15～30	30	350	610	3.5	1200	197～269			
		>30～50	45	320	560	4		187～255			
		>50	60	310	540	4.5		170～241			
	HT400	20～30	30	400	680	3.5		207～269			
		>30～50	45	380	650	4		187～269			
		>50	60	370	630	4.5					

4.4.4 可锻铸铁

(1) 可锻铸铁的生产方法

第一步，浇注出白口铸件坯件：

为了获得纯白口铸件，必须采用碳和硅的含量均较低的铁水。为了后面缩短退火周期，也需要进行孕育处理。常用孕育剂为硼、铝和铋。

第二步，石墨化退火：

其工艺是将白口铸件加热至900～980℃保温约15h，使其组织中的渗碳体发生分解，得到奥氏体和团絮状的石墨组织。在随后缓冷过程中，从奥氏体中析出二次石墨，并沿着团絮状石墨的表面长大；当冷却至750～720℃共析温度时，奥氏体发生转变生成铁素体和石墨，

最终得到铁素体可锻铸铁；如果在共析转变过程中冷却速度较快，最终将得到珠光体可锻铸铁（图 4-11）。

（2）可锻铸铁的成分

目前生产中，可锻铸铁的碳含量为 $2.2\% \sim 2.6\%$，硅含量为 $1.1\% \sim 1.6\%$；锰含量可在 $0.42\% \sim 1.2\%$ 范围内选择；含硫与含磷量应尽可能降低，一般要求 $P<0.1\%$、$S<0.2\%$。

（3）可锻铸铁的组织

可锻铸铁的组织特征：按图 4-12（a）所示的生产工艺进行完全石墨化退火后获得的铸铁，由铁素体和团絮石墨构成，称为铁素体基体可锻铸铁；若按图 4-12（b）所示的生产工艺只进行第一阶段石墨化退火，由珠光体和团絮状石墨构成，称为珠光体基体可锻铸铁。

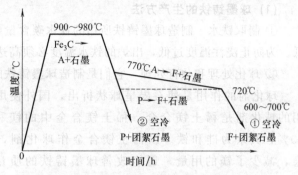

图 4-11　可锻铸铁的石墨化退火工艺曲线

团絮状石墨的特征是：表面不规则，表面面积与体积的比值较大。

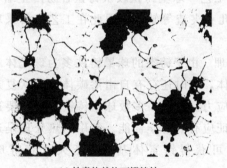

(a) 铁素体基体可锻铸铁

(b) 珠光体基体可锻铸铁

图 4-12　可锻铸铁的显微组织

（4）可锻铸铁的性能特点

可锻铸铁的力学性能优于灰铸铁，并接近于同类基体的球墨铸铁，但与球墨铸铁相比，

具有铁水处理简易、质量稳定、废品率低等优点。因此生产中，常用可锻铸铁制作一些截面较薄而形状较复杂，工作时受振动而强度、韧性要求较高的零件。这些零件如用灰铸铁制造，则不能满足力学性能要求；如用球墨铸铁铸造，易形成白口；如用铸钢制造，则因铸造性能较差，质量不易保证。

（5）可锻铸铁的牌号与应用

可锻铸铁的牌号为"KTH"或者"KTZ"加一组数字，牌号中"KT"是"可铁"两字汉语拼音的第一个字母，其后面的"H"表示黑心可锻铸铁，"Z"表示珠光体可锻铸铁；字母后面的两组数字分别表示其最小的抗拉强度值（MPa）和伸长率值（%）。

可锻铸铁的强度和韧性均较灰铸铁高，并具有良好的塑性与韧性，常用于制作汽车与拖拉机的后桥外壳、机床扳手、低压阀门、管接头、农具等承受冲击、振动和扭转载荷的零件；珠光体可锻铸铁塑性和韧性不及黑心可锻铸铁，但其强度、硬度和耐磨性高，常用于制作曲轴、连杆、齿轮、摇臂、凸轮轴等强度与耐磨性要求较高的零件。

4.4.5 球墨铸铁

(1) 球墨铸铁的生产方法

① 制取铁水 制造球墨铸铁所用的铁水碳含量要高（3.6%～3.9%），但硫、磷含量要低。为防止浇注温度过低，出炉的铁水温度必须高达 1400℃以上。

② 球化处理和孕育处理 它们是制造球墨铸铁的关键，必须严格操作。

球化剂的作用是使石墨呈球状析出，国外使用的球化剂主要是金属镁，我国广泛采用的球化剂是稀土镁合金。稀土镁合金中的镁和稀土都是球化元素，其含量均小于10%，其余为硅和铁。以稀土镁合金作球化剂，结合了我国的资源特点，其作用平稳，减少了镁的用量，还能改善球墨铸铁的质量。球化剂的加入量一般为铁水重量的 1.0%～1.6%（视铸铁的化学成分和铸件大小而定）。如图 4-13 所示为冲入法球化处理。

孕育剂的主要作用是促进石墨化，防止球化元素所造成的白口倾向。常用的孕育剂为硅含量为 75%的硅铁，加入量为铁水重量的 0.4%～1.0%。

铁水

堤坝

铁屑、稻草灰

球化剂

图 4-13 冲入法球化处理

③ 铸型工艺 球墨铸铁较灰铸铁容易产生缩孔、缩松、皮下气孔和夹渣等缺陷，因此在工艺上要采取防范措施。

④ 热处理 由于铸态的球墨铸铁多为珠光体和铁素体的混合基体，有时还存有自由渗碳体，形状复杂件还存有残余内应力。因此，多数球墨铸铁件铸后要进行热处理，以保证应有的力学性能。常用的热处理是退火和正火，退火可获得铁素体基体，正火可获得珠光体基体。

(2) 球墨铸铁的成分

球墨铸铁的化学成分与灰铸铁相比，其特点是含碳量与含硅量高、含锰量较低、含硫量与含磷量低，并含有一定量的稀土与镁。

由于球化剂中的镁和稀土元素都起阻止石墨化的作用，并使共晶点右移，所以球墨铸铁的碳当量较高，一般 C3.6%～3.9%，Si2.2%～2.7%。

(3) 球墨铸铁的组织

球墨铸铁的组织特征：球墨铸铁的显微组织由球形石墨和金属基体两部分组成。随着成分和冷速的不同，球墨铸铁在铸态下的金属基体可分为铁素体、铁素体＋珠光体、珠光体三种（图 4-14）。

(4) 球墨铸铁的性能特点

① 力学性能：球墨铸铁的抗拉强度、塑性、韧性不仅高于其他铸铁，而且可与相应组织的铸钢相媲美。对于承受静载荷的零件，用球墨铸铁代替铸钢，就可以减轻机器重量。但球墨铸铁的塑性与韧性却低于钢。球墨铸铁中的石墨球愈小、愈分散，球墨铸铁的强度、塑性与韧性愈好，反之则差。

球墨铸铁的力学性能还与其基体组织有关。铁素体基体具有高的塑性和韧性，但强度与硬度较低，耐磨性较差。珠光体基体强度较高，耐磨性较好，但塑性、韧性较低。铁素体＋

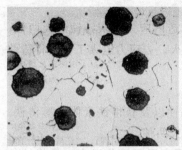
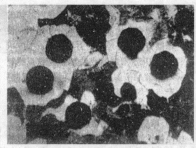
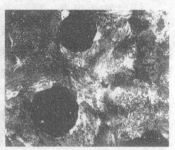

| (a) 铁素体球墨铸铁 | (b) 铁素体+珠光体球墨铸铁 | (c) 珠光体球墨铸铁 |

图 4-14　球墨铸铁的显微组织

珠光体基体的性能介于前两种基体之间。经热处理后，具有回火马氏体基体的硬度最高，但韧性很低；下贝氏体基体则具有良好的综合力学性能。

② 其他性能：由于球墨铸铁有球状石墨存在，使它具有近似于灰铸铁的某些优良性能，如铸造性能、减摩性、切削加工性等。但球墨铸铁的过冷倾向大，易产生白口现象，而且铸件也容易产生缩松等缺陷，因而球墨铸铁的熔炼工艺和铸铁工艺都比灰铸铁要求高。

(5) 球墨铸铁的牌号与应用

球墨铸铁的牌号是由"QT"及其后面的两组数字组成的。"QT"为球铁二字的汉语拼音首字母，第一组数字代表最低抗拉强度值，第二组数字代表最低伸长率值，如表 4-15 所列。

表 4-15　球墨铸铁牌号及力学性能

牌号	抗拉强度 /MPa	屈服强度 $\sigma_{0.2}$ /MPa	延伸率 δ/%	性能和组织	
	最小值			布氏硬度（HB）	主要金相组织
QT400-18	400	250	18	130～180	铁素体
QT400-15	400	250	12	130～180	铁素体
QT450-10	450	310	10	160～210	铁素体
QT500-7	500	320	7	170～230	铁素体＋珠光体
QT600-3	600	370	3	190～270	珠光体＋铁素体
QT700-2	700	420	2	225～305	珠光体
QT800-2	800	480	2	245～335	珠光体或回火组织
QT900-2	900	600	2	280～360	贝氏体或回火马氏体

球墨铸铁通过热处理可获得不同的基体组织，其性能可在较大范围内变化，加上球墨铸铁的生产周期短、成本低（接近于灰铸铁），因此，球墨铸铁在机械制造业中得到了广泛的应用。它成功地代替了不少碳钢、合金钢和可锻铸铁，用来制造一些受力复杂，强度、韧性和耐磨性要求高的零件。如具有高强度与耐磨性的珠光体球墨铸铁，常用来制造拖拉机或柴油机中的曲轴、连杆、凸轮轴，各种齿轮、机床的主轴、蜗杆、蜗轮、轧钢机的轧辊、大齿轮及大型水压机的工作缸、缸套、活塞等；具有高的韧性和塑性的铁素体球墨铸铁，常用来制造受压阀门、机器底座、汽车的后桥壳等。

(6) 球墨铸铁的热处理

球墨铸铁常用的热处理方法有去应力退火、石墨化退火等。

1）去应力退火

球墨铸铁的弹性模量以及凝固时收缩率比灰铸铁高，故铸造内应力比灰铸铁约大两倍。对于不再进行其他热处理的球墨铸铁铸件，都应进行去应力退火。去应力退火工艺是将铸件缓慢加热到500～620℃，保温2～8h，然后随炉缓冷。

2）石墨化退火

石墨化退火的目的是消除白口，降低硬度，改善切削加工性以及获得铁素体球墨铸铁。根据铸态基体组织不同，分为高温石墨化退火和低温石墨化退火两种。

① 高温石墨化退火：为了获得铁素体球墨铸铁，需要进行高温石墨化退火，是将铸件加热至共析温度以上，即900～950℃，保温2～5h，使自由渗碳体石墨化，然后随炉缓冷至600℃，使铸件发生第二和第三阶段石墨化，再出炉空冷（图4-15）。

② 低温石墨化退火：当铸态基体组织为珠光体+铁素体而无自由渗碳体存在时，为了获得塑性、韧性较高的铁素体球墨铸铁，可进行低温石墨化退火。

低温退火工艺是把铸件加热至共析温度范围附近，即720～760℃，保温3～6h，使铸件发生第二阶段石墨化，然后随炉缓冷至600℃，再出炉空冷（图4-16）。

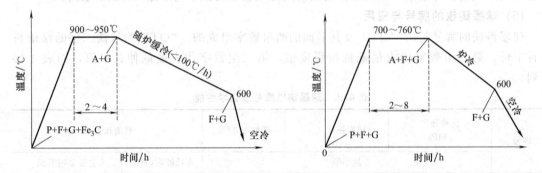

图4-15 球墨铸铁高温石墨化退火工艺曲线　　图4-16 球墨铸铁低温石墨化退火工艺曲线

4.4.6 蠕墨铸铁

蠕墨铸铁是具有片状和球状石墨之间的一种过渡形态石墨的灰口铸铁，它是一种以力学性能和导热性能较好以及断面敏感性小为特征的新型工程结构材料。蠕墨铸铁作为一种新型铸铁材料出现在20世纪60年代，我国是研究蠕墨铸铁最早的国家之一。

(1) 蠕墨铸铁的化学成分

蠕墨铸铁的化学成分一般为：C3.4%～3.6%；Si2.4%～3.0%；Mn0.4%～0.6%；S<0.06%；P<0.07%。

(2) 蠕墨铸铁的组织

蠕铁铸态基体组织以较高的铁素体含量（40%～50%或更高）为特征，但亦可加入珠光体稳定元素（如铜、锡、锑等），以获得铸态珠光体基体，其含量在70%左右，也可以采用正火处理方法获得珠光体基体。

(3) 蠕墨铸铁的牌号

蠕墨铸铁的牌号为：RuT+数字。牌号中，"RuT"表示"蠕铁"二字，为蠕墨铸铁的代号；后面的数字表示最低抗拉强度。例如：牌号RuT300表示最低抗拉强度为300MPa的蠕墨铸铁。

(4) 蠕墨铸铁的应用

由于蠕墨铸铁兼有球墨铸铁和灰铸铁的性能，因此，它具有独特的用途，在钢锭模、汽车发动机、排气管、玻璃模具、柴油机缸盖、制动零件等方面的应用均取得了良好的效果。

课后习题

一、名词解释

Q235　45　20CrMnTi　T8　W18Cr4V　65Mn　9SiCr　HT150　KTH350-10

二、简答题

1. 碳钢与铸铁两者的成分、组织和性能有何差别？并说明原因。

2. 为什么说钢中的 S、P 杂质元素在一般情况下总是有害的？

3. 合金元素对 Fe-C 相图的 E、S 点有什么影响？这种影响意味着什么？

4. 合金元素在钢中有哪些存在形式？

5. 哪些合金元素能显著提高钢的淬透性？提高钢的淬透性有何作用？

6. 能明显提高回火稳定性的合金元素有哪些？提高钢的回火稳定性有什么作用？

7. 第一类回火脆性和第二类回火脆性是在什么条件下产生的？如何减轻和消除？

8. 影响石墨化的因素有哪些？它们是如何影响石墨化的？

9. 按铸铁中的石墨形态可以把铸铁分为哪几类？这几类铸铁各自的特点是什么？

第5章

非铁金属材料

● 学习目标

① 掌握铝及铝合金的分类、性能、牌号及应用。
② 掌握铜及铜合金的分类、性能、牌号及应用。
③ 了解钛及钛合金的分类、性能、牌号及应用。
④ 了解轴承合金的分类、性能、牌号及应用。

5.1 铝及铝合金

5.1.1 纯铝的性质及用途

(1) 铝的特性

铝及铝合金极为广泛地应用于工农业各部门乃至人们的日常生活中。铝的产量在有色金属中占首位，仅次于钢铁产量。铝之所以应用广泛，除了铝有着丰富的蕴藏量（约占地壳质量的 8.2%，为地壳中分布最广的金属元素），冶炼较简便外，更重要的是铝有着一系列的优良特性。

① 密度小。纯铝的密度接近 $2.7g/cm^3$，约为铁的密度的 35%。

② 可强化。纯铝的强度虽不高，但通过冷加工可使其强度提高一倍以上；通过添加镁、锌、铜、锰、硅、锂等元素合金化，再经过热处理进一步强化，其强度可与优质的合金钢媲美。

③ 易加工。铝可用任何一种铸造方法铸造。铝的可塑性好，可轧成薄板和箔；拉成管材和细丝；挤压成各种民用的型材；能用大多数机床所能达到的最大速度进行车、铣、镗、刨等机械加工。

④ 耐腐蚀。铝及其合金的表面，易生成一层致密、牢固的 Al_2O_3 保护膜。这层保护膜只有在卤素离子或碱离子的剧烈作用下才会遭到破坏。因此，铝有很好的耐大气腐蚀和水腐蚀的能力，能抵抗多数酸和有机物的腐蚀，采用缓蚀剂，可耐弱碱液腐蚀；采用保护措施，可提高铝合金的耐腐蚀性能。

⑤ 导电、导热性好。铝的导电、导热性能仅次于银、铜和金。室温时，铝的等体积电导率可达 62%IACS，若按单位质量导电能力计算，其导电能力为铜的一倍。

⑥ 反射性强。铝的抛光表面对白光的反射率达 80% 以上，纯度越高，反射率越高。同时铝对红外线、紫外线、电磁波、热辐射等都有良好的反射性能。

⑦ 无磁性、冲击不生火花。这对于某些特殊用途十分可贵，比如仪表材料，电气设备的屏蔽材料，易燃、易爆物生产器材等。

⑧ 有吸音性。对室内装饰有利，也可配置成阻尼合金。

⑨ 耐核辐射。铝对高能中子来说，具有与其他金属相同程度的中子吸收截面，对低能范围内的中子，其吸收截面小，仅次于铍、镁、锆等金属。铝耐核辐射的最大优点是对照射生成的感应放射能衰减很快。

⑩ 美观。铝及其合金由于反射性能力强，表面呈银白色光泽。经机加工后就可达到很高的光洁度和光亮度。如果经阳极氧化和着色，不仅可以提高抗蚀性能，而且可以获得五颜六色、光彩夺目的制品。铝也是生产涂漆材料的极好基体。

⑪ 热处理。纯铝和防锈铝只能进行退火热处理，硬铝、锻铝和防锈铝以淬火时效为最终热处理方式。

(2) 纯铝的分类及应用

纯铝是银白色的金属，熔点为 660.4℃，呈面心立方晶格，没有同素异构转变。纯铝不宜用来制作承重结构件，主要用来制造电线、电缆、要求具有导热和抗大气腐蚀性能而对强度要求不高的器皿、用具以及配制各种铝合金等。

工业纯铝通常含有 Fe、Si、Cu、Zn 等杂质，杂质含量越多，其导电性、导热性、耐腐蚀性及塑性越差。纯铝按纯度可分为 3 类：

1) 工业纯铝

其纯度为 98.0%～99.0%，牌号有 L1、L2、L3、L4、L5、L6、L7。"L" 为"铝"字汉语拼音的第一个字母，其后的数字越大，纯度越低。

L1、L2、L3：用于高导电体、电缆、导电机件和防腐机械。

L4、L5、L6：用于器皿、管材、棒材、型材和铆钉等。

L7：用于日用品

2) 工业高纯铝

其纯度为 98.85%～99.9%，牌号有 L0、L00 等；用于制造铝箔、包铝及冶炼铝合金的原料。

3) 高纯铝

其纯度为 99.93%～99.99%，牌号有 L01、L02、L03、L04 等，"L" 后的数字越大，纯度越高。其主要用于特殊化学机械、电容器片和科学研究等。

5.1.2　铝合金

纯铝的强度和硬度很低，但若加入锰、镁、铜、锌、硅等合金元素，就可以极大地提高其力学性能，而仍保持其密度小、耐腐蚀的优点。一些铝合金还可以通过热处理强化，是制作轻质结构零件的重要材料。

工业上应用的铝合金，加入的许多合金元素都能与铝形成有限固溶体。这些元素在铝中的溶解度都随温度的降低而减小，因此，二元铝合金状态图一般都具有如图 5-1 所示的共晶形状。按此图可将铝合金分为变形铝合金和铸造铝合金两大类。成分位于 D 点左边的合金，加热时呈单相固溶体状态，合金塑性好，适于压力加工，故称为变形铝合金。成分位于 D

点右边的合金，由于合金元素含量多、具有共晶组织、合金熔化温度低、流动性好、适于铸造，因此称为铸造铝合金。

变形合金按是否能进行热处理强化又可分为：

热处理不可强化的变形铝合金：成分位于 F 点左边的合金，在固态下加热时不发生相变。

热处理可强化的变形铝合金：即成分在 F 与 D' 点之间的合金，这类合金的固溶体成分将随着温度而改变，可进行时效处理。

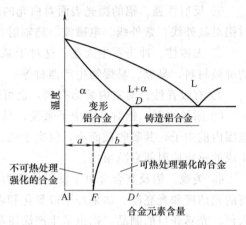

图 5-1　铝合金相图的一般类型

(1) 变形铝合金

变形铝合金可分为防锈铝、硬铝、超硬铝、锻铝合金等。

1) 防锈铝合金

防锈铝合金主要是 Al-Mg 和 Al-Mn 合金。这类合金在锻造退火后呈单相固溶体，抗腐蚀性能好、塑性好。合金元素镁和锰的加入，均起到固溶强化的作用，使合金具有比纯铝高的强度。此外，镁加入铝中，能使合金的密度降低，使制成的零件比纯铝还轻；锰加入铝中，能使合金具有很好的抗蚀性。防锈铝合金为热处理不可强化铝合金，只能施以冷变形，产生加工硬化，来提高其强度、硬度。

2) 硬铝合金

硬铝合金主要是 Al-Cu-Mg 合金，还含有少量的锰。合金中加入铜和镁是为了形成强化相，在时效时起强化作用。加入锰主要是为了提高合金的耐蚀性，并有一定的固溶强化作用，但锰的析出倾向小，不参与时效过程。各种硬铝均可进行时效强化，也可进行冷作强化，因此具有较高的力学性能。但它的耐蚀性较差。硬铝合金按合金元素含量及性能不同，又可分为以下 3 类。

低合金硬铝：如 2A01 (LY1)、2A10 (LY10) 等。该合金中镁和铜含量较低，淬火后冷态下塑性极好，可进行淬火自然时效，时效强化速度较慢，但时效后切削加工性能较好；可利用孕育期进行铆接，其主要用于制作铆钉。

标准硬铝：典型牌号 2A11 (LY11)。该合金元素含量中等，强度和塑性均属中等水平；经退火后工艺性能良好，可以进行冷弯、冲压等工艺过程；时效后，切削加工性也比较好。其主要用于制作中等负荷的结构零件。

高合金硬铝：如 2A11 (LY12)、2A16 (LY16) 等。该合金中镁和铜等合金元素含量较高，强度和硬度较高，但塑性及变形加工性能较差。其主要用于制作航空模锻件和重要的销、轴等零件。

3) 超硬铝合金

超硬铝合金主要是 Al-Cu-Mg-Zn 合金，还含有少量的铬和锰。常用的牌号有 7A04 (LC4)、7A06 (LC6) 等。其强度 σ_b 极限可达 $500 \sim 700\text{MPa}$，是目前室温强度最高的一类铝合金。超硬铝合金除了主要合金元素之外，还往往加入少量铬、锰、钛等。锌和镁是主要强化元素，铜起补充强化作用并提高抗应力腐蚀性，锰和铬可提高人工时效强化效果。主要强化相是 $MgZn_2$ 和 $Al_2Mg_3Zn_3$，其次是 Al_2CuMg。超硬铝合金均在淬火、人工时效状态下使用。

超硬铝合金的缺点是抗应力腐蚀性能和断裂韧性较低，耐热性不好，当工作温度超过120℃时，就会很快软化。为了改善耐蚀性，可对板材制品包覆 LB1 合金，不包铝的型材和锻件可进行阳极氧化处理。为了提高抗应力腐蚀和断裂韧性，可以进行分级时效处理，但要损失部分强度。

超硬铝合金主要用作受力较大的结构件，如飞机大梁、桁条、加强框、起落架等。

4）锻铝合金

锻铝合金主要是 Al-Mg-Si-Cu 和 Al-Cu-Mg-Ni-Fe 合金。锻铝合金中的合金元素种类多，但用量都较少。锻铝合金具有良好的热塑性、铸造性，其力学性能与硬铝合金相似，适于制作形状复杂、承受重负荷的大型锻件，如叶轮、框架、支架、活塞、气缸头等。

部分变形铝合金的牌号、力学性能和用途如表 5-1 所示。

表 5-1 部分变形铝合金的牌号、力学性能和用途

类别	原代号	新牌号	半成品种类	状态[①]	力学性能		用途举例
					σ_b/MPa	δ/%	
防锈铝合金	LF2	5A02	冷轧板材 热轧板材 挤压板材	O H112 O	167~226 117~157 ≤226	16~18 7~6 10	在液体中工作的中等强度的焊接件、冷冲压件和容器、骨架零件等
	LF21	3A21	冷轧板材 热轧板材 挤制厚壁管材	O H112 H112	98~147 108~118 ≤167	18~20 15~12 —	要求高的可塑性和良好的焊接性的零件、在液体或气体介质中工作的低载荷零件，如油箱、油管、液体容器、饮料罐
硬铝合金	LY11	2A11	冷轧板材 挤压棒材 拉挤制管材	O T4 O	226~235 353~373 ≤245	12 10~12 10	用于制作各种要求中等强度的零件和构件、冲压的连接部件、空气螺旋桨叶片、局部镦粗的零件
	LY12	2A12	冷轧板材 挤压棒材 拉挤制管材	T4 T4 O	407~427 255~275 ≤245	10~13 8~12 10	用量最大，用作各种要求高载荷的零件和构件，如飞机上的骨架零件、蒙皮、翼梁、铆钉等 150℃以下工作的零件
	LY8	2B11	铆钉线材	T4	J225	—	主要用作铆钉材料
超硬铝	LC3	7A03	铆钉线材	T6	J284	—	受力结构的铆钉
	LC4 LC9	7A04 7A09	挤压棒材 冷轧板材 热轧板材	T6 O T6	490~510 ≤245 490	5~7 10 3~6	用于制作承力构件和高载荷零件，如飞机上的大梁、桁条、加强框、蒙皮、翼肋、起落架零件等，通常多用以代替 2A12
锻铝合金	LD5 LD7 LD8	2A50 2A70 2A80	挤压棒材 挤压棒材 挤压棒材	T6 T6 T6	353 353 441~432	12 8 8~10	形状复杂和中等强度的锻件和冲压件、内燃机活塞、压气机叶片、叶轮、圆盘以及其他在高温下工作的复杂锻件 2A70 耐热性好
	LD10	2A14	热轧板材	T6	432	5	高负荷和形状简单的锻件和模锻件

① 状态符号采用 GB/T 16475—2008 规定代号：O 为退火，T4 为固溶＋自然时效，T6 为固溶＋人工时效，H112 为热加工。

（2）铸造铝合金

按照主要合金元素的不同，铸造铝合金可分为铝硅合金（Al-Si）、铝铜合金（Al-Cu）、铝镁合金（Al-Mg）、铝锌合金（Al-Zn）4 类。它们的牌号是以"ZL＋三位数"表示，其中"ZL"为"铸铝"汉语拼音各自的第一个字母；其后第一位数字以 1、2、3、4 分别代表铝硅合金、铝铜合金、铝镁合金和铝锌合金；第二、三位数字表示各自的序号。如 ZL101 即为 01 号铸造铝硅合金，ZL302 即为 02 号铸造铝镁合金。

1）铝硅合金

铸造铝硅合金又称硅铝明，密度小、有优良的铸造性能（流动性好、收缩及热裂倾向小）、一定的强度和良好的耐蚀性，但塑性较差。若在浇注前向合金溶液中加入占合金重量2%～3%的钠盐（2/3NaF＋1/3NaCl）进行变质处理，则能细化合金的组织，提高合金的强度和塑性。若在铸造铝合金中加入能形成强化相的铜、镁等元素获得多元铝硅合金，则合金除能进行变质处理外，还能进行淬火时效，能显著提高硅铝明的强度。铝硅合金适于制造质轻、耐蚀、形状复杂且有一定力学性能要求的铸件或薄壁零件。

2）铝铜合金

铸造铝铜合金具有较高的强度和耐热性、加工性能好、表面粗糙度小、可进行时效硬化，但密度大、铸造性能差、有热裂和疏松倾向、耐蚀性较差。其主要用于要求在较高强度和较高温度下工作的不受冲击的零件。

3）铝镁合金

铸造铝镁合金强度高、相对密度小（为2.55）、耐蚀性好，但铸造性能不好、耐热性低。该合金可以进行淬火时效处理。其主要用于制造能承受冲击载荷、可在腐蚀介质中工作、外形不太复杂便于铸造的零件。

4）铝锌合金

铸造铝锌合金价格便宜、铸造性能优良、经变质处理和时效处理后强度较高，但抗蚀性差、热裂倾向大。其常用于制造工作温度不超过200℃，结构形状复杂的汽车、仪器仪表零件及日用品等。

部分铸造合金的牌号、化学成分、力学性能和用途如表5-2所示。

表5-2　部分铸造合金的牌号、化学成分、力学性能和用途

牌号	主要化学成分/%					铸造方法	力学性能（不小于）			用途
	Si	Cu	Mg	Mn	其他		热处理	σ_b/MPa	δ_5/%	HBS	
ZL101	6.0～8.0		0.2～0.4		Al：余量	J	T5	210	2	60	形状复杂、承受中等负荷的零件，如飞机、仪器零件、水泵壳体、工作温度≤185℃的汽化器等
ZL105	4.5～5.5	1.0～1.5	0.35～0.6		Al：余量	J	T5	240	0.5	70	形状复杂、在225℃以下工作的零件，如发动机的气缸体、气缸头、油泵壳体等
ZL203		4.0～5.0			Al：余量	J	T5	230	3	70	形状简单、中等负荷、工作温度不超过200℃并要求切削加工性能良好的零件，如曲轴箱支架等
ZL302	0.8～1.3		4.5～5.5	0.1～0.4	Al：余量	S,J		150	1	55	腐蚀介质接触和小于220℃、承受中等负荷的零件，如海轮配件和各种壳体等
ZL101	6.0～8.0		0.1～0.3		Zn9.0～13.0 Al：余量	J	T1	250	1.5	90	形状复杂、工作温度不超过200℃的汽车零件、医疗器械、仪器零件、日用品等

注：1. 铸造方法代号：J为金属型铸造；S为砂型铸造。
　　2. 热处理代号：T1为人工时效；T5为淬火和部分时效。

5.2　铜及铜合金

5.2.1　工业纯铜的性质及用途

(1)　铜的特性

纯铜呈玫瑰红色，但容易和氧化合，表面形成氧化铜薄膜后，外观呈紫红色，故又称紫铜。纯铜密度为 $8.9g/cm^3$，熔点为 $1083℃$，导电性和导热性优良，仅次于银而居于第二位。纯铜具有很好的化学稳定性，在大气、淡水及冷凝水中均有优良的耐蚀性，但在海水中的耐蚀性较差，易被腐蚀。纯铜在含有 CO_2 的潮湿空气中，表面将产生碱性碳酸盐的绿色薄膜，又称为铜绿。

纯铜具有面心立方晶体结构，无同素异构转变，表现出极优良的塑性（$\delta=50\%$，$\psi=70\%$），可进行冷、热压力加工，但纯铜的强度、硬度不高，在退火状态下，$\sigma_b=200\sim250MPa$，硬度为 $40\sim50HBS$。加工硬化是纯铜唯一的强化方式，采用冷变形加工可使其强度 σ_b 提高到 $400\sim500MPa$，硬度提高到 $100\sim200HBS$，但塑性会有所降低。纯铜的热处理只限于结晶软化退火。实际退火温度一般选为 $500\sim700℃$，温度过高会使 Cu 发生强烈氧化。Cu 退火时应在水中快速冷却，使其摆脱在退火加热时形成的氧化皮，得到光洁的表面。

(2)　纯铜的分类及应用

工业纯铜中常含有 $0.1\%\sim0.5\%$ 的杂质（Al、Bi、O、S、P 等），它们使工业纯铜的导电能力降低，并出现热脆性和冷脆性。根据杂质的含量，工业纯铜可分 T1、T2、T3、T4 四种。"T"为铜字汉语拼音的第一个字母，其后的数字越大，纯度越低。工业纯铜的牌号、成分及主要用途如表 5-3 所示。

表 5-3　工业纯铜的牌号、成分及主要用途

牌号	代号	Cu/%	杂质含量(质量分数)/%		杂质总量(质量分数)/%	用途
			Bi	Pb		
一号铜	T1	99.95	0.002	0.005	0.05	导电材料和配置纯度合金
二号铜	T2	99.90	0.002	0.005	0.1	导电材料，制作电线、电缆等
三号铜	T3	99.70	0.002	0.01	0.3	一般用材料、电器开关、垫圈、铆钉油管等
四号铜	T4	99.50	0.003	0.05	0.5	

5.2.2　铜合金

工业纯铜的力学性能较低，为满足结构件的要求，需对纯铜进行合金化，形成铜合金。铜合金化原理类似于铝合金，主要通过合金化元素的作用，实现固溶强化、时效强化和过剩相强化，提高合金的力学性能。根据化学成分，可将铜合金分为黄铜、青铜及白铜三大类。

(1)　黄铜

以 Zn 为主加合金元素的铜合金称为黄铜。按化学成分的不同，黄铜又可分为普通黄铜和特殊黄铜两种。

1)　普通黄铜

普通黄铜是 Cu-Zn 二元合金。工业应用中的黄铜的含 Zn 量一般不超过 47%。若 Zn 的质量分数大于 50%，则黄铜性能很脆而不宜使用。普通黄铜具有良好的力学性能，易加工成形，并且对大气、海水具有相当好的耐蚀能力。另外它还具有价格低廉、色泽美丽等优点。

普通黄铜的表示方法：如属压力加工普通黄铜，用代号"H"和 Cu 的质量分数表示，如 H62 表示 Cu 的质量分数为 62% 的普通黄铜；若属铸造普通黄铜，则在前面冠以"Z"字，如 ZH62 表示 Cu 的质量分数为 62% 的铸造普通黄铜。工业上应用较多的普通黄铜为 H62、H68 和 H80 黄铜。其中 H62 黄铜被誉为"商业黄铜"，广泛用于制作水管、油管、散热器垫片及螺钉等；H68 黄铜强度较高、塑性好，适于经冷深冲压或冷深拉制造各种复杂零件，曾大量用于制造弹壳，有"弹壳黄铜"之称；H80 黄铜因色泽美观，故多用于镀层及装饰品。常用普通黄铜的牌号、化学成分、力学性能及用途如表 5-4 所示。

表 5-4 常用普通黄铜的牌号、化学成分、力学性能及用途

类别	牌号	化学成分(质量分数)/%		力学性能			用途举例
		Cu	其他	σ_b/MPa	δ/%	HBS	
普通黄铜	H90	88.0~91.0	余量 Zn	260/480	45/4	53/130	双金属片和供水和排水管、证章、艺术品(又称金色黄铜)
	H68	67.0~70.0	余量 Zn	320/660	55/3	—/150	复杂的冷冲压件、散热器外壳、弹壳、导管、波纹管、轴套
	H62	60.5~63.5	余量 Zn	330/600	49/3	56/164	销钉、铆钉、螺钉、螺母、垫圈、弹簧、夹线板
	ZH62	60.0~63.0	余量 Zn	300/600	30/30	60/70	散热器、螺钉

2) 特殊黄铜

在普通黄铜的基础上，再加入 Al、Mn、Si、Pb 等元素的黄铜，称为特殊黄铜。特殊黄铜牌号的表示方法：代号"H"＋主加合金元素符号＋Cu 的质量分数＋主加合金元素的质量分数（若后边还有几组数字，则表示其他合金元素的质量分数，均以百分之几计）。例如，HMn58-2 表示 Cu58% 和 Mn2% 的锰黄铜；ZHAl66-6-3-2 表示 Cu66%、Al6%、Fe3% 和 Mn2% 的铸造铝黄铜。

锡黄铜：加入 Sn 元素，能提高黄铜的强度，显著提高黄铜在大气和海水中的耐蚀性，广泛用于制造船舶零件。

锰黄铜：加入 Mn 元素，能提高黄铜的力学性能和耐热性能且不降低其塑性，同时也可提高黄铜在海水、氯化物和过热蒸汽中的耐蚀性，常用于制造海船零件及轴承等耐磨部件。

硅黄铜：加入 Si 元素，能提高黄铜力学性能、耐磨性和耐蚀性，同时也可提高其铸造流动性，并能进行焊接和切削加工，主要用于制造船舶及化工机械零件。

铅黄铜：Pb 元素在黄铜中不溶解，而呈独立相存于组织中，对黄铜的强度影响不大，略微降低塑性，但可提高黄铜的耐磨性和可加工性。压力加工铅黄铜主要用于要求有良好的切削加工性能及耐磨性能的零件（如钟表零件），铸造铅黄铜可以制作轴瓦和衬套。

镍黄铜：加入 Ni 元素可增大 Zn 在铜中的溶解度，全面提高合金的力学性能和工艺性能，降低应力腐蚀开裂倾向。镍可提高黄铜的再结晶温度和细化其晶粒，提高黄铜在大气和海水中的耐蚀性。镍黄铜的热加工性能良好，在造船工业、电动机制造工业中广泛应用。

铁黄铜：加入 Fe 元素的目的是细化晶粒、提高力学性能，并使黄铜具有很高的韧性、面耐磨性及在大气和海水中的耐蚀性，常用于制造受摩擦及海水腐蚀的零件。

常用特殊黄铜的压力加工产品和铸造产品的牌号、化学成分、力学性能和用途如表 5-5 所示。

表 5-5 常用特殊黄铜的牌号、化学成分、性能及用途

牌号	化学成分(质量分数)/%		力学性能			用途举例
	Cu	其他	σ_b/MPa	δ/%	HBS	
HSn62-1	61.0~63.0	Sn:0.70~1.10 余量 Zn	400/700	40/4	50/95	与海水和汽油接触的船舶零件(又称海军黄铜)
HSi80-3	79.0~81.0	Si:2.5~4.5 余量 Zn	300/350	15/20	90/100	船舶零件,在海水、淡水和蒸汽(<265℃)条件下工作的零件
HMn58-2	57.0~60.0	Mn:1.0~2.0 余量 Zn	400/700	40/10	85/175	海轮制造业和弱电用零件
HPb59-1	57.0~60.0	Pb:0.8~1.9 余量 Zn	400/650	45/16	44/80	热冲压及切削加工零件,如销、螺钉、螺母、轴套(又称易切削黄铜)
HAl59-3-2	57.0~60.0	Al:2.5~3.5 Ni:2.0~3.0 余量 Zn	380/650	50/15	75/155	船舶、电动机及其他在常温下工作的高强度、耐蚀零件
ZHMn55-3-1	53.0~58.0	Mn:3.0~4.0 Fe:0.5~1.5 余量 Zn	450/500	15/10	100/110	轮廓不复杂的重要零件,海轮上在 300℃ 以下工作的管配件,螺旋桨
ZHAl66-6-3-2	64.0~68.0	Al:5~7 Fe:2~4 Mn:1.5~2.5 余量 Zn	600/650	7/7	160/160	压紧螺母、重型蜗杆、轴承、衬套

注:力学性能中的数字,对压力加工黄铜而言,分母为硬化状态(变形程度为50%),分子为退火状态(600℃);对铸造黄铜而言,分母为金属型铸造,分子为砂型铸造。

(2) 青铜

近代工业把 Cu-Zn 和 Cu-Ni 以外的铜合金统称为青铜。青铜具有熔点低、硬度大、可塑性强、耐磨、耐腐蚀、色泽光亮等特点。青铜在铸造时体积收缩量最小,充模能力强,适用于铸造各种器具、机械零件、轴承、齿轮等。青铜根据成分可分为锡青铜(Cu-Sn)和特殊青铜。在特殊青铜中,根据主加元素又分别命名为铝青铜(Cu-Al)、铍青铜(Cu-Be)等。青铜按生产方式分为压力加工青铜和铸造青铜两类。青铜牌号的表示方法:代号"Q"+主加元素符号+主加元素的质量分数(如后边还有几组数字,则为其他元素的质量分数,均以百分之几计);如属铸造青铜,再冠以"Z"字母。

1) 锡青铜

锡青铜的力学性能与合金中的含锡量有密切关系,Sn 的质量分数为 5%~7% 的锡青铜,塑性最好,适于冷、热加工。Sn 的质量分数大于 10% 的锡青铜,强度较高,适于铸造。锡青铜的铸造收缩率为非铁合金中最小者,故适于铸造形状复杂、壁厚较大的零件;但致密度较低,在高水压下易于漏水,所以不适于铸造要求致密度高的和密封性好的铸件。锡青铜在氨水、盐酸和硫酸中耐蚀性不理想,但在大气、海水和无机盐类溶液中却有极高的耐蚀性。常用锡青铜的牌号、化学成分、力学性能及用途如表 5-6 所示。

表 5-6　常用锡青铜的牌号、化学成分、力学性能及用途

| 类别 | 牌号 | 化学成分
（其余为 Ce）/% | 状态 | 力学性能 | | | 用途 |
				σ_b/MPa	δ/%	HB	
铸造锡青铜	ZQSn10-1	Sn6～11 P0.8～1.2	S	200～300	3	80～100	轴承、齿轮等
			J	250～350	7～10	90～120	
	ZQSn6-6-3	Sn5～7 Zn5～7 Pb2～4	S	150～250	8～12	60	轴承、轴套等
			J	180～250		65～75	
压力加工锡青铜	QSn4-4-4	Sn3～5 Zn3～5 Pb3.5～4.5	软	310	46	62	航空仪表材料等
			硬	550～650	2～4	16～180	
	QSn6.5-0.1	Sn6～7 Pb0.1～0.25	软	350～450	60～70	70～90	耐磨零件和弹簧等
			硬	700～800	0.75～1.2	160～200	

2）铝青铜

以铝为主要合金的铜合金称为铝青铜。铝青铜具有优良的耐蚀性，在大气、海水、碳酸以及大多数有机酸溶液中有比黄铜和锡青铜高的耐蚀性，且耐磨损。Al 的质量分数为5%～7%的铝青铜，塑性最好，适于冷加工。Al 的质量分数为 10%左右的铝青铜，强度最高，常以热加工或铸态使用。铝青铜可通过热处理进行强化。铝青铜具有良好的铸造性能。它的体积收缩率比锡青铜大，铸件内容易产生难溶的氧化铝，难以钎焊，在过热蒸汽中不稳定。常用铝青铜的牌号、化学成分、力学性能及用途如表 5-7 所示。

表 5-7　常用铝青铜的牌号、化学成分、力学性能及用途

| 代号 | 化学成分（质量分数）/% | | | 力学性能 | | | | 用途 |
	Al	其他	Cu	铸造方法	σ_b /MPa	δ /%	HB	
ZQAl10-3-15	9.0～11.0	Fe2.0～4.0 Mn1.0～2.0	余量	S	450	10	110	较高载荷的轴承、轴套和齿轮
				J	500	20	120	
ZQAl9-4	8.0～10.0	Fe2.0～4.0	余量	S	400	10	100	压下螺母、轴套
				J	450	12	110	

3）铍青铜

铍青铜是含铍量 1.7%～2.5%的铜合金。铍青铜经热处理后，可以获得很高的强度和硬度，σ_b＝1250～1500MPa，硬度为 350～400HBS，远远超过其他所有铜合金。此外，它还具有良好的导电性、导热性和耐蚀性以及无磁性、受冲击时不产生火花等一系列优点。铍青铜承受冷热压力加工的能力很强，铸造性能也很好，但铍是稀有金属，价格昂贵，影响其使用性。

铍青铜在工业上用来制造各种精密仪器、仪表的重要弹性元件、耐磨零件（如钟表、齿轮、高温高压高速工作的轴承和轴套）和其他重要零件（如航海罗盘、电焊机电极、防爆工具等）。常用牌号有 QBe2 等。

（3）白铜

以镍为主要添加元素的铜基合金呈银白色，称为白铜。普通白铜仅含铜和镍，其编号为"B＋镍的平均质量分数（以百分之几计）"，"B"为白铜的代号。例如，B19 表示 Ni19%的

普通白铜。普通白铜中加入锌、锰、铁等元素后分别叫作锌白铜、锰白铜、铁白铜。编号方法为：B＋其他元素符号＋镍的平均质量分数（以百分之几计）＋其他元素的平均质量分数（以百分之几计）。例如，BZn15-20 表示 Ni15％、Zn20％的锌白铜。

在固态下，铜与镍无限固溶，因此工业白铜的组织为单相 α 固溶体。它有较好的强度和优良的塑性，能进行冷、热变形，冷变形能提高强度和硬度。它的耐蚀性很好，电阻率较高，但镍属于稀缺的战略物资，价格比较昂贵。白铜主要用于制造船舶仪器零件、化工机械零件及医疗器械等。锰含量高的锰白铜可制作热电偶丝。

5.3　钛及钛合金

5.3.1　纯钛的性质与用途

(1) 纯钛性能

Ti 是银白色金属，熔点为 1680℃，密度为 4.5g/cm³，Ti 有很高的强度，约为 Al 的 6 倍。Ti 具有同素异构结构，其转变温度为 882℃。在 882℃以下为密排六方晶格的 α-Ti，具有多个滑移面及孪晶面，具有良好的塑性；高于 882℃时为体心立方晶格的 β-Ti。钛在地壳中的蕴藏量仅次于铝、铁、镁，居金属元素中的第 4 位。我国钛资源十分丰富，因此钛是一种很有发展前途的金属材料。钛及钛合金的性能有以下几方面的突出优点。

① 比强度高。工业纯钛强度达 350～700 MPa，钛合金强度可达 1200 MPa，和调质结构钢相近。由于钛合金的密度比钢低得多，因此钛合金具有比其他金属材料都高的比强度，这正是钛及钛合金适于用作航空材料的主要原因。

② 热强度高。钛的熔点高，再结晶温度也高，因而钛及其合金具有较高的热强度，目前钛合金使用温度可达 500℃，并向 600℃的方向发展。

③ 抗蚀性高。钛表面能形成一层致密、牢固的由氧化物和氮化物组成的保护膜，因此具有很好的抗蚀性能。钛及钛合金在潮湿大气、海水、氧化性酸（硝酸、铬酸等）和大多数有机酸中，其抗蚀性与不锈钢相当，甚至超过不锈钢。钛及钛合金作为一种高抗蚀性材料，已在航空、化工、造船及医疗等行业得到广泛应用。

但是，钛及其合金还存在一些缺点，使其应用受到一定的限制。

① 切削加工性差。钛的导热性差（仅为铁的 1/5、铝的 1/13），摩擦系数大，切削时容易升温，也容易粘刀，因而切削速度低，并缩短了刀具寿命，影响了零件表面精度。

② 热加工工艺性差。加热到 600℃以上时，钛及钛合金极易吸收氢、氮、氧等气体而使其变脆，使得铸造、锻压、焊接和热处理等工艺都存在一定的困难，热加工工艺过程只能在真空或保护气氛中进行。

③ 冷压加工性差。由于钛及其合金的屈强比值较高，弹性模量又小，因此冷压加工成形时回弹较大，成形困难，一般须采用热压加工成形。

④ 硬度较低，抗磨性较差，不宜用来制造要求耐磨性高的零件。

随着化学切削、激光切削、电解加工、超塑性成形及化学热处理工艺的进展，上述问题将逐步得到解决，钛合金的应用也必将更加广泛。

(2) 工业纯钛的牌号与应用

工业纯钛是按照杂质元素的含量划分等级的。我国工业纯钛的材料牌号有变形工业纯钛

TA1、TA2、TA3；铸造工业纯钛 ZTA1、ZTA2、ZTA3。

Ti 具有优良的冲压工艺性能和焊接性能，对热处理及组织类型不敏感，是比不锈钢更易钝化的金属；在氧化性介质中，其耐蚀性比大多数不锈钢更为优良。除高温、高浓度的盐酸和硫酸、干燥的氯气、氟氢酸和高浓度的磷酸等少数介质外，其在大多数介质中都是耐蚀的，是制作化工容器、火箭高压容器等的极好材料。Ti 在海水中有优良的耐蚀性，且不产生孔蚀及应力腐蚀，是制作用海水做介质的热交换器的极佳材料。

作为生物植入材料，自 20 世纪 60 年代以来，Ti 已在临床上得到广泛应用。在所有的常用植入金属材料中，钛的生物相容性好，而且由于其密度和弹性接近人骨，又无磁性，因而在不锈钢、钴铬钼合金和钛三大金属植入物材料中，钛是最有发展前途的一种生物工程材料。钛的应用已解决了许多重大工程技术难题，促进了科技进步，带来了明显的经济效益，而钛的优异性能和巨大潜力，又展示了其应用的更广阔前景。

5.3.2　钛合金

在 Ti 中加入合金元素形成钛合金，能使工业纯钛的强度获得显著的提高，如工业纯钛的 σ_b 为 350～700MPa，而钛合金的 σ_b 可达 1200MPa。

在众多合金元素中，尤以 Al 的作用最为显著。Al 加入 Ti 中不仅稳定了钛合金中的 α 相，使其获得固溶强化，还使钛合金的密度减小，比强度升高。研究表明，Al 在钛合金中的作用类似于 C 在钢中的作用，几乎所有的钛合金中均含 Al。根据钛合金热处理的组织，可把钛合金分为三大类：α 类钛合金（我国现有 TA1、TA2、…、TA8 八个牌号）、β 类钛合金（我国现有 TB1、TB2 两个牌号）和 α+β 类钛合金（我国现有 TC1、TC2、…、TC10 十个牌号）。表 5-8 列出了三类钛合金的典型成分。

(1) α 型钛合金

α 型钛合金的退火组织为单相 α 固溶体，不能进行热处理强化，只进行退火处理，室温强度不高。但由于这类合金中含铝、锡较多，组织稳定，耐热性高于其他钛合金。α 型钛合金在室温下为密排六方结构，压力加工性较差，多采用热压加工成形。

(2) β 型钛合金

常用的 β 型钛合金是通过淬火得到介稳定 β 相的钛合金，这类合金可用热处理强化（淬火、时效），故室温时强度较高。但由于淬火时效后的组织不够稳定，且含铝、锡较少，因此耐热性不高。

这类合金在室温、高温条件下均为体心立方结构，因而压力加工性能较好。但由于它的冶炼工艺较复杂，热稳定性也较差，目前应用较少。

(3) α+β 型钛合金

这类合金的退火组织为 α+β，兼有 α 型及 β 型两类钛合金的优点。从化学成分看，它既含有 α 稳定元素，又含有 β 稳定元素；从组织结构看，它包含 α 及 β 两种固溶体；从热处理方法来看，它既可以在退火状态下使用，又可以在淬火、时效状态下使用；从力学性能看，它既有较高的室温强度，又有较高的高温强度，而且塑性也较好，因此这类合金的应用最广泛。这类合金虽然可以通过淬火和时效进行强化，但由于在较高温度条件下使用时，淬火及时效后的组织不如退火后的组织稳定，因此多在退火状态下使用。

这类合金中最常用、最典型的是 TC4 合金，通常以 Ti6Al4V 表示其成分，它具有良好的综合力学性能，组织稳定性也比较高，可用于制造火箭发动机外壳、航空发动机压气机盘和叶片。常用钛合金的牌号、性能和用途如表 5-8 所示。

表 5-8 常用钛合金的牌号、性能和用途

类别	牌号	状态	室温性能(不小于)				高温性能(不小于)			用 途
			σ_b/MPa	δ/%	ψ/%	a_k/ (MJ/m²)	T/℃	σ_b/MPa	σ_{100} /MPa	
α 型 合 金	TA7	棒材、退火	800	10	27	0.3	350	500	450	500℃ 以 下 长 期 工 作的结构件
		棒材、退火	1000	10	25	0.2～0.3	500	700	500	500℃ 以 下 长 期 工 作的零件
	TA8	棒材、淬火	≤1000	18	30	0.3				处于试用阶段
		棒材、时效	1300	5	10	0.15				
β 型 合 金	TB1	棒材、淬火	≤1000	18	40	0.3				处于试用阶段
	TB2	棒材、时效	1400	7		0.15				
α ＋ β 型 合 金	TC4	棒材、退火	950	10	30	0.4	400	630	580	400℃ 以 下 长 期 工作的零件
	TC9	棒材、退火	1140	9	25	0.3	500	850	620	500℃ 以 下 长 期 工作的零件
	TC10	棒材、退火	1050	12	25	0.35	400	850	800	450℃ 以 下 长 期 工作的零件

5.4 滑动轴承合金

5.4.1 滑动轴承工作条件及对材料性能、组织的要求

(1) 滑动轴承工作条件

滑动轴承是指支承轴颈和其他转动或摆动零件的支承件。它由轴承体和轴瓦两部分构成。轴瓦可以直接由耐磨合金制成，也可在钢背上浇铸（或轧制）一层耐磨合金内衬制成。用来制造轴瓦及其内衬的合金，称为轴承合金。

当机器不运转时，轴停放在轴承上，对轴承施以压力。当轴高速运转时，轴对轴承施以周期性交变载荷，有时还伴有冲击。滑动轴承的基本作用就是将轴准确地定位，并在载荷作用下支承轴颈而不被破坏。轴的造价通常较高，经常更换不经济。选择满足一定性能要求的轴承合金，可以保证轴的最小磨损。

(2) 滑动轴承对材料性能、组织的要求

轴承合金应当耐磨并具有较小的摩擦系数，以减少轴的磨损；应具有较高的疲劳强度和抗压强度，以承受巨大的周期性载荷；应具有足够的塑性和韧度，以抵抗冲击和振动，并改善轴和轴瓦的磨合性能；应具有良好的导热性和耐蚀性，以防轴瓦和轴因强烈摩擦升温而发生咬合，并能抵抗润滑油的侵蚀。因此，轴承合金的组分和结构应具备如下特征。

轴承材料的基体应采用对钢、铁互溶性小的元素，即与金属铁的晶格类型、晶格间距、电子密度、电化学性能等差别大的元素，如 Sn、Pb、Al、Cu、Zn 等。这些元素与 Fe 配对时，对 Fe 的互溶性小或不溶，且不形成化合物，这样对钢铁轴颈的黏着性与擦伤性较小。

金相组织应是软基体上分布有均匀的硬质点或硬基体上分布有均匀的软质点。这样，当轴在轴瓦中转动时，软基体（或软质点）被磨损而凹陷，硬质点（或硬基体）耐磨而相对凸起。凹陷部分可保持润滑油，凸起部分可支持轴的压力并使轴与轴瓦的接触面积减小，其间空隙可储存润滑油，降低了轴和轴承的摩擦系数，减少了轴和轴承的磨损。软的基体可以承受冲击和振动并使轴和轴瓦能很好地磨合，而且偶然进入的外来硬质点也能被压入软基体内，不致擦伤轴颈。

轴承材料中应含有适量的低熔点元素。当轴承和轴颈的直接接触点出现高温时，低熔点元素熔化，并在摩擦力的作用下展平于摩擦面上，形成一层塑性好的薄润滑层。该层不仅具有润滑作用，而且有利于减小接触点上的压力和减小摩擦接触面交错峰谷的机械阻力。

5.4.2 各类轴承合金简介

(1) 锡基轴承合金

锡基轴承合金（锡基巴氏合金）的化学成分是以 Sn 为主，合金元素主要为 Sb、Cu、Pb。其牌号有 ZChSnSb11-6、ZChSnSb8-4、ZChSnSb4-4 等，其中 "Z" "Ch" 分别表示"铸"和"承"字，其中第一组数字表示 Sb 的质量分数，第二组数字表示 Cu 的质量分数。

锡基轴承合金的主要优点是摩擦系数小、塑性和导热性好及钢背的黏着性好，是优良的减摩材料，应用于最重要的轴承上，如用来浇铸汽轮机、发动机、压气机等巨型机器的高速轴承。

锡基轴承合金的强度，尤其是疲劳强度较低，生产上常采用所谓双金属轴承，即在低碳钢轴瓦上浇注一薄层锡基轴承合金，这样提高了轴承的强度和寿命，而且节省了大量锡基轴承合金。

(2) 铅基轴承合金

铅基轴承合金（铅基巴氏合金）是以 Pb-Sb 为基的合金，它可作为锡基轴承合金的代用品。但二元 Pb-Sb 合金有密度偏析，同时 Sb 颗粒太硬，基体又太软，性能并不好，故通常还要加入其他合金元素，如 Sn、Cu、Cd、As 等。铅基轴承合金种类也很多，常用的铅基轴承合金为 ZChPbSn-16-16-1.8 合金，它的成分是 Sn15%～17%、Sb15%～17%、Cu1.5%～2.0% 及少量的 Pb。Cu 的加入可形成均匀的 Cu6Sn5 结晶骨架，以减少合金的密度偏析。

铅基轴承合金的突出优点是成本低、高温强度好、亲油性好、有自润滑性、适用于润滑较差的场合，但耐蚀性和导热性不如锡基轴承合金，对钢背的附着力也较差。

(3) 铝基轴承合金

铝基轴承合金密度小、导热性好、疲劳强度高、价格低廉，广泛用于高速、高载荷条件下工作的轴承。按化学成分可分为铝锡系（Al-20%Sn-1%Cu）、铝锑系（Al-4%Sb-0.5%Mg）和铝石墨系（Al-8%Si 合金基体＋3%～6%石墨）三类。

铝锡系铝基轴承合金具有疲劳强度高、耐热性和耐磨性良好等优点，因此适用于制造高速、重载条件下工作的轴承。铝锑系铝基轴承合金适用于载荷不超过 20MPa、滑动线速度不大于 10m/s 工作条件下的轴承。铝石墨系轴承合金具有优良的自润滑作用和减振作用以及耐高温性能，适用于制造活塞和机床主轴的轴承。

(4) 多层轴承合金

多层轴承合金是一种复合减摩材料。它综合了各种减摩材料的优点，弥补其单一合金的不足，从而组成两层或三层减摩合金材料，以满足现代机器高速、重载、大批量生产的要求。例如，将锡锑合金、铅锑合金、铜铅合金、铝基合金等之一与低碳钢带一起轧制，复合而成双金属。同时还可在双层减摩合金表面上再镀上一层软且薄的镀层，这就构成了具有更好减摩性及耐磨性的三层减摩材料。这种多层合金的特点都是增加钢背和减小减摩合金层厚度来提高疲劳强度，采用镀层来提高表面性能的。

(5) 粉末冶金减摩材料

粉末冶金减摩材料在纺织机械、汽车、农机、冶金矿山机械等方面已获得广泛应用。

粉末冶金减摩材料包括铁石墨、铜石墨多孔含油轴承和金属塑性减摩材料。

粉末冶金多孔含油轴承与巴氏合金、铜基合金相比，具有减摩性能好、寿命长、成本低、效率高等优点，特别是它具有自动润滑性，轴承孔隙中所储润滑油足够其在整个有效工作期间消耗，因此特别适用于制作制氧机、纺纱机等的轴承。

习题

一、填空题

1. 按铝合金的组织和加工特点，铝合金可分为：_____、_____。

2. 根据化学成分，可将铜合金可分为：_____、_____、_____。

3. 工业纯铝的牌号有 L1、L2、L3、L4、L5、L6、L7。其后的数字越大，纯度越_____，_____常用于生产日用品。

4. 纯铅的_____、_____仅次于银、铜和金。

二、简答题

1. 何为铝硅明？它属于哪一类铝合金？为什么铝硅明具有良好的铸造性能？这类铝合金主要用于何处？

2. 下列零件常使用铜合金制造，试选择适宜的铜合金类型并推荐合金牌号：①船用螺旋桨；②弹壳；③发动机轴承；④冷凝器；⑤高精密弹簧；⑥钟表齿轮。

3. 说明黄铜与青铜的大致应用范围。

4. 简述钛合金的特性、分类及各类钛合金的大致用途。

5. 滑动轴承合金应具有哪些性能？

6. 指出下列代号、牌号合金的类别、主要合金元素及主要性能特征。

LF11，LC4，ZL102，ZL203，H68，HPb59-1，ZCuZn16Si4，YZCuZn30Al3，QSn4-3，QBe2，ZCuSn10Pb1，ZSnSb11Cu6。

第 **6** 章

非金属材料

● 学习目标

① 了解高分子材料的含义；熟悉高分子材料的性能特点；掌握高分子材料的分类及其典型应用。

② 了解陶瓷材料的含义、组织特点及作用；掌握陶瓷材料的性能特点、分类及应用。

③ 了解复合材料的含义、分类及性能特点；掌握塑料基复合材料的应用。

非金属材料包括除金属材料以外几乎所有的材料，主要有各类高分子材料（塑料、橡胶、合成纤维、部分胶黏剂等）、陶瓷材料（各种陶器、瓷器、耐火材料、玻璃、水泥及近代无机非金属材料等）和各种复合材料等。近年来高分子材料、陶瓷等非金属材料在生产和使用方面均有重大的进展，正越来越多地应用于各类工程中。

6.1　高分子材料

高分子材料又称为高聚物。通常，高聚物根据力学性能和使用状态可分为橡胶、塑料、纤维、胶黏剂和涂料等。各类高聚物之间并无严格的界限，同一高聚物，采用不同的合成方法和成形工艺，可以制成塑料，也可制成纤维，比如尼龙就是如此。而聚氨酯一类的高聚物，在室温下既有玻璃态性质，又有很好的弹性，已经很难说它是橡胶还是塑料了。

6.1.1　塑料

广义的塑料是指具有塑性行为的材料。塑料的弹性模量介于橡胶和纤维之间，受力能发生一定形变。软塑料接近橡胶，硬塑料接近纤维。狭义的塑料是指以树脂（或在加工过程中用单体直接聚合）为主要成分，以增塑剂、填充剂、润滑剂、着色剂等添加剂为辅助成分，在加工过程中能流动成形的材料。塑料为合成的高分子化合物，可以自由改变形体样式。塑料是利用单体原料以合成或缩合反应聚合而成的材料。

(1) 塑料的成分

1）合成树脂

合成树脂是塑料的最主要成分，树脂的性质常常决定了塑料的性质，其在塑料中的含量一般为40%～100%。树脂是一种未加工的原始聚合物，它不仅用于制造塑料，而且还是涂料、胶黏剂以及合成纤维的原料。

2）填料

填料又叫填充剂，它可以提高塑料的强度和耐热性能，并降低成本。例如酚醛树脂中加入木粉后可大大降低成本，使酚醛塑料成为最廉价的塑料之一，同时还能显著提高机械强度。填料可分为有机填料和无机填料两类，前者如木粉、碎布、纸张和各种织物纤维等，后者如玻璃纤维、硅藻土、石棉、炭黑等。

3）增塑剂

增塑剂可增加塑料的可塑性和柔软性，降低脆性，使塑料易于加工成形。增塑剂一般是能与树脂混溶，无毒、无臭，对光、热稳定的高沸点有机化合物，最常用的是邻苯二甲酸酯类。例如生产聚氯乙烯塑料时，若加入较多的增塑剂便可得到软质聚氯乙烯塑料；若不加或少加增塑剂（用量<10%），则得到硬质聚氯乙烯塑料。

4）稳定剂

稳定剂的作用是防止合成树脂在加工和使用过程中受光和热的作用分解和破坏，延长使用寿命。常用的有硬脂酸盐、环氧树脂等。

5）着色剂

着色剂可使塑料具有各种鲜艳、美观的颜色。常用有机染料和无机颜料作为着色剂。

6）润滑剂

润滑剂的作用是防止塑料在成形时粘在金属模具上，同时可使塑料的表面光滑美观。常用的润滑剂有硬脂酸及其钙镁盐等。

7）抗氧剂

抗氧剂的作用是防止塑料在加热成形或在高温使用过程中受热氧化，而使塑料变黄、发裂等。

除了上述助剂外，塑料中还可加入阻燃剂、发泡剂、抗静电剂等，以满足不同的使用要求。

(2) 通用塑料

通用塑料主要包括聚乙烯、聚氯乙烯、聚苯乙烯、聚丙烯、酚醛塑料和氨基塑料等六大品种。这一类塑料的特点是产量大、用途广、价格低，它们占塑料总产量的 3/4 以上，大多数用于日常生活用品。其中，以聚乙烯、聚氯乙烯、聚苯乙烯、聚丙烯这四大品种用途最为广泛。

1）聚乙烯（PE）

生产聚乙烯的原料均来自石油或天然气，它是塑料工业产量最大的品种。聚乙烯的优点是：相对密度小（0.91~0.97）、耐低温、电绝缘性能好、耐蚀性好。高压聚乙烯质地柔软，适于制造薄膜；低压聚乙烯质地坚硬，可做一些结构零件。聚乙烯的缺点是强度、刚度、表面硬度都低，蠕变大，热膨胀系数大，耐热性差，且容易老化。

2）聚氯乙烯（PVC）

聚氯乙烯是最早工业生产的塑料产品之一，产量仅次于聚乙烯，广泛用于工业、农业和日用制品。聚氯乙烯耐化学腐蚀、不燃烧、成本低、加工容易；但它的耐热性差、冲击强度较低，还有一定的毒性。聚氯乙烯要用于制作食品和药品的包装，必须采用共聚和混合的方法改进，制成无毒聚氯乙烯产品。

3）聚苯乙烯（PS）

聚苯乙烯是 20 世纪 30 年代的老产品，目前是产量仅次于前两者的塑料品种。它有很好的加工性能，其薄膜具有优良的电绝缘性，常用于电器零件；它的发泡材料相对密度小（0.33），有良好的隔音、隔热、防震性能，广泛应用于仪器的包装和隔音材料。聚苯乙烯易加入各种颜料制成色彩鲜艳的制品，用来制造玩具和各种日用器皿。

4）聚丙烯（PP）

聚丙烯工业化生产较晚，但因为其原料易得、价格便宜、用途广泛，所以产量剧增。它的优点是相对密度小，是塑料中最轻的，而它的强度、刚度、表面硬度都比 PE 塑料大；它无毒，耐热性也好，是常用塑料中唯一能在水中煮沸、经受消毒温度（130℃）的品种。但聚丙烯的黏合性、染色性、印刷性均差，低温易脆化，易受热、光作用而变质，且易燃、收缩大。聚丙烯有优良的综合性能，目前主要用于制造各种机械零件，如法兰、齿轮、接头、把手、各种化工管道、容器等，它还被广泛用于制造各种家用电器外壳和药品、食品的包装等。

(3) 工程塑料

工程塑料是指能作为结构材料在机械设备和工程结构中使用的塑料。它们的力学性能较好，耐热性和耐腐蚀性也比较好，是当前大力发展的塑料品种。这类塑料主要有：聚酰胺、聚甲醛、有机玻璃、聚碳酸酯、ABS 塑料、聚苯醚、聚砜、氟塑料等。

1）聚酰胺（PA）

聚酰胺又叫尼龙或锦纶，是最先发现能承受载荷的热塑性塑料，在机械工业中应用比较广泛。它的机械强度较高，耐磨、自润滑性好，而且具有耐油、耐蚀、消音、减振等性能，大量用于制造小型零件，代替有色金属及其合金。

2）聚甲醛（POM）

甲醛是没有侧链、高密度、高结晶性的线型聚合物，性能比尼龙好，但耐候性较差。聚甲醛按分子链化学结构不同分为均聚甲醛和共聚甲醛。聚甲醛广泛应用于汽车、机床、化工设备、电器仪表、农机等。

3）聚碳酸酯（PC）

聚碳酸酯是新型热塑性工程塑料，品种很多，工程上常用的是芳香族聚碳酸酯，其综合性能很好，近年来发展很快，产量仅次于尼龙。聚碳酸酯的化学稳定性也很好，能抵抗日光、雨水和气温变化的影响，它的透明度高、成形收缩率小、制件尺寸精度高，广泛应用于机械、仪表、电信、交通、航空、光学照明、医疗器械等方面。如波音 747 飞机上就有 2500 个零件用聚碳酸酯制造，其总重量达 2t。

4）ABS 塑料

ABS 由丙烯腈、丁二烯、苯乙烯三种组元所组成，三个单体量可以任意变化，制成各种品级的树脂。ABS 具有三种组元的共同性能，丙烯腈使其耐化学腐蚀，有一定的表面硬度，丁二烯使其具有韧性，苯乙烯使其具有热塑性塑料的加工特性，因此 ABS 是具有坚韧、质硬、刚性特点的材料。ABS 塑料性能好，而且原料易得，价格便宜，所以在机械加工、电器制造、纺织、汽车、飞机、轮船、化工等工业中得到广泛应用。

5）聚苯醚（PPO）

聚苯醚是线型、非结晶的工程塑料，具有很好的综合性能。它的最大特点是使用温度范围宽（-190～190℃），达到热固性塑料的水平；它的耐摩擦磨损性能和电性能也很好，还具有卓越的耐水、蒸汽性能。所以聚苯醚主要用于制作在较高温度下工作的齿轮、轴承、凸轮、泵叶轮、鼓风机叶片、水泵零件、化工用管道、阀门以及外科医疗器械等。

6）聚砜（PSF）

聚砜是分子链中具有硫键的透明树脂，具有良好的综合性能，它耐热性、抗蠕变性好，长期使用温度为150～174℃，脆化温度为-100℃。它广泛应用于电器、机械设备、医疗器械、交通运输行业等。

7）聚四氟乙烯（PTFE）

聚四氟乙烯是氟塑料中的一种，具有很好的耐高、低温，耐腐蚀等性能。聚四氟乙烯几乎不受任何化学药品的腐蚀，它的化学稳定性超过了玻璃、陶瓷、不锈钢，甚至金、铂，俗称"塑料王"。由于聚四氟乙烯的使用范围广、化学稳定性好、介电性能优良、自润滑和防粘性好，所以在国防、科研和工业中占有重要地位。

8）有机玻璃（PMMA）

有机玻璃的化学名称是"聚甲基丙烯酸甲酯"。它是目前最好的透明材料，透光率达到92%以上，比普通玻璃好，且相对密度小（1.18），仅为玻璃的一半。有机玻璃有很好的加工性能，常用来制作飞机的座舱、弦舱，电视和雷达标图的屏幕，汽车风挡，仪器和设备的防护罩，仪表外壳，光学镜片等。有机玻璃的缺点是耐磨性差，也不耐某些有机溶剂。

（4）特种塑料

特种塑料是指具有某些特殊性能，满足某些特殊要求的塑料。这类塑料产量少、价格贵，只用于特殊需要的场合，如医用塑料等。

6.1.2 橡胶

橡胶是具有高弹性的轻度交联的线型高聚物，它们在很宽的温度范围内处于高弹态。一般橡胶在-40～80℃范围内具有高弹性，某些特种橡胶在-100℃的低温和200℃高温下都保持高弹性。橡胶的弹性模数很低，只有1MPa，在外力作用下变形量可达100%～1000%，外力去除又很快恢复原状。橡胶有优良的伸缩性，良好的储能能力和耐磨、隔音、绝缘等性能，广泛用于制作密封件、减振件、传动件、轮胎和电线等制品。

纯弹性体的性能随温度变化很大，如高温发黏、低温变脆，必须加入各种配合剂，经加温加压的硫化处理，才能制成各种橡胶制品。硫化剂加入量大时，橡胶硬度增大。硫化前的橡胶称为生胶，硫化后的橡胶有时也称为橡皮。常用橡胶品种的特性及用途如表6-1所示。

表6-1　常用橡胶特性一览表

橡胶材质	概述	特性	用途
丁腈橡胶（NBR）	由丁二烯与丙烯腈经乳液聚合而得的共聚物，称丁二烯-丙烯腈橡胶，简称丁腈橡胶。它的含量是影响丁腈橡胶性能的重要指标。其以优异的耐油性著称	耐油性最好，对非极性和弱极性油类基本不溶胀 耐热氧老化性能优于天然、丁苯橡胶等通用橡胶 耐磨性较好，其耐磨性比天然橡胶高30%～45% 耐化学腐蚀性优于天然橡胶，但对强氧化性酸的抵抗能力较差 弹性、耐寒性、耐屈挠性、抗撕裂性差，变形生热大 电绝缘性能差，属于半导体橡胶，不宜作为电绝缘材料使用 耐臭氧性能较差 加工性能较差	用于制作接触油类的胶管、胶辊、密封垫圈、储槽衬里，飞机油箱衬里以及大型油囊等 可制造运送热物料的运输带

橡胶材质	概述	特性	用途
乙丙橡胶 (EPDM)	是由乙烯、丙烯为基础单体合成的共聚物。橡胶分子链中依单体单元组成不同有二元乙丙橡胶和三元乙丙橡胶之分	耐老化性能优异，被誉为"无龟裂"橡胶 优秀的耐化学药品性能 卓越的耐水、耐过热水及耐水蒸气性 优异的电绝缘性能 低密度和高填充特性 良好的弹性和抗压缩变形性 不耐油 硫化速度慢，比一般合成橡胶慢3～4倍 自黏性和互黏性都很差，给加工工艺带来困难	汽车零件：包括轮胎胎侧及胎侧覆盖胶条等 电气制品：包括高、中、低压电缆绝缘材料等 工业制品：耐酸、碱、氨及氧化剂等；各种用途的胶管、垫圈；耐热输送带和传动带等 建筑材料：桥梁工程用橡胶制品，橡胶地砖等 其他方面：橡胶船、游泳用气垫、潜水衣等 其使用寿命比其他通用橡胶高
硅橡橡胶 (VQM)	是指分子链中以Si—O单元为主，侧基为单价有机基团的一类弹性材料，总称为有机聚硅氧烷	既耐高温又耐严寒，可在－100～300℃范围内保持弹性 耐臭氧、耐气候老化性能优异 电绝缘性优良。其硫化胶的电绝缘性在受潮、遇水或温度升高时的变化较小 具有疏水表面特性和生理惰性，对人体无害 具有高透气性，其透气率较普通橡胶大10～100倍以上 物理力学性能较差，拉伸强度、撕裂强度、耐磨性能均比天然橡胶及其他合成橡胶低很多	在航空、航天、汽车、冶炼等工业部门中应用 还广泛用作医用材料 用于军工业、汽车、石油化工、医疗卫生和电子等工业上，如模压制品、O形圈、垫片、胶管、油封、动静密封件以及密封剂、黏合剂等
氢化丁腈橡胶 (HNBR)	为丁腈橡胶中经由氢化后去除部分双链而成。其耐温性、耐候性比一般丁腈橡胶提高很多，其耐油性与丁腈橡胶相近	与丁腈橡胶相比，拥有较佳的抗磨性 具有极佳的抗蚀、抗张、抗撕和压缩变形的特性 在臭氧、阳光及其他的大气状况下具有良好的抵抗性 可适用于洗衣或洗碗的清洗剂中	用于制作汽车发动机系统的密封件 空调制冷业，可广泛应用于环保冷媒 R134a 系统中的密封件
丙烯酸酯橡胶 (ACM)	由丙烯酸酯为主成分聚合而成的弹性体，耐石化油、耐高温、耐候性均佳	适用于汽车传动油中 具有良好的抗氧化及耐候性 具抗弯曲变形的功能 对油品有极佳的抵抗性 在机械强度、压缩变形及耐水性方面则较弱，比一般耐油胶稍差	用于制作汽车传动系统及动力系统的密封件
丁苯橡胶 (SBR)	是苯乙烯与丁二烯的共聚物，与天然橡胶比较，质量均匀、异物少，但机械强度则较弱，可与天然橡胶掺合使用	低成本的非抗油性材质 良好的抗水性，硬度70°以下具有良好的弹力 高硬度时具有较差的压缩变形性	广泛用于轮胎、胶管、胶带、胶鞋、汽车零件、电线、电缆等橡胶制品
氟橡胶 (FPM)	是主链或侧链的碳原子上含有氟原子的一类合成高分子弹性体。具有优异的耐高温、耐氧化、耐油和耐化学药品性，耐高温性优于硅橡胶	有优异的耐高温性能（在200℃以下长期使用，能短期经受300℃以上的高温），在橡胶材料中是最高的 有较好的耐油、耐化学腐蚀性能，可耐王水腐蚀，也是在橡胶材料中最好的 具有不延燃性，属自熄型橡胶 在高温、高空下的性能比其他橡胶好，气密性接近于丁基橡胶 耐臭氧老化、天候老化及辐射作用的性能都很稳定	广泛用于现代航空、导弹、火箭、宇宙航行等尖端技术及汽车、造船、化学、石油、电信、仪表机械等工业部门

续表

橡胶材质	概述	特性	用途
氟素硅胶 （FLS）	为硅橡胶经氟化处理而成。其一般性能兼具氟橡胶及硅橡胶的优点	其耐油、耐溶剂、耐燃料油及耐高低温性均佳 适用于特别用途，如要求能抗含氧的化学物、含芳香氢的溶剂等	用于太空、航天机件上
氯丁橡胶 （CR）	是由 2-氯-1,3-丁二烯聚合而成的一种高分子弹性体。具有耐候、耐燃、耐油、耐化学腐蚀等优异特性	较高的力学性能，拉伸强度较大（与天然胶相当） 优良的耐老化（耐候、耐臭氧、耐热）性能 优异的阻燃性。具有不自燃的特点 优良的耐油、耐溶剂性能 良好的黏合性 电绝缘性不好 较差的低温性能，低温使橡胶失去弹性，甚至发生断裂 储存稳定性差	用于制造胶管、胶带、电线包皮、电缆护套、印刷胶辊、胶板、衬垫及各种垫圈、胶黏剂等用于制作耐 R12 制冷剂的密封件 适合用来制作接触大气、阳光、臭氧的零件
丁基橡胶 （IIR）	为异丁烯与少量异戊二烯聚合而成，保有少量不饱和基供加硫用	对大部分一般气体具有不渗透性 对阳光及臭氧具有良好的抵抗性 可暴露于动物或植物油或是可氧化的化学物中 不宜与石油溶剂、煤煤油和芳香烃同时使用	可用作耐化学药品、真空设备的橡胶零件
天然橡胶 （NR）	是由植物中的汁液胶乳经加工制成的高弹性固体	具有优良的物理力学性能、弹性和加工性能	广泛应用于轮胎、胶带、胶管、胶鞋、胶布以及日用、医用、文体制品等 适用于制作减振零件，在汽车刹车油、醇等带羟基的液体中使用的制品
聚氨酯胶 （PU）	是分子链中含有较多的氨基甲酸酯基团的弹性材料。其物理力学性能相当好，高硬度、高弹性、良好的耐磨性均是其他橡胶类所难相比的	拉伸强度比其他所有橡胶都高 伸长率大 硬度范围宽 撕裂强度非常高，但随着温度升高而迅速下降 耐磨性突出，比天然橡胶高 9 倍 耐热性好，耐低温性能较好 耐老化、耐臭氧、耐紫外线辐射性能佳，但在紫外线照射下易褪色 耐油性良好 耐水性不好 弹性比较好，但滞后热量大，只宜用于低速运转及薄制品	广泛应用于汽车工业、机械工业、电气和仪表工业、皮革和制鞋工业、建筑业、医疗和体育用品等领域

6.1.3　纤维

凡能保持长度比本身直径大 100 倍的均匀条状或丝状的高分子材料称为纤维，包括天然纤维和化学纤维。其中，化学纤维又分为人造纤维和合成纤维。人造纤维是用自然界的纤维加工制成的，如叫"人造丝"、"人造棉"的黏胶纤维和硝化纤维、醋酸纤维等。合成纤维以石油、煤、天然气为原料制成，发展很快。目前，产量最多的六大品种的合成纤维为：

涤纶［聚对苯二甲酸乙二醇酯（PET）］：又称的确良，高强度、耐磨、耐蚀、易洗快干，是很好的衣料。

尼龙［聚酰胺（PA）］：在我国称为锦纶，强度大、耐磨性好、弹性好，主要缺点是耐光性差。

腈纶（聚丙烯腈或丙烯腈）：在国外称为奥纶、开司米纶，柔软、轻盈、保暖，有人造羊毛之称。

维纶（聚乙烯醇缩醛纤维）：原料易得、成本低，性能与棉花相似且强度高，缺点是弹性较差、织物易皱。

丙纶（聚丙烯纤维）：后起之秀，发展快，纤维以轻、牢、耐磨著称，缺点是可染性差、日晒易老化。

氯纶（聚氯乙烯纤维）：难燃、保暖、耐晒、耐磨、弹性好，由于染色性差、热收缩大，限制了它的使用。

6.1.4 胶黏剂

胶黏剂统称为胶，它以黏性物质为基础，并加入各种添加剂组成。它可将各种零件、构件牢固地胶接在一起，有时可部分代替铆接或焊接等工艺。由于胶黏工艺操作简便，接头处应力分布均匀，接头的密封性、绝缘性和耐蚀性较好，且可连接各种材料，所以在工程中应用日益广泛。

胶黏剂按化学成分分类：可分为有机胶黏剂和无机胶黏剂；有机胶黏剂又分为合成胶黏剂和天然胶黏剂。合成胶黏剂有树脂型、橡胶型、复合型等；天然胶黏剂有动物、植物、矿物、天然橡胶等胶黏剂。无机胶黏剂按化学组分有磷酸盐、硅酸盐、硫酸盐、硼酸盐等多种。胶黏剂按黏结物质的性质分类如表 6-2 所示。

胶黏剂按形态分类：可分为液体胶黏剂和固体胶黏剂，有溶液型、乳液型、糊状、胶膜、胶带、粉末、胶粒、胶棒等。

胶黏剂按用途分类：可分为结构胶黏剂、非结构胶黏剂和特种胶黏剂（如耐高温、超低温、导电、导热、导磁、密封、水中胶黏剂等）三大类。

胶黏剂按应用方法分类：有室温固化型、热固型、热熔型、压敏型、再湿型等胶黏剂。

胶黏剂不同，形成胶接接头的方法也不同。有的接头在一定的温度和时间条件下由固化形成；有的加热胶接，冷凝后形成接头；还有的需先溶入易挥发溶液中，胶接后溶剂挥发形成接头。

不同材料也要选用不同的胶黏剂，一些材料适用的胶黏剂列于表 6-3 中。两种不同材料胶接时，可选用两种材料共同适用的胶黏剂。此外，正确设计胶接接头，是获得高质量接头的关键。接头的形状和尺寸，以获得合理的应力分布为最好。胶接的操作工艺（表面处理、涂胶、固化等）必须严格按有关规程实施，这也是获得高质量接头的重要条件。

表 6-2　胶黏剂分类表

胶黏剂	有机类	合成类	树脂型 热固性：酚醛树脂、环氧树脂、不饱和聚酯、聚氨酯、脲醛树脂等
			树脂型 热塑性：聚乙酸乙烯酯、聚丙烯酸酯、聚苯乙烯、聚酰胺、醇酸树脂、纤维素等
			橡胶型：再生橡胶、丁苯橡胶、氯丁橡胶、聚硫橡胶等
			混合型：酚醛-聚乙烯醇缩醛、酚醛-氯丁橡胶、环氧-聚硫橡胶等
		天然类	葡萄糖衍生物：淀粉、可溶性淀粉、糊粉、阿拉伯树胶、海藻酸钠等
			氨基酸衍生物：植物蛋白、酪元、血蛋白、骨胶、鱼胶、海藻酸钠等
			天然树脂：木质素、单宁、松香、虫胶、生漆
			沥青、沥青胶

续表

胶黏剂	无机类	硅酸盐类胶黏剂
		磷酸盐类胶黏剂
		硼酸盐胶黏剂
		硫黄胶
		硅溶胶

表 6-3　常用胶黏剂的性能及应用

种类		特性	主要用途
热塑性合成树脂胶黏剂	聚乙烯醇缩甲醛类胶黏剂	黏结强度较高,耐水性、耐油性、耐磨性及抗老化性较好	用于粘贴壁纸、墙布、瓷砖等,可用作涂料的主要成膜物质,或用于拌制水泥砂浆,能增强砂浆层的黏结力
	聚乙酸乙烯酯类胶黏剂	常温固化快,黏结强度高,黏结层的韧性和耐久性好,不易老化、无毒、无味、不易燃爆,价格低,但耐水性差	广泛用于粘贴壁纸、玻璃、陶瓷、塑料、纤维织物、石材、混凝土、石膏等各种非金属材料,也可作为水泥增强剂
	乙烯醇胶黏剂(胶水)	水溶性胶黏剂,无毒、使用方便,黏结强度不高	可用于胶合板、壁纸、纸张等的胶接
热固性合成树脂胶黏剂	环氧树脂类胶黏剂	黏结强度高,收缩率小、耐腐蚀、电绝缘性好、耐水、耐油	用于粘接金属制品、玻璃、陶瓷、木材、塑料、皮革、水泥制品、纤维制品等
	酚醛树脂类胶黏剂	黏结强度高,耐疲劳、耐热、耐气候老化	用于粘接金属、陶瓷、玻璃、塑料和其他非金属材料制品
	聚氨酯类胶黏剂	黏附性好、耐疲劳、耐油、耐水、耐酸、韧性好、耐低温性能优异、可室温固化,但耐热性差	适于胶接塑料、木材、皮革等,特别适用于要求防水、耐酸、耐碱等的工程中
合成橡胶胶黏剂	丁腈橡胶胶黏剂	弹性及耐候性良好,耐疲劳、耐油、耐溶剂性好、耐热,有良好的混溶性,但黏着性差,成膜缓慢	适用于耐油部件中橡胶与橡胶、橡胶与金属、织物等的胶接;尤其适用于粘接软质聚氯乙烯材料
	氯丁橡胶胶黏剂	黏附力、内聚强度高,耐燃、耐油、耐溶剂性好。储存稳定性差	用于结构粘接或不同材料的粘接,如橡胶、木材、陶瓷、石棉等不同材料的粘接
	聚硫橡胶胶黏剂	具有很好的弹性、黏附性,耐油、耐候性好,对气体和蒸汽不渗透,防老化性好	用作密封胶及用于路面、地坪、混凝土的修补、表面密封和防滑;用于海港、码头及水下建筑物的密封
	硅橡胶胶黏剂	良好的耐紫外线、耐老化、耐热、耐腐蚀性,黏附性好,防水防振	用于金属、陶瓷、混凝土、部分塑料的粘接;尤其适用于门窗玻璃的安装以及隧道、地铁等地下建筑中瓷砖、岩石接缝间的密封

6.1.5　涂料

涂料俗称油漆,是一种有机高分子胶体的混合溶液,涂在物体表面上能干结成膜。涂料主要有三大基本功能:一是保护功能,起着避免外力碰伤、摩擦,防止腐蚀的作用;二是装饰功能,起着使制品表面光亮美观的作用;三是特殊功能,可作为标志使用,如管道、气瓶和交通标志牌等。

涂料由黏结剂、颜料、溶剂和其他辅助材料组成。黏结剂是主要的膜物质，一般采用合成树脂作黏结剂，它决定了膜与基体层粘接的牢固程度；颜料也是涂膜的组成部分，它不仅使涂料着色，而且能提高涂膜的强度、耐磨性、耐久性和防锈能力；溶剂是涂料的稀释剂，其作用是稀释涂料，以便于施工，干结后挥发；辅助材料通常有催干剂、增塑剂、固化剂、稳定剂等。

酚醛树脂涂料是应用最早的合成涂料，有清漆、绝缘漆、耐酸漆、地板漆等。

氨基树脂涂料的涂膜光亮、坚硬，广泛用于电风扇、缝纫机、化工仪表、医疗器械、玩具等各种金属制品。

醇酸树脂涂料涂膜光亮、保光性强、耐久性好，广泛用于金属、木材的表面涂饰。

环氧树脂涂料的附着力强、耐久性好，适于作金属底漆，也是良好的绝缘涂料。

聚氨酯涂料的综合性能好，特别是耐磨性和耐蚀性好，适用于列车、地板、舰船甲板、纺织用的纱管以及飞机外壳等。

有机硅涂料耐高温性能好，也耐大气、耐老化，适于高温环境下使用。

6.2　陶瓷材料

6.2.1　陶瓷材料的分类

无机非金属材料按照成分和结构，主要分为无机玻璃、玻璃陶瓷和陶瓷材料三大类。无机玻璃是酸性氧化物和碱性氧化物的高黏度的复杂固体物质，具有无定形结构。玻璃陶瓷又叫玻璃晶体材料，是在无机玻璃完全或部分结晶的基础上得到的，结构处于玻璃和陶瓷之间。陶瓷材料是由成形矿物质高温烧制（烧结）的无机物材料。陶瓷材料可分为传统陶瓷、特种陶瓷和金属陶瓷等三类。

传统陶瓷是以黏土、长石和石英等天然原料经粉碎、成形和烧结制成的。其在日用、建筑、卫生以及工业上的应用主要是绝缘、耐酸、过滤陶瓷等。

特种陶瓷是以人工化合物为原料制成的，如氧化物、氮化物、碳化物、硅化物、硼化物和氟化物瓷以及石英质、刚玉质、碳化硅质过滤陶瓷等。这类陶瓷具有独特的力学、化学、电、磁、光学等方面的性能，满足工程技术的特殊需要，主要用于化工、冶金、机械、电子、能源领域和一些新技术中。特种陶瓷按性能可分为高强度陶瓷、高温陶瓷、耐磨陶瓷、耐酸陶瓷、压电陶瓷、电介质陶瓷、光学陶瓷、半导体陶瓷、磁性陶瓷和生物陶瓷等。按照化学组成分类，特种陶瓷可分为氧化物陶瓷、氮化物陶瓷、碳化物陶瓷、复合陶瓷和纤维增强陶瓷等。

金属陶瓷是由金属和陶瓷组成的材料，它综合了金属和陶瓷两者的大部分有用的特性。按照这种材料的生产方法，以前常将其归属于陶瓷材料一类，现在则多将其算作复合材料。

6.2.2　普通陶瓷

普通陶瓷是黏土类陶瓷，它产量大、应用广，大量用于日用陶器、瓷器，建筑工业，电器绝缘材料，耐蚀要求不很高的化工容器、管道，以及力学性能要求不高的耐磨件，如纺织工业中的导纱零件等。普通陶瓷的性能及用途如表 6-4 所示。

表 6-4 普通陶瓷的性能及用途

种类名称	原 料	特 性	用 途
日用陶瓷	黏土、石英、长石、滑石等	具有良好的热稳定性、致密度、机械强度和硬度	生活瓷器
建筑用瓷	黏土、长石、石英等	具有较好的吸水性、耐蚀性、耐酸性、耐碱性、耐磨性等	铺设地面、输水管道装置、卫生间等
电瓷	一般采用黏土、长石、石英等配制	介电强度高，抗拉、抗弯强度较高，耐热、耐冷急变性能较好	隔电、机械支撑件、瓷质绝缘件
过滤陶瓷	以石英砂、河砂等瘠性原料为骨架，添加结合剂和增孔剂	具有耐腐蚀、耐高温、强度大、不老化、寿命长、不污染、易清洗再生及操作方便等优点	用于制作多孔 SO_2 陶瓷器件，气体、液体过滤器等
化工陶瓷	黏土、焦宝石（熟料）、滑石、长石等	具有耐酸、碱腐蚀性，不污染介质	石油化工、冶炼、造纸、化纤工业等

6.2.3 特种陶瓷

现代工业要求高性能的制品，用人工合成的原料，采用普通陶瓷的工艺制得的新材料，称为特种陶瓷。它包括氧化物陶瓷、氮化硅陶瓷、碳化硅陶瓷、氮化硼陶瓷等几种。

(1) 氧化铝陶瓷

这是以 Al_2O_3 为主要成分的陶瓷，Al_2O_3 含量大于 46%，也称为高铝陶瓷。Al_2O_3 含量在 90%～99.5% 时称为刚玉瓷。按 Al_2O_3 的成分可分为 75 瓷、85 瓷、96 瓷、99 瓷等。氧化铝含量越高性能越好。氧化铝陶瓷耐高温性能很好，在氧化气氛中使用温度可达 1950℃。氧化铝陶瓷的硬度高、电绝缘性能好、耐蚀性和耐磨性也很好，可用于制作高温器皿、刀具、内燃机火花塞、轴承、化工用泵、阀门等。

(2) 氮化硅陶瓷

氮化硅是键性很强的共价键化合物，稳定性极强，除氢氟酸外，能耐各种酸和碱的腐蚀，也能抵抗熔融有色金属的侵蚀。氮化硅的硬度很高，仅次于金刚石、立方氮化硼和碳化硼；有良好的耐磨性，摩擦系数小，只有 0.1～0.2，相当于加油的金属表面。氮化硅还有自润滑性，可在润滑剂的条件下使用，是一种非常优良的耐磨材料。氮化硅的热膨胀系数小，有极好的抗温度急变性。

氮化硅按生产方法分为热压烧结法和反应烧结法两种。反应烧结氮化硅可用于要求耐磨、耐腐蚀、耐高温、绝缘的零件，如在腐蚀介质中工作的机械密封环、高温轴承、热电偶套管、输送铝液的管道和阀门、燃气轮机叶片、炼钢生产的铁水流量计以及农药喷雾器的零件等。热压烧结氮化硅主要用于刀具，可进行淬火钢、冷硬铸铁等高硬材料的精加工和半精加工，也用于钢结硬质合金、镍基合金等的加工，它的成本比金刚石和立方氮化硼刀具低。热压氮化硅还可用作转子发动机的叶片、高温轴承等。

(3) 碳化硅陶瓷

碳化硅的高温强度大，其他陶瓷在 1200～1400℃ 时强度显著下降，而碳化硅的抗弯强度在 1400℃ 时仍保持 500～600MPa。碳化硅的热传导能力很高，仅次于氧化铍，它的热稳定性、耐蚀性、耐磨性也很好。

碳化硅是用于 1500℃ 以上工作部件的良好结构材料，如用于火箭尾喷管的喷嘴、浇注金属中的喉嘴以及炉管、热电偶套管等；还可用作高温轴承、高温热交换器、核燃料的包封材料以及各种泵的密封圈等。

（4）氮化硼陶瓷

氮化硼晶体属六方晶系，结构与石墨相似，性能也有很多相似之处，所以又叫"白石墨"。它有良好的耐热性、热稳定性、导热性、高温介电强度，是理想的散热材料和高温绝缘材料。氮化硼的化学稳定性好，能抵抗大部分熔融金属的侵蚀。它也有很好的自润滑性。氮化硼制品的硬度低，可进行机械加工，精度为 1/100mm。氮化硼可用于制造熔炼半导体的坩埚及冶金用高温容器、半导体散热绝缘零件、高温轴承、热电偶套管及玻璃成形模具等。

氮化硼的另一种晶体结构是立方晶格。立方氮化硼结构牢固，硬度和金刚石接近，是优良的耐磨材料，也用于制造刀具。

（5）氧化锆陶瓷

氧化锆的熔点为 2715℃，在氧化气氛中 2400℃时是稳定的，使用温度可达到 2300℃。它的热导率小，是良好的高温隔热材料；室温下是绝缘体，1000℃以上成为导电体，可用作 1800℃以上的高温发热体。氧化锆陶瓷一般用作钯、铑等金属的坩埚、离子导电材料等。

（6）氧化铍陶瓷

氧化铍的熔点为 2570℃，在还原性气氛中特别稳定。它的导热性极好，和铝相近，其抗热冲击性很好，适于制作高频电炉的坩埚，还可以用作激光管、晶体管散热片、集成电路的外壳和基片等。但氧化铍的粉末和蒸气有毒性，影响了它的使用。

（7）氧化镁陶瓷

氧化镁的熔点为 2800℃，在氧化性气氛中使用时可在 2300℃保持稳定，在还原性气氛中使用时 1700℃就不稳定了。氧化镁陶瓷是典型的碱性耐火材料，用于冶炼高纯度铁、铁合金、铜、铝、镁等以及熔化高纯度铀、钍及其合金。它的缺点是机械强度低、热稳定性差，容易水解。

6.3　复合材料

复合材料是由两种或两种以上不同性质的材料，通过物理或化学的方法，在宏观（微观）上组成具有新性能的材料。各种材料在性能上互相取长补短，产生协同效应，使复合材料的综合性能优于原组成材料而满足各种不同的要求。复合材料的基体材料分为金属和非金属两大类。金属基体常用的有铝、镁、铜、钛及其合金。非金属基体主要有合成树脂、橡胶、陶瓷、石墨、碳等。增强材料主要有玻璃纤维、碳纤维、硼纤维、芳纶纤维、碳化硅纤维、石棉纤维、晶须、金属丝和硬质细粒等。

6.3.1　复合材料的基本类型与组成

复合材料按基体类型可分为金属基复合材料、高分子基复合材料和陶瓷基复合材料等三类。目前应用最多的是高分子基复合材料和金属基复合材料。

复合材料按性能可分为功能复合材料和结构复合材料。前者还处于研制阶段，已经大量研究和应用的主要是结构复合材料。

复合材料按增强相的种类和形状可分为颗粒增强复合材料、纤维增强复合材料和层状增强复合材料。其中，发展最快、应用最广的是各种纤维（玻璃纤维、碳纤维、硼纤维、SiC纤维等）增强的复合材料。不同种类的复合材料见表 6-5。

表6-5　复合材料的种类

增强体＼基体		金属	无机非金属				有机材料		
			陶瓷	玻璃	水泥	炭素	木材	塑料	橡胶
金属		金属基复合材料	陶瓷基复合材料	金属网嵌玻璃	钢筋水泥	无	无	金属丝增强塑料	金属丝增强橡胶
无机非金属	陶瓷〔纤维/粒料〕	金属基超硬合金	增强陶瓷	陶瓷增强玻璃	增强水泥	无	无	陶瓷纤维增强塑料	陶瓷纤维增强橡胶
	炭素〔纤维/粒料〕	碳纤维增强金属	增强陶瓷	陶瓷增强玻璃	增强水泥	碳纤维增强碳复合材料	无	碳纤维增强塑料	碳纤维增强橡胶
	玻璃〔纤维/粒料〕	无	无	无	增强水泥	无	无	玻璃纤维增强塑料	玻璃纤维增强橡胶
有机材料	木材	无	无	无	水泥木丝板	无	无	纤维板	无
	高聚物纤维	无	无	无	增强水泥	无	无	高聚物纤维增强塑料	高聚物纤维增强橡胶
	橡胶颗粒	无	无	无	无	无	橡胶合板	高聚物合金	高聚物合金

6.3.2　复合材料的特点

(1) 比强度和比模量

许多近代动力设备的结构,不但要求强度高,而且要求重量轻。设计这些结构时遇到的关键问题是所谓平方-立方关系,即结构强度和刚度随线尺寸的平方(横截面积)而增加,而重量随线尺寸的立方而增加。这就要求使用比强度(强度/密度)和比模量(弹性模量/密度)高的材料。复合材料的比强度和比模量都比较大,例如碳纤维和环氧树脂组成的复合材料,其比强度是钢的八倍,比模量比钢大三倍。

(2) 耐疲劳性能

复合材料中基体和增强纤维间的界面能够有效地阻止疲劳裂纹的扩展。疲劳破坏在复合材料中总是从承载能力比较薄弱的纤维处开始的,然后逐渐扩展到结合面上,所以复合材料的疲劳极限比较高。例如碳纤维-聚酯树脂复合材料的疲劳极限是拉伸强度的70%~80%,而金属材料的疲劳极限只有强度极限值的40%~50%。图6-1所示是三种材料的疲劳性能的比较。

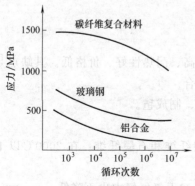

图6-1　三种材料的疲劳性能的比较

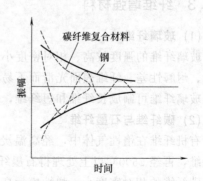

图6-2　两种材料的阻尼特性的比较

(3) 减振性能

许多机器、设备的振动问题十分突出。结构的自振频率除与结构本身的质量、形状有关外，还与材料的比模量的平方根成正比。材料的比模量越大，则其自振频率越高，可避免在工作状态下产生共振及由此引起的早期破坏。此外，即使结构已产生振动，由于复合材料的阻尼特性好（纤维与基体的界面吸振能力强），振动也会很快衰减。图 6-2 所示是两种不同材料的阻尼特性的比较。

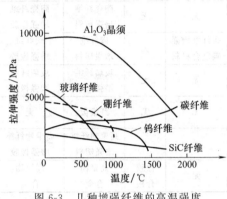

图 6-3　几种增强纤维的高温强度

（4）耐高温性能

由于各种增强纤维一般在高温下仍可保持高的强度，所以用它们增强的复合材料的高温强度和弹性模量均较高，特别是金属基复合材料。例如 7075-T6 铝合金，在 400℃时，弹性模量接近于零，强度值也从室温时的 500MPa 降至 30～50MPa。而碳纤维或硼纤维增强组成的复合材料，在 400℃时，强度和弹性模量可保持接近室温条件时的水平。碳纤维增强的镍基合金也有类似的情况。图 6-3 所示是几种增强纤维的高温强度。

（5）断裂安全性

纤维增强复合材料是力学上典型的静不定体系，在每平方厘米截面上，有几千至几万根增强纤维（直径一般为 $10\sim100\mu m$），当其中一部分受载荷作用断裂后，应力迅速重新分布，载荷由未断裂的纤维承担起来，所以断裂安全性好。

（6）其他性能特点

许多复合材料都有良好的化学稳定性、隔热性、烧蚀性以及特殊的电、光、磁等性能。

复合材料进一步推广使用的主要问题是：断裂伸长小、抗冲击性能尚不够理想、生产工艺方法中手工操作多、难以自动化生产、间断式生产周期长、效率低、加工出的产品质量不够稳定等。

增强纤维的价格很高，使复合材料的成本比其他工程材料高得多。虽然复合材料利用率比金属高约 80%，但在一般机器和设备上使用仍然是不够经济的。

上述缺陷的改善，将会大大地推动复合材料的发展和应用。

6.3.3　纤维增强材料

（1）玻璃纤维

玻璃纤维的强度较高、相对密度小、化学稳定性高、耐热性好、价格低。其缺点是脆性较大、耐磨性差、纤维表面光滑而不易与其他物质结合。

玻璃纤维可制成长纤维和短纤维，也可以织成布、制成毡。

（2）碳纤维与石墨纤维

有机纤维在惰性气体中，经高温炭化可以制成碳纤维和石墨纤维：在 2000℃以下制得碳纤维，再经 2500℃以上处理得石墨纤维。

碳纤维的相对密度小，弹性模量高，而且在 2500℃无氧气氛中也不降低。

石墨纤维的耐热性和导电性比碳纤维好，并具有自润滑性。

（3）硼纤维

硼纤维是用化学沉积的方法将非晶态硼涂覆到钨和炭丝上面制得的。硼纤维强度高、弹性模量大、耐高温性能好。在现代航空结构材料中，硼纤维的弹性模量绝对值最高，但硼纤维的相对密度大、延伸率差、价格昂贵。

(4) SiC 纤维

SiC 纤维是一种高熔点、高强度、高弹性模量的陶瓷纤维。它可以用化学沉积法及有机硅聚合物纺丝烧结法制造 SiC 连续纤维。SiC 纤维的突出优点是具有优良的高温强度。

(5) 晶须

晶须是直径只有几微米的针状单晶体，是一种新型的高强度材料。

晶须包括金属晶须和陶瓷晶须。金属晶须中可批量生产的是铁晶须，其最大特点是可在磁场中取向，可以很容易地制取定向纤维增强复合材料。陶瓷晶须与金属晶须相比，强度高、相对密度低、弹性模量高、耐热性好。

(6) 其他纤维

天然纤维和高分子合成纤维也可用作增强材料，但性能较差。美国杜邦公司开发了一种叫做 Kevlar（芳纶）的新型有机纤维，其弹性模量和强度都较高，通常用作高强度复合材料的增强纤维。Kevlar 纤维刚性大，其弹性模量为钢丝的 5 倍，密度只有钢丝的 $1/5\sim1/6$，比碳纤维轻 15%，比玻璃纤维轻 45%。Kevlar 纤维的强度高于碳纤维和经过拉伸的钢丝，热膨胀系数低，具有高的疲劳抗力、良好的耐热性，而且价格低于碳纤维，是一种很有发展前途的增强纤维。

6.3.4 玻璃纤维增强塑料

玻璃纤维增强塑料通常称为"玻璃钢"。由于其成本低、工艺简单，所以目前是应用最广泛的复合材料。它的基体可以是热塑性塑料，如尼龙、聚碳酸酯、聚丙烯等；也可以是热固性塑料，如环氧树脂、酚醛树脂、有机硅树脂等。

玻璃钢可制造汽车、火车、拖拉机的车身及其他配件，也可应用于机械工业的各种零件，玻璃钢在造船工业中应用也越来越广泛，如玻璃钢制造的船体耐海水腐蚀性好，制造的深水潜艇比钢壳的潜艇潜水深度深 80%。玻璃钢的耐酸、碱腐蚀性能好，在石油化工工业中可制造各种罐、管道、泵、阀门、储槽等。玻璃钢还是很好的电绝缘材料，可制造电机零件和各种电器。

习题

一、填空题

1. 陶瓷可分为_____和特种陶瓷两类；特种陶瓷按用途可分为结构陶瓷、_____、_____；结构陶瓷的主要品种有_____、_____、_____等。

2. 复合材料按增强材料的形状分为_____、_____、_____等；按基体不同可分为_____、_____、_____。

3. 橡胶的主要组成有生胶、_____、_____等；橡胶的性能特征是具有很好的_____，同时具有良好的_____性能。

二、选择题

1. 切削淬火钢和耐磨铸铁的刀具宜选用（　　）。

(a) 合金工具钢　　　　(b) 立方氮化硼　　　　(c) 玻璃钢

2. 制作各种灯罩、飞机窗、油杯可采用（　　）。

(a) 尼龙 　　　　　　　　(b) 电玉 　　　　　　　　(c) 有机玻璃

3. 制造密封垫圈、减振装置可采用（　　）。

(a) 聚碳酸酯 　　　　　　(b) 顺丁橡胶 　　　　　　(c) 氧化铝陶瓷

4. 复合材料的比强度约为钢的（　　）。

(a) 8 倍 　　　　　　　　(b) 4 倍 　　　　　　　　(c) 3 倍

三、下列俗称指的是什么材料？

塑料王、有机玻璃、刚玉、玻璃钢、尼龙。

四、与金属材料相比，工程塑料在性能上具有哪些特点？

五、陶瓷材料的性能特点是什么？ 举例说明工业上陶瓷有哪些用途？

六、复合材料的性能特点是什么？ 举例说明复合材料的应用。

第 7 章

铸造

● 学习目标

① 了解铸造成型的工艺性能及特点。
② 掌握合金的铸造性能。
③ 了解砂型铸造基本工艺。
④ 掌握铸造工艺设计及铸件的结构工艺设计要求。
⑤ 了解各种特种铸造的特点及应用。

7.1 铸造工艺基础

7.1.1 概述

　　铸造是将通过熔炼的金属液体浇注入铸型内，经冷却凝固获得所需形状和性能的零件（毛坯）的制作过程。铸造是常用的制造方法，在机械制造中占有很大的比重，如金属切削机床中铸造件重量占 60%~80%，汽车铸件重量约占 25%，在国民经济其他各个部门中，也广泛采用各种各样的铸件。

　　铸造的生产方法很多，主要可分砂型铸造和特种铸造两大类，其中砂型铸造为铸造生产中最基本的方法。目前对铸造质量、铸造精度、铸造成本和铸造自动化等的要求越来越高，铸造技术向着精密化、大型化、高质量、自动化和清洁化的方向发展，因此铸造正在向精密铸造技术、连续铸造技术、特种铸造技术、铸造自动化和铸造成型模拟技术等方面发展。

　　铸造方法与其他金属加工方法相比，具有以下特点：

　　① 生产成本低。铸造设备的投资少，所用的原材料来源广泛且价格较低。

　　② 铸造性能好。各种合金都可以用铸造方法制成铸件，特别是有些塑性差的材料，只能用铸造方法制造毛坯，如铸铁等。

　　③ 能够制造各种尺寸和形状复杂的零件。铸件的轮廓尺寸可小至几毫米，大至十几米，重量可以从几克至数百吨。

　　④ 铸件还便于切削加工，减振性及耐磨性好，缺口敏感性低，并具有较好的热处理性能等。

　　⑤ 但铸造生产工序多、投料多，控制不好时，铸件质量不够稳定，废品率也相对较高，

劳动条件、作业环境也较差。

7.1.2 合金的铸造性能

铸造生产中一般使用各种合金，铸造用合金除应具有符合要求的力学性能和物理化学性能外，还必须考虑其铸造性能，这对于是否容易获得优质铸件是很关键的。合金的铸造性能主要包括在铸造生产中所表现出来的流动性和收缩性。

(1) 流动性

1) 合金的流动性及试验方法

合金的流动性是指液态合金本身的流动能力。液态合金具有良好的流动性，不仅易于获得形状复杂、尺寸准确、轮廓清晰的薄壁铸件，而且有利于液态金属中的气体和夹杂物在凝固过程中向液面上浮和排出，有利于补缩，从而能有效地防止铸件出现冷隔、浇不足、气孔、夹渣及缩孔等铸造缺陷，从而使铸件的内在质量得到保证。因此，合金的流动性是衡量铸造合金的铸造性能优劣的主要标准之一。

合金流动性的大小通常用浇注螺旋形流动性试样的方法来衡量。它是将液态合金在相同的浇注温度或相同的过热度条件下，浇注成如图 7-1 所示的试样，然后比较各种合金浇注的试样的长度。浇注的试样越长，合金的流动性越好。表 7-1 所示为常用铸造合金流动性的比较，由表 7-1 可见，灰口铸铁和硅黄铜的流动性最好，铸钢的流动性最差。

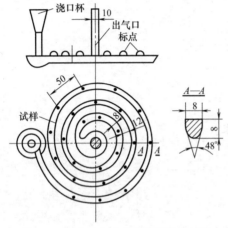

图 7-1 测定合金流动性的螺旋形试样

表 7-1 常用铸造合金流动性

合金	造型材料	浇注温度/℃	螺旋线长度/mm
灰铸铁 C＋Si＝6.2%	砂型	1300	1800
C＋Si＝5.2%	砂型	1300	1000
C＋Si＝4.2%	砂型	1300	600
铸钢 C＝0.4%	砂型	1600	100
锡青铜 Sn＝9%～11%	砂型	1640	200
Zn＝2%～4%	砂型	1040	420
硅黄铜 Si＝1.5%～4.5%	砂型	1100	1000
硅铝明	金属型(300℃)	680～720	700～800

2) 影响合金流动性的因素

合金流动性主要与合金的成分、物理性质、浇注条件、杂质含量等有关。

① 液态合金的成分。液态合金的流动性主要取决于合金的成分。纯金属和共晶成分的合金在恒定温度下凝固，已凝固层和未凝固层之间界面分明、光滑，对未凝固液体的流动阻力小，因而流动性好。亚、过共晶合金在一定温度范围内结晶，在铸件断面上存在既有发达的树枝晶又有未凝固液体合金相混杂的固液两相区，初生的树枝晶阻碍剩余液体合金的流动，因而合金的流动性差。铸铁内其他元素（如 Si、Mn、P、S）对流动性也有一定影响。

Si 和 P 可提高合金液体的流动性，而 S 则使合金液体流动性降低。

② 合金的物理性质。与合金流动性有关的物理性质有比热容、密度、热导率、结晶潜热和黏度等。液态合金的比热容和密度越大，热导率越小，凝固时结晶潜热释放得越多，都能使合金较长时间地保持液态，因而流动性越好；液态合金的黏度越小，流动时的内摩擦力也就越小，流动性当然越好。

③ 浇注条件。在一定温度范围内，浇注温度越高，合金的流动性越好。但当超过某一界限后，由于合金吸气多，氧化严重，流动性反而降低；液体金属在流动方向所受的压力越大，流动性就越好。此外流动性与浇注系统结构复杂程度、铸件自身结构、铸型等也有关。

7.1.3　合金的收缩性

(1) 影响合金收缩性的因素

合金的收缩是指液体金属在凝固和冷却过程中，体积和尺寸减小的现象。分别以体收缩率和线收缩率表示合金的收缩性。影响收缩的因素主要取决于合金成分、浇注温度、铸件结构和铸型。

① 合金成分。常用铸造合金中，灰铸铁的体收缩率约为 7%，线收缩率为 0.7%～1.0%；碳素铸钢的体收缩率为 10%～14%，线收缩率为 1.8%～2.5%。这是因为铸铁中的碳大部分以石墨形式存在，而石墨比容大，其体积膨胀会补偿一部分收缩。因此灰铸铁中增加碳、硅含量和减少硫含量均可使其收缩减小。

② 浇注温度。浇注温度越高，合金的液态收缩增加，因而体收缩率也越大。

③ 铸件结构和铸型。铸件的收缩不同于合金的自由收缩，它要受到因铸件各部分冷却速度不同而导致收缩不一致造成的牵制，还要受到铸型和型芯的阻碍，属于受阻收缩。因此铸件的实际线收缩率（受阻收缩）总比其自由线收缩率要小。

常用铸造合金的收缩性如表 7-2 所示。从表 7-2 中可以看出，灰铸铁的收缩性最小，铸钢的收缩性最大。

表 7-2　常用铸造合金的收缩性

合金种类	灰铸铁	球墨铸铁	碳素铸钢	铸铝合金	铸铜合金
体收缩率×100	5～8	9.5～11.6	10～14.5	—	—
线收缩率×100	0.7～1.0	0.8～1.0	1.6～2.0	1.0～1.5	1.2～2.0

(2) 合金收缩的三个阶段

任何一种液态金属注入铸型以后，从浇注温度冷却到常温都要经历三个互相联系的收缩阶段：

① 液态收缩：指液态金属由浇注温度冷却到凝固开始温度（液相线温度）之间的收缩。此阶段，金属处于液态，体积的缩小仅表现为型腔内液面的降低。

② 凝固收缩：指从凝固开始温度到凝固终了温度（固相线温度）之间的收缩。合金结晶的温度范围越大，则凝固收缩越大。液态收缩和凝固收缩使金属液体积缩小，一般表现为型腔内液面降低，因此，常用单位体积收缩量（即体收缩率）来表示。

③ 固态收缩：指合金从凝固终了温度冷却到室温之间的收缩，这是处于固态下的收缩。该阶段收缩不仅表现为合金体积的缩减，还直接表现为铸件的外形尺寸的减小，因此常用单

位长度收缩量（即线收缩率）来表示。

（3）合金收缩时易产生的缺陷

液态收缩和凝固收缩会引起合金体积缩小（体收缩），使铸件产生缩孔与缩松；固态收缩主要引起铸件尺寸减小（线收缩），使铸件产生变形、裂纹和内应力。

① 缩孔与缩松。铸件凝固时，产生的液态收缩和凝固收缩得不到合金液补偿，则将在其最后凝固部位形成孔洞。恒温结晶的纯金属和共晶合金易于形成集中的大孔洞，称为缩孔（图7-2）；结晶温度范围较宽的匀晶、亚共晶和过共晶合金因最后凝固部位处于固、液两相共存状态，其固相将液相分隔为若干孤立的小区域而易于形成分散的小孔洞，称为缩松。缩孔与缩松均降低铸件的力学性能，缩松还降低铸件的气密性。其防止措施是采用顺序凝固法（图7-3），即在铸件可能出现缩孔或缩松的厚实部位设冒口，使远离冒口的部位先凝固、靠近冒口的部位后凝固、冒口本身最后凝固，形成自远而近逐渐递增的顺序凝固温度梯度，实现铸件的厚实部位补缩薄壁部位，冒口补缩厚实部位，从而将缩孔或缩松转移至冒口中。

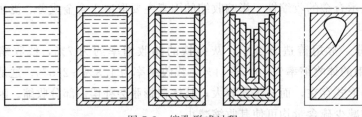

图 7-2　缩孔形成过程

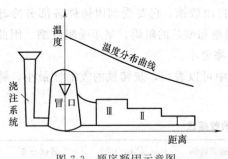

图 7-3　顺序凝固示意图

② 铸造应力、变形与裂纹。因铸件的固态收缩受阻而引起的内应力，称为铸造应力。铸造应力包括热应力、机械应力和相变应力。热应力是铸件壁厚不同的部位因固态收缩不一致而相互制约所产生的内应力；机械应力是铸件受机械阻碍（如砂型、型芯等）而产生的内应力，落砂后即可消失；相变应力是铸件组织发生相变时，因温度差异出现体积变化不一致所引起的内应力，相变结束后即可消失。当铸造应力超过合金的屈服极限或强度极限时，将使铸件产生变形或裂纹。此外，铸造应力的存在，不仅降低铸件实际承载能力，且在存放、加工或使用过程中，因应力的松弛或重新分布引起铸件变形，从而降低铸件尺寸精度或使铸件因加工余量不足而报废。铸造应力、变形和开裂的防止措施：铸件设计应尽量使壁厚均匀、结构对称；工艺上采用同时凝固法；对于细而长或大而薄的铸件，在制作模样时，将模样预先制成与铸件变形相反的形状以抵消产生的变形；提高型（芯）砂的退让性，合理开设浇注系统；对于尺寸精度要求高或重要的铸件，应通过自然时效或去应力退火以消除铸造应力。

7.2　砂型铸造

砂型铸造是利用型砂作铸型，将液态金属在重力作用下浇注到铸型中冷却凝固成型的铸造方法。钢和大多数有色合金铸件都可用砂型铸造方法获得。由于砂型铸造所用的造型材料价廉易得，铸型制造简便，对铸件的单件生产、成批生产和大量生产均能适应，因此是铸造生产中的基本工艺。砂型铸造的基本工艺过程如图7-4所示。

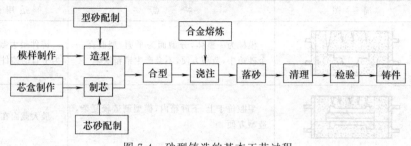

图 7-4　砂型铸造的基本工艺过程

7.2.1　造型

造型是利用模样和通过型砂紧实，制得型腔与模样外形一致的砂型的操作过程。图7-5所示为合箱后的砂型。被舂紧在上、下砂箱中的型砂与上、下砂箱一起，分别被称为上砂型和下砂型。将模样从砂型中取出后，留下的空腔称为型腔。上、下砂型之间的分界面称为分型面。图7-5中型腔内有"××"的部分表示型芯，用来形成铸件上的孔。型芯上用来安放和固定型芯的部分，叫作型芯头，型芯头安放在型芯座内。浇注时，金属液从外浇口浇入，经直浇道、横浇道、内浇道流入型腔。型腔的最高处开有出

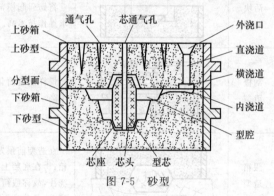

图 7-5　砂型

气口，型腔上方的砂型中有用通气针扎成的通气孔，用来排出型腔中及砂型和型芯中产生的气体。通过出气口还可观察金属液是否已浇满型腔。

(1) 造型材料

用来制造砂型和型砂的材料称为造型材料。用于制造砂型的材料习惯上称为型砂，用于制造砂芯的造型材料称为芯砂。型（芯）砂的质量直接影响着铸件的质量，因此型（芯）砂在造型后要具有必要的强度和韧性，较好的耐高温性能和热物理性能，具有一定的透气性、可塑性、吸湿性等性能。型（芯）砂主要由原砂（硅砂）、黏结剂和水按一定比例混合而成，有时还加入少量如煤粉、植物油、木屑等附加物。

(2) 造型方法

按照紧实型砂和起模方式不同，造型可分为手工造型和机器造型两大类。

1）手工造型

手工造型指全部用手工或手动工具完成的造型工序。手工造型方法比较灵活、适应性较强、生产准备时间短，但生产率低、劳动强度大、铸件质量较差。因此，手工造型多用于单件小批量生产。

手工造型的方法很多，根据铸件结构、技术要求、生产批量及生产条件等不同，所采用的造型方法也不同。常用的造型方法有：整模造型、分模造型、挖砂造型、活块造型、刮板造型、假箱造型、三箱造型及地坑造型等。表7-3给出了几种常用手工造型方法的特点及适

用范围。

表 7-3　几种常用手工造型方法的特点和适用范围

造型方法	简　图	特　点	适用范围
整模造型		模样为一整体,分型面为平面,型腔在一个砂箱中,造型方便,不会产生错箱缺陷	铸件最大截面靠一端且为平直的铸件
分模造型		型腔位于上、下砂箱内,模型制造较复杂,造型方便	最大截面在中部的铸件
挖砂造型		模型是整体的,将阻碍起模的型砂挖掉,分型面是曲面,造型费工	单件小批生产、分型面不是平面的铸件
活块造型		将妨碍起模部分做成活块,造型费工,要求操作技术高。活块移位会影响铸件精度	单件小批生产、带有凸起部分又难以起模的铸件
刮板造型	刮板	模样制造简化,但造型费工,要求操作技术高	单件小批生产,大、中型回转体铸件
假箱造型		在造型前预先做出代替底板的底胎,即假箱;再在底胎上做下箱,由于底胎并未参加浇注,故称假箱。假箱造型比挖砂造型操作简单,且分型面整齐	用于成批生产需要挖砂的铸件
三箱造型		中砂箱的高度有一定要求,操作复杂,难以进行机器造型	单件小批生产、中间截面小的铸件
地坑造型		造型是利用车间地面砂床作为铸型的下箱。由于仅用上箱便可造型,减少了制造专用下箱的准备时间,减少了砂箱的投资。但造型费工,且要求工人技术较高	制造批量不大的大、中型铸件

2）机器造型

在大批量生产中,普遍采用机器完成全部或至少完成紧砂和起模操作的造型工序。与手工造型相比,机器造型生产效率高、铸件尺寸精度高、表面粗糙度低,但设备及工艺装备费用高、生产准备时间长。机器造型按紧实方式分振压式造型、高压造型、空气冲击造型等。图 7-6 为水管接头机器造型过程的示意图。

7.2.2　型芯制造

型芯主要是用于形成铸件内部空腔和局部外形的。由于砂芯的表面被高温金属液体所包

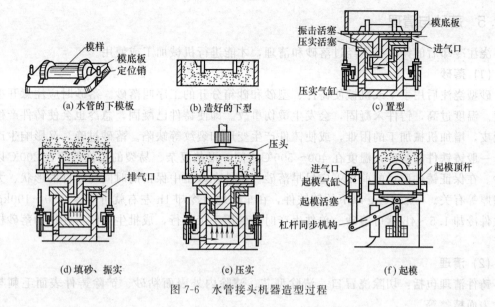

(a) 水管的下模板　　(b) 造好的下型　　(c) 置型

(d) 填砂、振实　　(e) 压实　　(f) 起模

图 7-6　水管接头机器造型过程

围，受到的冲刷及烘烤比砂型厉害，因此要求砂芯要具有更高的强度、透气性、耐火度和退让性。因此一般在砂芯中放入芯骨以提高强度，在砂芯中做出贯通的通气道以提高透气性，大部分的砂芯表面要刷一层涂料以提高耐高温性能。

型芯可以用手工和机器制造，可用芯盒制造，也可用括板制造。

7.2.3　合型

将上型、下型、砂芯、浇口等组合成一个完整铸型的过程称为合型，又称合箱。合型操作不当，会使铸件产生错箱、偏芯、跑火及夹砂等缺陷。合型工作包括：

铸型的检验：包括检验型腔、浇注系统及表面有无浮砂，排气道是否通畅。

下芯：将型芯的芯头准确放在砂型的芯座上。

合上下型：保持上型水平下降，对准合型线，并定好位。

铸型紧固：浇注金属液时，上型会受到金属液的浮力，故要将铸型紧固。

7.2.4　熔炼与浇注

熔炼的目的是获得成分、温度合格的合金液。合金液的成分靠配料计算及合理操作来控制。温度则主要由合理选用熔炉来保证：对低熔点的铸铝与铸铜多选用焦炭坩埚炉或电阻坩埚炉；对高熔点的铸钢应选用电弧炉或感应电炉；对铸铁常用冲天炉或感应电炉。

浇注是将成分、温度合格的合金液平稳、连续地浇满铸型的过程。浇注不当，会引起浇不足、冷隔、跑火、夹渣和缩孔等铸造缺陷。浇注温度的选择应遵循"高温出炉、低温快浇"的原则，以保证合金液既能顺利充填整个型腔，又能减少夹渣、气孔和缩孔等缺陷。灰铸铁的浇注温度一般为 $1200\sim1300℃$，碳素钢为 $1500\sim1560℃$，铸铝为 $680\sim780℃$。浇注速度太慢，使金属液的降温过多，易产生浇不足、冷隔和夹渣缺陷。浇注太快，会使型腔中的气体来不及跑出而产生气孔，同时速度太快易产生冲砂、抬箱、跑火等缺陷。同时浇注时注意扒渣、挡渣和引火，浇注过程不要断流。

7.2.5 落砂与清理

浇注冷却后的铸件必须经过落砂和清理，才能进行机械加工或使用。

(1) 落砂

砂型浇注后用手工或机械使铸件、型砂和砂箱分开的工序叫落砂。落砂时应注意开型的温度。温度过高，铸件未凝固，会发生烫伤事故。即使铸件已凝固，急冷也会使铸件产生表面硬皮，增加机械加工的困难，或使铸件产生变形和裂纹等缺陷。落砂过晚，又影响生产效率。一般铸铁件的落砂，温度在400～500℃之间，形状复杂、易裂的铸铁件应在200℃以下落砂。在保证铸件质量的前提下应尽早落砂。铸件在砂型中保留的时间与铸件的形状、大小和壁厚等有关。一般10kg以下的铸铁件，在车间地面冷却1h左右就可落砂；50～100kg的铸铁件冷却1.5～4h就可落砂。单件生产时落砂用手工进行，成批生产时可在振动落砂机上进行。

(2) 清理

铸件清理包括：切除浇冒口、清除型芯、清除内外表面粘砂、铲除铸件表面毛刺与飞边、表面精整等。

① 切除浇冒口。切除浇冒口的方法，不仅受铸件材质的限制，而且还受着浇冒口的位置及其与铸件连接处的尺寸大小的影响。因此，应根据生产的具体情况，选用不同的切割方法。铸铁件可采用敲击法，对铜合金或铝合金铸件的浇冒口常用手锯或电锯等割除，中、低碳钢及含碳在0.25%以下的低合金钢铸件浇冒口可采用气割。

② 清除型芯。铸件内腔的型芯及芯骨一般用手工清除，也可用振动清砂机或水力清砂装置清除，但后者多用于中、大型铸件的批量生产。

③ 清除内外表面粘砂。铸件内外表面往往粘有一层被烧结的砂子，需要清除干净，可用钢丝刷刷掉。但因劳动条件差，生产效率低，应尽量用清理机械代替手工操作。常用的有滚筒清理、喷砂清理及抛丸机清理等。清理滚筒是最简单而又普遍使用的清理机械。为提高清理效率，在滚筒中可装入一些硬度很高的白口铸铁、铸钢小球或三角块等。当滚筒转动时，小球与铸件碰撞、摩擦，而把铸件表面清理干净。

④ 铲除铸件表面毛刺和飞边。铸件上的毛刺、飞边和浇冒口残迹要铲除干净，使铸件外形轮廓清晰、表面光洁。铲除时，可用錾子、风铲、砂轮等工具进行。

⑤ 表面精整。许多重要铸件在清理后还需进行消除内应力的退火，以提高铸件形状和尺寸的稳定性。有的铸件表面还需精整，以提高铸件表面质量。

7.3 铸造工艺设计

确定合理而先进的铸造工艺方案，对获得优质铸件、简化工艺过程、提高生产效率、降低铸件成本等起决定性作用。铸造生产必须首先根据零件结构特点、技术要求、生产批量和生产条件等进行铸造工艺设计，并绘制铸造工艺图。

7.3.1 绘制铸造工艺图

铸造工艺图是表示分型面、砂芯的结构尺寸、浇冒口系统和各项工艺参数的图形，如图7-7所示。铸造工艺图是在零件图基础上绘出制造模样和铸型所需的资料，并表达铸造工艺方案的图形，主要包括：

　　① 标出分型面。分型面的位置，在图上用红色线条加箭头表示，并注明上箱和下箱。

　　② 确定加工余量。加工余量在工艺图中用红色线条标出，剖面用红色全部涂上。

　　③ 标出起模斜度。在垂直于分型面的模样表面上应绘制起模斜度。起模斜度用红色线条表示。

　　④ 铸造圆角。为了便于造型和避免产生铸造缺陷，在零件图上两壁相交之处做成圆角，称铸造圆角，在铸造工艺图上用红线表示。

　　⑤ 绘出型芯头及型芯座。型芯头及型芯座用蓝色线条绘出。此时应注意，型芯座应比型芯头稍大，两者之差即为下型芯时所需要的间隙。

　　⑥ 标注不铸出的孔。零件上较小的孔、槽，铸造中不易铸出时，在铸造工艺图上将相应的孔位置用红线打叉。

　　⑦ 标注收缩率。用红字标注在零件图的右下方。

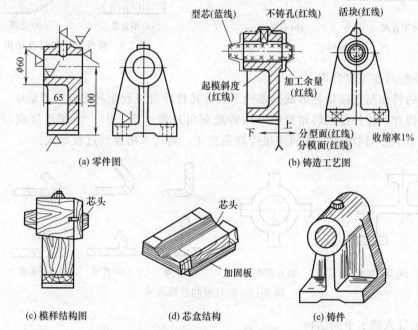

图 7-7　滑动轴承的铸造工艺图和模样结构图

7.3.2　铸件结构工艺性

　　进行铸件设计时，不仅要保证其工作性能和力学性能要求，还要使铸件结构本身符合铸造生产的要求。对于铸造工艺过程来说，铸件结构的合理性称为铸件的结构工艺性。铸件的结构是否合理，和铸造合金的种类、产量、铸造方法和生产条件等有密切的关系。下面从保证铸件质量、简化铸造工艺和铸造合金的特点等几个方面来说明对铸件结构的要求。

　　(1) 铸造工艺对铸件结构设计的要求

　　某些铸造缺陷的产生，往往是铸件结构设计不合理造成的。当然，铸造时可以采取相应的工艺措施来消除这些缺陷，但有时由于铸件设计得不合理，消除缺陷的措施非常复杂和昂贵，这就会大大增加生产的成本和降低劳动生产率。相反，在同样满足使用要求的情况下，采取合理的铸件结构，常可简便地消除许多缺陷。

1）铸件壁厚合理并力求均匀

铸件壁厚过厚，则中心部位易产生晶粒粗大和缩孔；过薄则易产生浇不足和冷隔。铸件的最大临界壁厚约为最小壁厚的3倍，超过最大临界壁厚，则铸件的承载能力不再随壁厚的增加而成比例增加。因此，铸件的结构设计应避免厚大截面，铸件的强度和刚度应通过合理选择截面几何形状（如工字形、槽形、T形等）或采用加强筋（图7-8）等措施来保证。此外，铸件壁厚应力求均匀，以免因壁厚相差过大而在铸件厚壁处产生缩孔，或在厚、薄壁连接处产生裂纹。

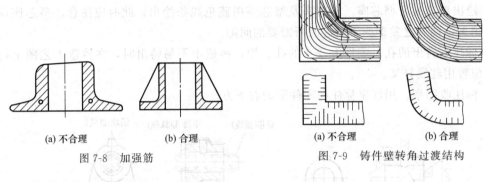

（a）不合理　　　　（b）合理　　　　　　　　（a）不合理　　　　（b）合理

图 7-8　加强筋　　　　　　　　　　　　　图 7-9　铸件壁转角过渡结构

2）铸件壁间连接应合理

铸件壁的转角与连接处易形成局部热节，在铸件冷凝过程中易形成应力集中、缩孔或缩松等缺陷。因此，铸件壁的转角处应采用铸造圆角过渡（图7-9）；壁间连接应避免交叉和锐角（图7-10）；不同厚度的壁间连接应避免突变，而宜采用逐渐过渡形式。

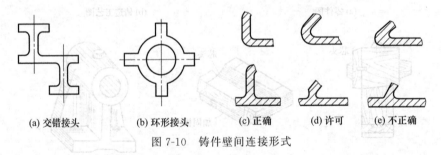

（a）交错接头　　（b）环形接头　　（c）正确　　（d）许可　　（e）不正确

图 7-10　铸件壁间连接形式

3）避免过大的水平面结构

铸件的大水平面易产生夹砂、夹渣、气孔和冷隔等缺陷，因此，应将铸件中较大的水平面结构改为倾斜面结构（图7-11）。

4）防止铸件曲翘变形

大而薄的平板类铸件收缩时易产生曲翘变形，应增设加强筋以提高其刚度，防止变形（图7-12）。

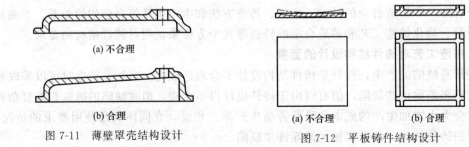

（a）不合理　　　　　　　　　　　　　　　　（a）不合理　　　　（b）合理

（b）合理

图 7-11　薄壁罩壳结构设计　　　　　　　图 7-12　平板铸件结构设计

5) 避免铸件收缩受阻

铸件结构应尽量不妨碍其在冷却过程中的自由收缩，以减小铸造应力，防止裂纹。如图 7-13 所示为铸件的 3 种轮辐结构。当采用直的偶数轮辐时，对收缩较大的合金可能因内应力过大而使轮辐开裂；若采用弯曲或直的奇数轮辐时，则可通过轮辐或轮缘的微量塑性变形来缓解铸造应力，避免裂纹的产生。

图 7-13　轮形铸件轮辐结构设计

（2）铸造性能对铸件结构的要求

1) 外形力求简单

在制模、造型、制芯、合箱和清理等工序中，曲面比平面难度大，有芯比无芯难度大。例如，在如图 7-14 所示托架的 3 种结构中，以直线型且内腔敞开在外的结构 [图 7-14 (c)] 为最好。

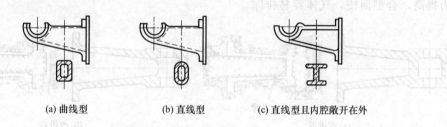

(a) 曲线型　　　　　(b) 直线型　　　　　(c) 直线型且内腔敞开在外

图 7-14　托架结构设计方案

2) 有利于减少和简化分型面

分型面是分开铸型以便起模的砂型结合面。造型的难度总是随分型面的数量和复杂程度的增加而增加。例如，如图 7-15 (a) 所示铸件结构需用三箱造型，而图 7-15 (b) 所示结构只需两箱造型，故图 7-15 (b) 所示结构好于图 7-15 (a) 所示结构；如图 7-16 (a) 所示轴拐铸件结构需采用曲面分型，增大了制模与造型的难度，因此将结构简化为平面分型 [图 7-16 (b)] 为好。

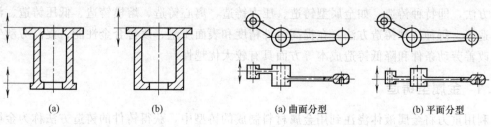

(a)　　　　　(b)　　　　　(a) 曲面分型　　　　　(b) 平面分型

图 7-15　铸件结构与分型面数量关系　　　　　图 7-16　轴拐铸件结构设计

3）有利于减少活块

造型时，活块数量越多起模难度越大，铸件精度越不易控制。例如，如图 7-17（a）、（b）所示具有凸台结构的铸件均需采用活块造型，因凸台距分型面较近，可将凸台延长至分型面处，改为图 7-17（c）、（d）所示结构，即能省去活块。

4）应有结构斜度

凡是垂直于分型面的非加工表面均应有一定的结构斜度［图 7-18（b）］，以利于起模和保证铸件精度。结构斜度的大小与铸件非加工面的垂直高度有关，高度越小，斜度应越大。对于铸件中垂直于分型面的加工表面，则应在制模时做出 15°～30° 的拔模斜度。

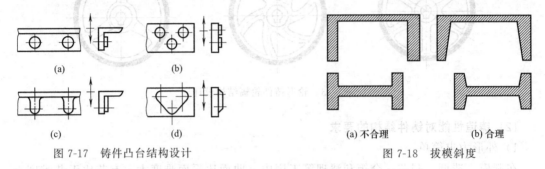

图 7-17　铸件凸台结构设计

图 7-18　拔模斜度

5）内腔结构有利于砂芯的定位、排气和清理

如图 7-19 所示，轴承座内腔结构改进后，不仅减少了砂芯数量，而且砂芯的稳定性也大为提高，合型简便，气体容易排除。

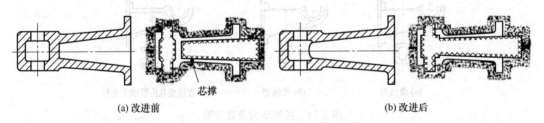

图 7-19　轴承座内腔结构设计方案

7.4　特种铸造

砂型铸造虽然是应用最普遍的一种铸造方法，但由于其铸造尺寸精度低、表面粗糙度差、铸件内部质量差、生产过程不易实现机械化等弱点，对于一些有特殊要求的零件，例如极薄壁件、管子件等，常常不用砂型铸造方法铸出。因此，形成了与砂型铸造不同的一系列铸造方法，即特种铸造，如金属型铸造、压力铸造、离心铸造、熔模铸造、低压铸造、消失模铸造等。每种特种铸造方法，在提高铸件精度和表面质量、改善合金性能、提高劳动生产率、改善劳动条件和降低铸造成本等方面具有较大优越性。

7.4.1　金属型铸造

利用重力将金属液体浇注到用金属材料制成的铸型中，获得铸件的铸造方法称为金属型铸造（又称永久型铸造或硬模铸造）。

(1) 金属型铸造的工艺过程

按分型面方位不同，金属型可分为整体式、水平分型式、垂直分型式及复合分型式。其中，垂直分型式金属型因便于开设浇注系统和取出铸件，易于实现机械化，应用最广。垂直分型式金属型（图 7-20）主要由定型 1 和动型 2 组成。当动型与定型闭合时，将金属液浇入金属型腔中，待其冷凝后平移动型与定型脱开，即可取出铸件。铸件的内腔，可用金属芯或砂芯来形成。

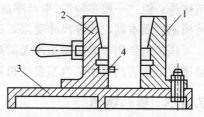

图 7-20　垂直分型式金属型
1—定型；2—动型；3—底座；4—定位销

(2) 金属型铸造的特点及应用

与砂型铸造相比，金属型铸造铸件尺寸精度高（可达 IT14～IT12）、表面粗糙度小（可达 $Ra\,12.5～6.3\mu m$）、晶粒细小而强度高；能 "一型多铸"，节省造型材料和工时，提高生产率，改善劳动条件；金属型制作成本高，周期长，铸造工艺要求严格，铸件尺寸受到限制。另外，金属型铸造的浇注过程常需预热铸型、型腔表面刷涂料和严格控制开型取件时间等工艺措施，以防止铸件产生浇不足、冷隔、裂纹和铸铁件表面白口等缺陷。

金属型铸造主要用于大批量生产的中、小型有色合金铸件及形状简单的钢、铁铸件，如铝合金活塞、气缸体、铜合金轴瓦、轴套及钢锭等。用于铸铁时，为防止白口，可采用覆砂（即在型腔表面覆以 4～8mm 的型砂层）金属型。

7.4.2　压力铸造

将液态或半液态合金在高压（5～150MPa）下高速（5～100m/s）充填铸型，并在高压下凝固成型的铸造方法，称为压力铸造（简称压铸）。

(1) 压铸的工艺过程

压铸是需要在专用压铸机上完成的金属型（称为压铸模）铸造。其工艺过程主要包括合模、压射、开模、取件等工序（图 7-21）。

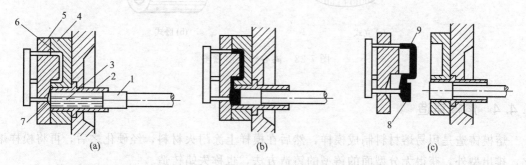

图 7-21　卧式冷压室压铸机压铸过程示意图
1—活塞；2—压室；3—合金液；4—定模；5—动模；6—型腔；7—浇口；8—余块；9—铸件

(2) 压铸的特点及应用

压铸的主要特点是：铸件尺寸精度高（可达 IT13～IT11）、表面粗糙度小（可达 $Ra\,3.2～0.8\mu m$），组织细密而强度高（抗拉强度比砂型铸件提高 25%～40%）；能浇铸结构复杂、轮廓清晰的薄壁、深腔、精密铸件，可直接铸出各种孔眼、螺纹、齿形和图纹等，也可压铸镶嵌件；能"一模多铸"，生产率高（可达 50～500 件/h），易于实现自动化或半自动化；压铸模制造成本高，铸件尺寸受限，压铸件一般不再进行切削加工或热处理。

压铸主要用于大批量生产无需热处理的形状复杂、薄壁、中小型有色合金铸件，如各种精密仪器仪表的壳体、汽车发动机缸盖等。

7.4.3　离心铸造

离心铸造是将合金液体浇入高速旋转的铸型（金属型或砂型）中，使其在离心力作用下充填铸型并凝固的铸造方法。离心铸造必须在离心铸造机上进行，根据铸型旋转轴空间位置不同，可分为立式和卧式两大类，如图 7-22 所示，主要用于大批量生产空心回转体铸件。其中立式离心铸造主要用于生产高度小于直径的回转体铸件，如套环、轴瓦、齿轮坯等；卧式离心铸造主要用于生产壁厚均匀一致而长度较长的筒、管类铸件（如气缸套、铸铁管等）和双金属铸件（如钢套镶铜轴瓦等）。

离心铸造离心力改善了补缩条件，生产的铸件组织致密且无缩孔、缩松、气孔和夹渣等缺陷，故强度高；改善金属的流动性，提高了充型能力；简化了中空圆柱形铸件的生产过程，可不用砂芯和浇注系统，比砂型铸造省工省料。但铸件内表面质量较差，需经切削加工去除，且不能用于易产生重力偏析的铸造合金（如铅青铜）。

离心铸造的缺点是成分偏析严重，尺寸难以控制，设备投资大，不宜单件、小批量生产。

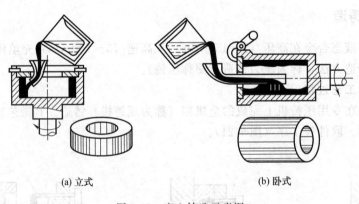

（a）立式　　　　　　　　　　　（b）卧式

图 7-22　离心铸造示意图

7.4.4　熔模铸造

熔模铸造是用易熔材料制成模样，然后在模样上涂耐火材料，经硬化之后，再将模样熔化，排出型外，获得无分型面的铸型的铸造方法，也称失蜡铸造。

(1) 熔模铸造的工艺过程

熔模铸造的工艺过程主要包括制作压型、制作蜡模、制作壳型、焙烧与浇注、脱壳与清理等，如图 7-23 所示。

① 制作压型。压型是用来制造蜡模的专业模具，一般根据铸件图［图 7-23（a）］制作［图 7-23（b）］。压型是压制蜡模的中间铸型。对高精度或大批量生产的铸件，常用机械加工制成的钢或铝合金压型；对精度要求不高或生产批量不大的铸件常用低熔点合金（如锡、

铅、铋等）直接浇铸的压型；对单件小批量的铸件可用石膏或塑料制作的压型。

② 制作蜡模。将低熔点熔融态蜡料［常用 50%石蜡＋50%硬脂酸，见图 7-23（c）］压入压型［图 7-23（d）］，冷凝后取出，得到单个蜡模［图 7-23（e）］。再将若干单个蜡模粘到预制的蜡质浇口棒上，成为蜡模组［图 7-23（f）］。

③ 制作壳型。将蜡模组浸入石英粉与水玻璃配成的浆料中，取出后在其表面撒上一层细石英砂，再浸入氯化铵（或氯化铝）溶液中硬化。反复涂挂 4～5 次，直到表面结成 5～10mm 厚的硬壳后，放入温度为 85～90℃ 的热水中，熔去蜡模而得到型腔与蜡模组一致的壳型［图 7-23（g）］。

④ 焙烧、浇注。将制好的壳型埋放在铁箱内的砂粒中［图 7-23（h）］，装入温度为850～950℃ 的炉内焙烧，以增强壳型强度，进一步除去残蜡、水分和氯化铵。焙烧后的壳型应趁热浇注合金液，以提高其流动性，防止浇不足。

⑤ 脱壳与清理。合金液冷凝后即可敲碎型壳，对铸件进行表面清理和切除浇冒口等。

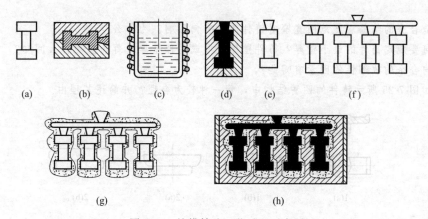

(a) (b) (c) (d) (e) (f)

(g) (h)

图 7-23 熔模铸造工艺过程示意图

(2) 熔模铸造的特点及应用

熔模铸造是发展较快的一种精密铸造方法，适合各种铸造合金，特别适于高熔点、难加工合金的小型铸件的成批、大量生产。其特点有：铸件尺寸精度高（可达 IT12～IT10），表面光洁（可达 $Ra12.5～1.6\mu m$），可少、无切削加工；可铸造形状复杂的零件；工艺过程复杂，生产周期长，成本高；适于铸造小尺寸的各类合金铸件，特别是少切削或无切削精密铸件。铸件尺寸不能太大，质量一般小于 25kg。

7.4.5 低压铸造

低压铸造是用较低压力（一般为 0.02～0.06MPa）将金属液由铸型底部注入型腔，并在压力下凝固，以获得铸件的方法。与压力铸造相比，所用的压力较低，故称为低压铸造。

低压铸造工艺过程如图 7-24 所示：向密封的坩埚 3 内通入压缩空气（或惰性气体），使合金液 4 在低压（0.02～0.06MPa）气体作用下沿升液管 5 平稳上升，充满铸型 1 并在压力作用下自上而下顺序凝固成型。然后撤

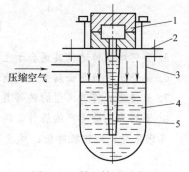

压缩空气

图 7-24 低压铸造示意图
1—铸型；2—工作台；3—坩埚；
4—合金液；5—升液管

除压力，当升液管和浇口中未凝固的合金液流回坩埚后，即可开型取件。

低压铸造铸件组织细密，充型压力和充型速度易于控制，气孔、夹渣较少；铸型散热快，组织致密，力学性能好；无需冒口设置，金属利用率高；铸件尺寸精度高，表面光洁；适于铝、镁合金中、小型件的成批大量生产，如发动机的气缸体和气缸盖、汽车轮芯等。

7.4.6　消失模铸造

消失模铸造是指用泡沫塑料聚苯乙烯制成带有浇冒系统的模型，覆上涂料，用干砂造型，不需取模、直接浇注的铸造生产方法。其特点和应用为：不分型，不起模，工艺简化，精度提高；能制造形状复杂的铸件和工艺品；冒口可自由设置，不易产生缩孔、疏松等；易产生有害气体，铸件易渗碳，降低铸件表面质量；适于生产起模困难、形状复杂的铸件。

习题

1. 铸造合金的结晶温度范围宽窄对铸件质量有何影响？为什么？
2. 为何要规定铸件的最小壁厚？铸件壁厚过厚或局部壁厚过薄会出现什么问题？
3. 影响合金的收缩性的因素有哪些？
4. 在如图 7-25 所示铸件的两种结构中，哪一种较为合理？并简述其理由。

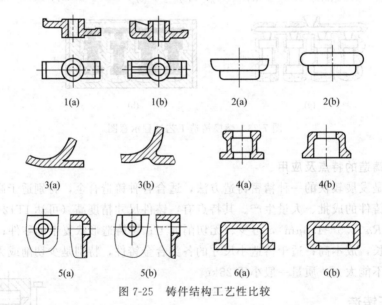

1(a)　　　1(b)　　　2(a)　　　2(b)

3(a)　　　3(b)　　　4(a)　　　4(b)

5(a)　　　5(b)　　　6(a)　　　6(b)

图 7-25　铸件结构工艺性比较

5. 为何熔模铸造尤其适合于生产难以切削加工成型的复杂零件或耐热合金钢件？
6. 试分析压铸与金属型铸造有哪些异同点。
7. 为何离心铸造成型的铸件具有较高的力学性能？
8. 下列大批量生产的铸件，应采用何种铸造生产方法？

车床床身；汽轮机叶轮；摩托车气缸盖；减速机箱体；铝合金活塞；滑动轴承；铸铁管。

第 8 章

锻压成形

① 了解锻压特点以及影响锻造性能的因素。

② 合理选用锻压方法和确定工艺规程。

③ 掌握自由锻基本工序和锻件结构工艺性。

④ 了解其他压力加工方法及应用。

8.1 锻压工艺基础

8.1.1 锻压概述

锻压是对锻造设备及工（模）具上的坯料施加外力，使加热至再结晶温度以上的金属坯料产生塑性变形，改变尺寸、形状并改善性能，用以制造机械零件或毛坯的成形加工方法，它是锻造和冲压的总称。金属锻压加工主要有以下的特点：

① 锻造通常是将金属坯料的形状和尺寸发生改变而其体积基本不变，与切削加工生产零件相比可省工、省料。

② 改善金属组织和性能。钢锭中常存在缩孔、缩松、气孔、晶粒粗大和碳化物偏析等缺陷，使其强度和韧性降低。通过锻造，可以压合钢锭中的缩孔、缩松和气孔，细化晶粒和碳化物，从而提高其力学性能。

③ 使零件的热加工纤维组织合理分布。轧材中的非金属夹杂物沿轧制方向呈一条条断续状细线分布的组织，称为热加工纤维组织。热加工纤维组织使钢的力学性能呈各向异性，即纵向（平行于纤维方向）力学性能好于横向（垂直于纤维方向）力学性能。通过锻造，可使热加工纤维组织合理分布（纤维分布与零件轮廓相符），即使纤维方向与零件承受的正应力平行或与切应力垂直而不被切断，从而提高零件的力学性能，如图 8-1、图 8-2 所示。

④ 锻压方法（模锻、冲压）都具有较高的劳动生产率，能加工各种形状、重量的零件，使用范围广。

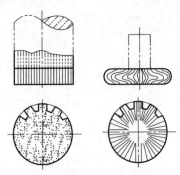

(a) 轧材直接切削而成 (b) 合理锻造而成

图 8-1　不同方法制成的齿轮
纤维分布示意图

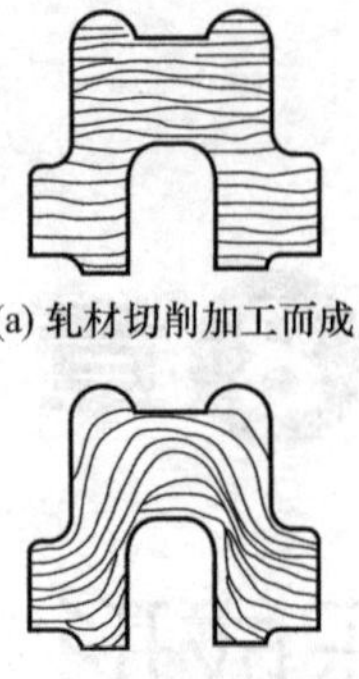

(a) 轧材切削加工而成

(b) 合理锻造而成

图 8-2　不同方法制成的曲轴
纤维分布示意图

8.1.2　锻压的基本生产方式

(1) 轧制

轧制是使材料在旋转的上、下轧辊的压力下，产生连续塑性变形，获得要求的截面形状并改变其性能的方法，如图 8-3 所示。通过设计轧辊上的各种形状的孔型，可以轧制出不同截面的材料。

(2) 挤压

挤压是使材料在挤压模中受三向压应力作用，使之发生塑性变形而获得所需制品的压力加工方法。按坯料流动方向和凸模运动方向的不同可分为正挤压、反挤压、复合挤压、径向挤压，如图 8-4 所示。

(3) 拉拔

拉拔是使坯料在拉力作用下，通过拉拔模的模孔而使截面减小、长度增加的加工方法，如图 8-5 所示，主要适于制造各种细线、棒、薄壁管等型材。

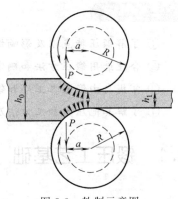

图 8-3　轧制示意图

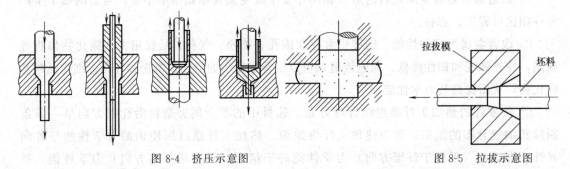

图 8-4　挤压示意图　　　　　　　　图 8-5　拉拔示意图

(4) 自由锻

自由锻是将加热好的金属坯料放在锻造设备的上、下抵铁之间，施加冲击力或压力，直接使坯料产生塑性变形，从而获得所需锻件的一种加工方法（图 8-6）。

(5) 模锻

模锻是在模锻设备上利用锻模使坯料变形而获得零件的锻造方法，如图 8-7 所示。

(6) 冲压

冲压是利用压力机和模具对板材、带材、管材和型材等施加外力，使之产生塑性变形或分离，从而获得所需形状和尺寸的工件（冲压件）的成形加工方法，如图 8-8 所示。大多数冲压是在常温下进行的，所以又称冷冲压。

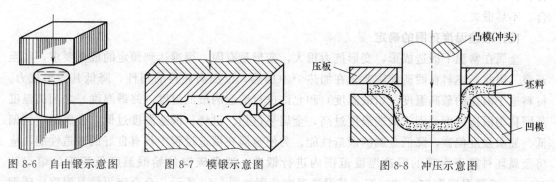

图 8-6　自由锻示意图　　　　图 8-7　模锻示意图　　　　　图 8-8　冲压示意图

8.1.3　金属的锻造性能

金属的锻造性能是指衡量金属材料锻造成形难易程度的工艺性能。金属的锻造性能好，说明容易进行锻压加工成形；锻造性能差，则说明该金属不宜选用锻压加工。金属的锻造性能常以其塑性和变形抗力两个因素综合衡量。塑性越好，变形抗力越小，金属的锻造性能越好；反之，金属的锻造性能越差。

(1) 影响金属锻造性能的主要因素

1）金属的化学成分

金属的化学成分不同，其塑性不同，锻造性能也不同。一般来说，纯金属的锻造性能优于其合金的锻造性能；金属中合金元素的含量越多，成分越复杂，其锻造性能越差。例如，高碳钢的锻造性能不如低碳钢。单相固溶体组织一般具有良好的锻造性能，钢在高温下具有单相奥氏体组织，常采用热锻成形。合金中金属化合物相增多会使其锻造性能迅速恶化。例如，单相加工黄铜的锻造性能较好，而在 α 相的基体上出现金属化合物 β 相之后，锻造性能迅速下降，不能进行冷形变加工。细晶粒组织的锻造性能优于粗晶粒组织。

2）金属的组织结构

面心立方结构金属的锻造性能优于体心立方结构和密排六方结构的金属；单相和细晶组织的金属，其锻造性能优于多相和粗晶组织的金属。

3）锻造温度

在不过热的情况下，锻造温度越高，金属的塑性越好，屈服强度越低，其锻造性能越好；反之，锻造性能越差。

4）变形速度

变形速度对金属锻造性能的影响如图 8-9 所示。当变形速度低于临界值 C 时，随着变形速度的增加，因再结晶过程难以充分进行，金属的锻造性能趋于恶化。当变形速度高于临界值 C 时，随着变形速度的增加，塑性变形时的热效应会使金属温度升高，

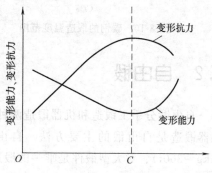

图 8-9　变形速度对金属锻造性能的影响

从而使锻造性能得到改善。

5）应力状态

当金属材料处于拉应力状态时，金属内部的缺陷处会产生应力集中，使缺陷有扩大的趋势，容易锻裂；当金属材料处于压应力状态时，则材料内部缺陷有缩小的趋势，甚至被焊合，不易锻裂。

（2）锻造温度范围的确定

金属在常温下锻造成形，变形抗力很大，变形量有限，很难达到预定的成形要求，甚至开裂。因此，坯料在锻造前需要先在加热炉中加热，以提高坯料的塑性，降低其变形抗力。材料适于锻造的最高温度（始锻温度）和允许进行锻造的最低温度（终锻温度）之间的温度范围称为锻造温度范围。锻造温度过高，金属易过热、过烧；锻造温度过低，金属的塑性偏低、屈服强度偏高，降低金属的锻造性能。为使金属在锻造过程中具有良好的锻造性能，应将金属坯料置于合理的锻造温度范围内进行锻造。通常碳钢的始锻温度低于钢的熔点约200℃，终锻温度为750～800℃，其锻造温度范围如图8-10所示。合金钢再结晶温度比碳钢高，为减小合金钢的变形抗力和避免锻裂，其终锻温度应控制在850～900℃。常用金属材料的锻造温度范围如表8-1所示。

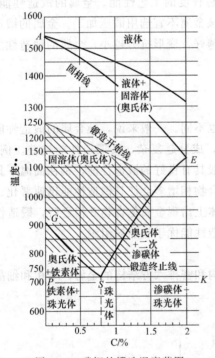

图 8-10 碳钢的锻造温度范围

表 8-1 常见金属材料的锻造温度范围

材料种类	温度/℃	
	始锻温度	终锻温度
C<0.3%的碳钢	1200～1250	800
C=0.3%～0.5%的碳钢	1150～1200	800
C=0.5%～0.9%的碳钢	1100～1500	800
C=0.9%～1.5%的碳钢	1050～1100	800
低合金工具钢	1100～1150	800
Cr12 型模具钢	1100～1150	800
高速钢	1100～1150	800

8.2 自由锻

自由锻分手工锻造和机器锻造两种。手工锻造只能生产小型锻件，生产效率较低，因此机器锻造是自由锻的主要方法。自由锻具有不需要特殊工具、可锻造各种质量的锻件（1kg～300t）、对大型锻件是唯一的锻造方法等优点，但锻件形状简单、尺寸精度低、材料消耗大及生产率低等，故自由锻主要用于生产单件或小批量的简单锻件。

8.2.1 自由锻设备与基本工序

(1) 自由锻设备

自由锻设备可分自由锻锤和水压机两类。自由锻锤又分为空气锤和蒸汽-空气锤两类。

1) 空气锤

空气锤（图 8-11）主要由锤身、压缩缸、工作缸、传动机构、操纵机构、落下部分及砧座组成。落下部分包括工作活塞、锤头和上抵铁。空气锤工作时，电动机通过传动机构带动压缩缸内的工作活塞作往复运动。工作活塞向下运动，以压缩空气为动力推动落下部分上下往复运动，当落下部分向下运动时施加冲击力锤击锻件。空气锤主要用于生产 1～40kg 的小型自由锻件。

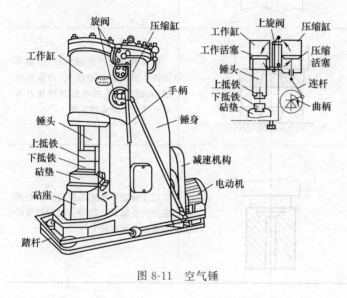

图 8-11 空气锤

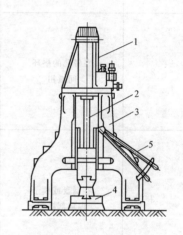

图 8-12 蒸汽-空气锤
1—工作气缸；2—落下部分；3—机架；
4—砧座；5—操作手柄

2) 蒸汽-空气锤

蒸汽-空气锤（图 8-12）主要由工作气缸、落下部分、机架、砧座及操作手柄等组成。工作时，以高压蒸汽或压缩空气为动力推动落下部分上下往复运动，当落下部分向下运动时施加冲击力锤击锻件。蒸汽-空气锤主要用于生产 20～700kg 的中、小型自由锻件。

3) 水压机

水压机锻造的特点是工作载荷为静压力、锻压力大（可达数万千牛甚至更大）、坯料的压下量和锻造深度大。水压机主要用于生产以钢锭为坯料的大型锻件。

(2) 自由锻基本工序

自由锻工序分为基本工序、辅助工序和精整工序三大类。基本工序是使金属坯料产生塑性变形达到所需形状和尺寸的工艺过程。基本工序主要包括镦粗、拔长、冲孔、弯曲、扭转、错移及切割等。

1) 镦粗

使毛坯高度减小、横断面积增大的锻造工序叫作镦粗。镦粗主要用于由横断面积较小的毛坯得到横断面积较大而高度较小的锻件、冲孔前增大毛坯横断面积和平整毛坯端面、提高下一步拔长时的锻造比、提高锻件的力学性能和减小力学性能的异向性。反复进行镦粗和拔长可以破碎合金工具钢中的碳化物，并使其均匀分布。镦粗有整体镦粗和局部镦粗（在坯料上某一部分进行的镦粗）。

镦粗和局部镦粗的主要方法和用途如表 8-2 所示。

表 8-2 镦粗的方法和用途

序号	镦粗方法	简 图	用 途
1	平砧间镦粗		用于镦粗棒料和切去冒口、底部后的锭料
2	在带孔的垫环间镦粗		用于锻造带凸座的齿轮、凸缘等锻件。当锻件直径较大，凸座直径很小，而且所用的毛坯直径比凸座的直径要大得多时采用
3	在漏盘或模子内局部镦粗		用于锻造带凸座的齿轮和长杆类锻件的头部和凸缘等。这时凸座的直径和高度都较大

2）拔长

使毛坯横断面积减小而长度增加的工序叫拔长。拔长的目的在于：由横截面积较大的坯料得到横截面积较小而轴向较长的轴类锻件；可以辅助其他工序进行局部变形。反复拔长与镦粗可以提高锻造比，使合金钢中碳化物破碎，达到均匀分布、提高力学性能的目的。如图8-13 所示为拔长锻件的翻转方法。

(a) 反复翻转拔长　　　(b) 螺旋式翻转拔长　　　(c) 单面顺序拔长

图 8-13 拔长时锻件的翻转方法

3）冲孔

在坯料中冲出通孔或盲孔的锻造工序叫冲孔。冲孔工序常用于：锻件带有大于 $\phi30$mm以上的盲孔或通孔；需要扩孔的锻件应预先冲出通孔；需要拔长的空心件应预先冲出通孔。

一般冲孔分为开式冲孔和闭式冲孔两大类。但在实际生产中，使用最多的是开式冲孔，开式冲孔常用的方法有实心冲子冲孔、空心冲子冲孔和垫环上冲孔三种。常用的冲孔方法和应用范围如表 8-3 所示。

表 8-3　常用的冲孔方法和应用范围

序号	冲孔方法	简　图	应用范围和工艺参数
1	实心冲子冲孔 （双面冲孔）		用于冲一般的孔 工艺参数 $$\frac{D_0}{d_1}\geq 2.5\sim 3$$ $$H_0\leq D_0$$ D_0——原毛坯直径 H_0——原毛坯高度 d_1——冲头直径
2	在垫环上冲孔 （漏孔）	*a* 芯料　*b*	用于冲较薄的毛坯 例如锻件高度 H 和直径 D 的比值 $\frac{H}{D}<$ 0.125 时，常采用此法

4）弯曲

使坯料弯成一定角度或形状的锻造工序称为弯曲。弯曲常用于锻造吊钩、链环、弯板等锻件。弯曲时锻件的加热部分最好只限于被弯曲的一段，加热必须均匀。在空气锤上进行弯曲时，将坯料夹在上下抵铁间，使欲弯曲的部分露出，用手锤或大锤将坯料打弯，或借助于成形垫铁、成形压铁等辅助工具使其产生成形弯曲，如图 8-14 所示。

5）扭转

扭转是将毛坯的一部分相对于另一部分绕其轴心线旋转一定角度的锻造工序，如图8-15所示。锻造多拐曲轴、连杆、麻花钻等锻件和校直锻件时常用这种工序。扭转前，应将整个坯料先在一个平面内锻造成形，并使受扭曲部分表面光滑，然后进行扭转。扭转时，由于金属变形剧烈，要求受扭部分加热到始锻温度，且均匀热透。扭转后，要注意缓慢冷却，以防出现扭裂。

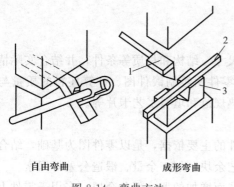

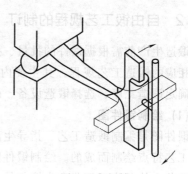

图 8-14　弯曲方法　　　　　　　　　　图 8-15　扭转
1—成形压铁；2—坯料；3—成形垫铁

6）错移

将毛坯的一部分相对另一部分上、下错开，但仍保持这两部分轴心线平行的锻造工序叫错移。错移常用来锻造曲轴。错移前，毛坯须先进行压肩等辅助工序，如图 8-16 所示。

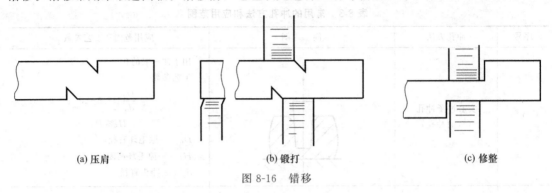

(a) 压肩   (b) 锻打   (c) 修整

图 8-16　错移

7）切割

切割是使坯料分开的工序，如切去料头、下料和切割成一定形状等。用手工切割小毛坯时，把工件放在砧面上，錾子垂直于工件轴线，边錾边旋转工件。当快切断时，应将切口稍移至砧边处，轻轻将工件切断。大截面毛坯是在锻锤或压力机上切断的，方形截面的切割是先将剁刀垂直切入锻件，至快断开时，将工件翻转 180°，再用剁刀或克棍把工件截断，如图 8-17（a）所示。切割圆形截面锻件时，要将锻件放在带有圆凹槽的剁垫上，边切边旋转锻件，如图 8-17（b）所示。

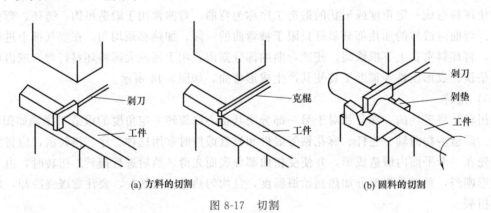

(a) 方料的切割   (b) 圆料的切割

图 8-17　切割

8.2.2　自由锻工艺规程的制订

锻造生产前需根据锻件的批量、技术要求、尺寸、结构和材质等条件，并结合实际情况制订相应的锻造工艺规程。其主要内容有：根据零件图绘制锻件图、计算坯料的质量与尺寸、确定锻造工序、选择锻造设备、确定坯料加热规范和填写工艺卡片等。

(1) 绘制锻件图

锻件图是编制锻造工艺、指导生产和验收锻件的主要依据，是以零件图为基础，结合自由锻工艺特点绘制而成的。绘制锻件图应考虑工艺余块、加工余量、锻造公差等因素。

工艺余块是为了简化自由锻件外形，便于锻造而增加的那一部分金属，多用于零件上的小孔、过小的台阶和凹挡等难以自由锻出的部分，添加余块应综合考虑工艺的可行性和金属材料的消耗等因素，一般根据经验或查手册来确定。

加工余量是为了克服自由锻件尺寸精度低、表面质量差的缺点而在零件加工表面上增加供切削加工用的金属，如图8-18所示。加工余量的大小与零件的形状、尺寸等因素有关。零件越大、形状越复杂，则加工余量越大。

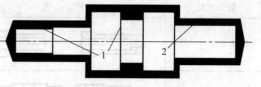

图 8-18　锻件的余块和加工余量
1—余块（敷料）；2—加工余量

锻造公差是锻件实际尺寸相对于锻件公称尺寸所允许的变动量。锻造公差的确定方法与加工余量的确定方法基本相同，通常为加工余量的 1/4～1/3。

锻件加工余量及公差的值可查阅 GB/T 21469—2008《锤上钢质自由锻件机械加工余量与公差一般要求》。

（2）坯料计算

锻件坯料的计算，应先计算坯料的质量，然后根据坯料质量计算坯料的尺寸，根据坯料尺寸进行备料。

自由锻所用坯料的质量为锻件的质量与锻造时各种金属消耗的质量之和。坯料质量可按下式计算：

$$m_{坯} = m_{锻} + m_{烧} + m_{芯} + m_{切}$$

式中，$m_{坯}$ 为坯料质量；$m_{锻}$ 为锻件质量；$m_{烧}$ 为加热时坯料表面氧化而烧损的质量；$m_{芯}$ 为冲孔时芯料质量；$m_{切}$ 为被切除部分金属的质量。

锻造中小锻件的坯料一般采用圆钢轧材，故坯料尺寸的计算主要是确定其直径和长度（或高度）。坯料尺寸的确定应考虑坯料在锻造过程中必需的变形程度，即锻造比问题。锻造比的确定与坯料种类和锻造工序有关。

根据坯料的质量，由下式求出坯料的体积：

$$V_{坯} = m_{坯} / \rho$$

式中　ρ——材料的密度，对于钢铁 $\rho = 7.85 \text{kg/cm}^3$。

镦粗时，坯料的高度 H_0 和圆坯料的直径 D_0 或方坯料的边长 L_0 之间应满足下面的不等式要求：$1.25 D_0 \leq H_0 \leq 2.5 D_0$；$1.25 L_0 \leq H_0 \leq 2.5 L_0$。

将上述关系代入体积计算公式，便可求出 D_0（或 L_0）。

$$V = \frac{\pi}{4} D_0^2 H_0$$

（3）确定锻造工序

一个锻件通常是由几种基本工序及其他工序的不同组合完成的，即使是同一种锻件也可能采用不同的基本工序，按不同的顺序完成。自由锻造工序的选择主要是根据锻件的形状和尺寸、生产批量、各工序变形特点及其相互关系、车间设备和技术条件等因素来决定的。一般锻件的大致分类及所用工序如表8-4所示。

表 8-4　自由锻件分类及锻造工序

锻件类型	图　例	锻造工序	实　例
盘类、圆环类锻件		镦粗、冲孔、马杠扩孔、定径	齿圈、法兰、套筒圆环等

锻件类型	图　例	锻造工序	实　例
筒类零件		镦粗、冲孔、芯棒拔长、滚圈	圆筒、套筒等
轴类零件		拔长、压肩、滚圆	主轴、传动轴等
杆类零件		拔长、压肩、修整、冲孔	连杆等
曲轴类零件		拔长、错移、压肩、扭转、滚圆	曲轴、偏心轴等
弯曲类零件		拔长、弯曲	吊钩、轴瓦盖、弯杆

（4）选择锻造设备

锻造设备可参考有关手册查表选取。在做好锻件图绘制、质量计算并选择好锻造工序和锻造设备后，就可以编写工艺规程和填写工艺卡。

8.2.3　自由锻件的结构工艺性

由于自由锻件的形状及尺寸主要依靠锻工的手工操作和简单工具来保证，因此在满足使用要求的前提下，自由锻件的结构和形状应尽量简单和规则。其基本原则如表 8-5 所示。

表 8-5　自由锻件的结构工艺性

结构设计要点	不合理	合理
尽可能避免曲面、锥度和斜面，而应改为圆柱体和台阶的结构		
应避免圆柱体与圆柱体相接，要改为平面与圆柱体或平面与平面相接的结构		

续表

结构设计要点	不合理	合理
应避免有加强筋和表面凸台等结构出现,对于椭圆形或工字形截面、圆弧及曲线截面应避免,因为它们都不易锻造	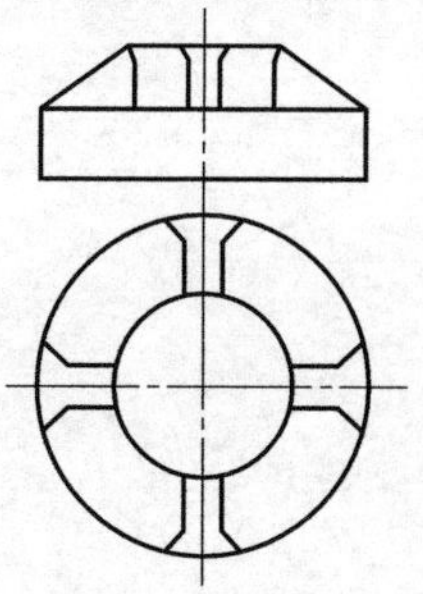	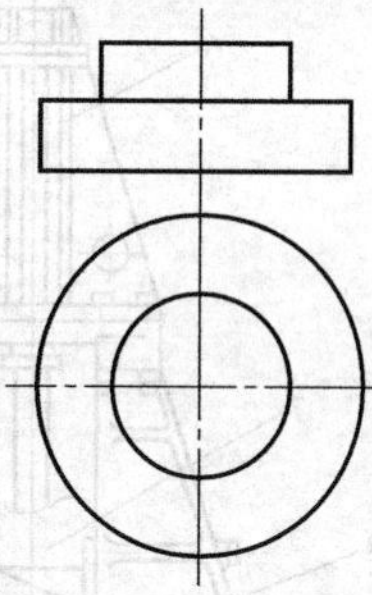
对横截面有急剧变化和形状复杂的零件,应分成几个易于锻造的简单部分,再用焊接或机械连接的方法组合成整体	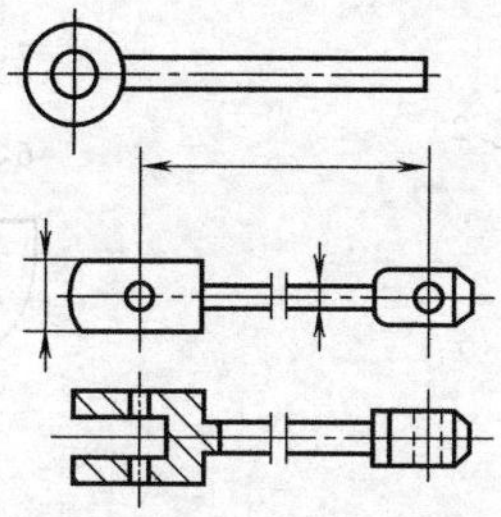	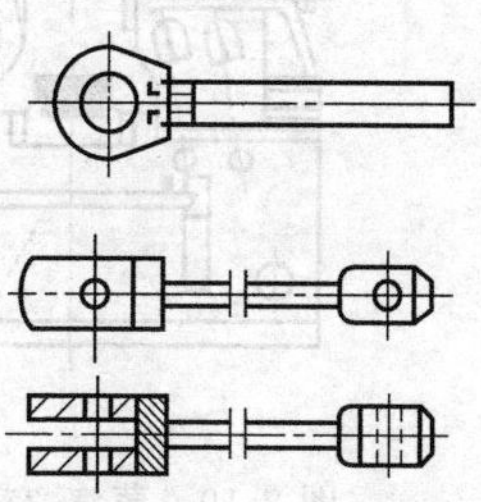

8.3 模锻

模锻是将加热好的金属坯料放在高强度锻模模膛内,施加外力迫使金属坯料产生塑性变形,从而获得和模膛形状一致的锻件的锻造方法。与自由锻相比,模锻具有生产效率高、锻件形状复杂、锻件尺寸精度较高和切削加工余量小等优点,但是模锻的设备和制模成本高、锻件质量受到限制(＜150kg),故模锻适用于小型复杂锻件的大批量生产。

模锻按使用设备类型的不同可分为锤上模锻和压力机上模锻。

8.3.1 锤上模锻

在模锻锤上进行的模锻,称为锤上模锻。

(1) 模锻锤

一般工业企业中主要使用蒸汽-空气模锻锤(图 8-19),其工作原理与蒸汽-空气自由锻锤基本相同。但是,模锻锤的砧座比同吨位自由锻锤的砧座增大 1 倍并与锤身连成整体,锤头与导轨的间隙较小而使锤头运动精度高,以保证上下模对位准确。

(2) 锻模

锻模的结构如图 8-20 所示,由上模和下模组成,上下模借助燕尾用楔铁分别紧固于锤头和模垫上。闭合的上下模间形成的空腔称为模膛。锻模可以是单膛模,也可以是多膛模。单膛模(图 8-20)只有一个终锻模膛,适用于锻造形状简单的锻件。多膛模有多个模膛,按模膛功能不同,可分为制坯模膛、预锻模膛和终锻模膛 3 类。

1) 制坯模膛

对于形状复杂的锻件,原始坯料进入模锻模膛前,需首先将金属坯料在制坯模膛内初步锻成近似锻件的形状，然后再在终锻模腔内锻造。制坯模腔的种类、特点及应用如表 8-6 所示。

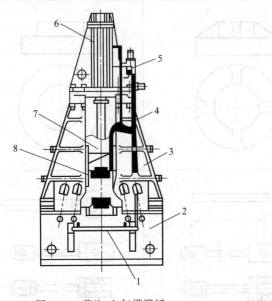

图 8-19　蒸汽-空气模锻锤

1—踏板；2—砧座；3—锤身；4—操纵杆；
5—配气机构；6—气缸；7—锤头；8—导轨

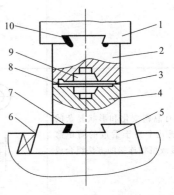

图 8-20　锻模结构图

1—锤头；2—上模；3—飞边槽；4—下模；5—模垫；
6,7,10—紧固楔铁；8—分模面；9—模腔

表 8-6　制坯模腔的种类、特点和应用

工步名称	简图	操作说明	特点和应用
拔长	拔长模腔　坯料　拔长后	操作时坯料边受锤击边送进	减小坯料某部分横截面积，增加该部分的长度，多用于沿轴线各横截面积相差较大的长轴类锻件制坯，兼有去氧化皮的作用
滚压	滚压模腔　坯料　滚压后	坯料边受锤击边转动，不作轴向送进，同时吹尽氧化皮	减小坯料某部分横截面积，增大相邻部分横截面积，总长略有增加。多用于模锻件沿轴线各横截面积不同时的聚料和排料，或修整拔长后的毛坯，使坯料形状更接近锻件，并使坯料表面光滑
成形	成形模腔　坯料　成形后	坯料在模腔内打击一次，成形后的坯料翻转 90° 放入下一个模腔	模腔的纵向剖面形状与终锻时锻件的水平投影一致，使坯料获得近似锻件水平投影的形状，兼有一定的聚料作用，用于带枝桠的锻件
弯曲	坯料　弯曲模腔　弯曲后	与成形工序相同，使坯料轴线产生较大弯曲	使坯料获得近似锻件水平投影的形状，用于具有弯曲轴线的锻件

续表

工步名称	简　图	操作说明	特点和应用
切断		在上模与下模的角上组成一对刃口	用于切断金属,单件锻造时,用来切下锻件或从锻件上切下钳口;多件锻造时,用来分割成单件

2) 预锻模膛

其作用是使坯料变形到接近锻件的形状和尺寸,保证终锻时坯料容易充满模膛,减少终锻模膛的磨损,延长锻模的使用寿命。

3) 终锻模膛

其作用是使坯料达到锻件所要求的形状和尺寸。模膛形状与锻件形状应相同,但因锻件冷却时要收缩,需按锻件尺寸放大一个收缩量。一般钢的收缩量取 1.5%。模膛四周设有飞边槽,容纳多余金属形成飞边,飞边先冷却,增加坯料流动阻力,便于金属充满模膛。

如图 8-21 所示为连杆锤锻模,有 3 个制坯模膛、1 个预锻模膛和 1 个终锻模膛。坯料依次在前 4 个模膛进行制坯和预锻,逐步接近锻件基本形状,最后在终锻模膛锻成所需形状和尺寸的锻件。

(3) 模锻工艺规程的制订

锤上模锻工艺规程的制订主要包括绘制模锻件图、计算坯料尺寸、确定模锻工步、选择锻造设备、确定锻造温度范围等。

1) 绘制模锻件图

模锻件图是设计和制造锻模、计算坯料以及检查锻件的依据。绘制模锻件图时应考虑如下几个问题。

① 确定分模面。分模面即为上下模在锻件上的分界面。分模面应保证模锻件能从模膛中顺利取出,故一般分模面应选在模锻件尺寸最大的截面上,最好使分模面为一个平面,并使上下锻模沿分模面的模腔轮廓一

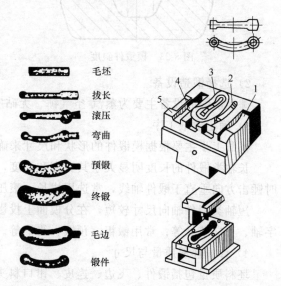

毛坯
拔长
滚压
弯曲
预锻
终锻
毛边
锻件

图 8-21　模锻连杆用多膛锤锻模与连杆的锻造过程
1—弯曲模膛;2—预锻模膛;3—终锻模膛;
4—拔长模膛;5—滚压模膛

致、模膛深度基本一致。如图 8-22 所示的模锻件可选 4 种分模面:选 a—a 面,则锻件无法从模膛内取出;选 b—b 面,则模膛深度过深,既不易使金属充满模膛,又不便取件;选 c—c 面,则沿分模面上下模膛的外形不一致,不易发现错模而产生缺陷;d—d 面是最合理的分模面。选定的分模面应使零件上所加的敷料最少。

② 确定加工余量和锻件公差。模锻件的加工余量和公差比自由锻件小得多,其数值根据锻件大小、形状和精度等级有所不同,一般单边余量为 1~4mm,公差为 +0.3~+3mm,具

体可查有关手册。

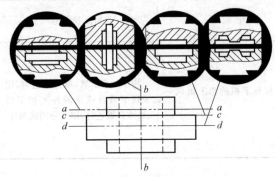

图 8-22 分模面的选择比较

③ 确定模锻件斜度。为了容易将锻件从模腔内取出，模锻件上平行于锤击方向的表面必须具有斜度，一般为 5°～15°，如图 8-23 所示。

④ 确定模锻件圆角半径。为使金属容易充满模腔，增大锻件强度，避免锻模内尖角处产生裂纹，模锻件上所有两平面连接处均需做成圆弧。模腔深度越深，圆角半径值越大。钢的模锻件外圆角半径（r）一般取 1.5～12mm，内圆角半径（R）比外圆角半径大 2～3 倍，如图 8-24 所示。

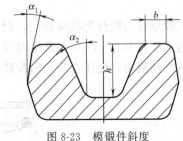

图 8-23 模锻件斜度

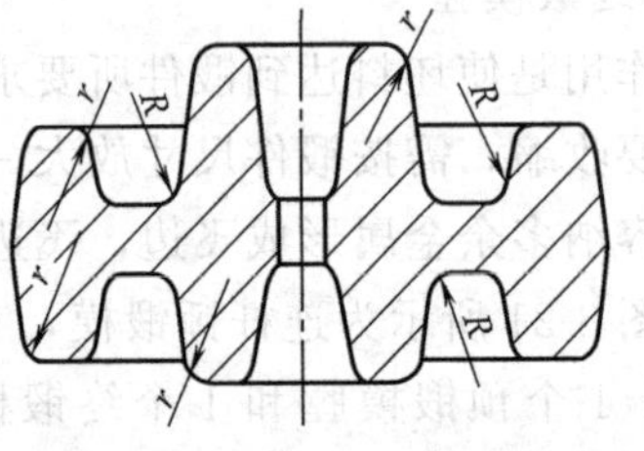

图 8-24 模锻件圆角半径

2）选择锻造设备

锤上模锻的设备主要为蒸汽-空气锤、无砧座锤、高速锤等。

3）确定模锻工序

模锻工步主要根据模锻件的形状和尺寸来确定。模锻件按形状分为长轴与短轴两大类：

长轴类锻件的长度明显大于其宽度和高度，如台阶轴、曲轴、连杆、弯曲摇臂等；锻造时锤击方向垂直于锻件轴线，常选用拔长、滚压、弯曲、预锻和终锻等工步。

短轴类锻件轴向尺寸较短，在分模面上投影为圆形或长宽尺寸相近，如齿轮、法兰、十字轴、万向节叉等；常用镦粗、预锻、终锻等。

4）计算坯料质量与尺寸

坯料质量包括锻件、飞边、连皮、钳口料头以及氧化皮等的质量。通常，氧化皮的质量占锻件和飞边质量总和的 2.5%～4%。

5）模锻的后续工序

坯料在锻模内制成模锻件后，须经过一系列修整工序后才能保证和提高锻件质量。修整工序主要有切边和冲孔、校正、热处理、清理和精压等。

8.3.2 胎模锻

胎模锻是在自由锻设备上采用简单的可搬动锻模（胎模）生产锻件的锻造方法。胎模锻与自由锻相比：胎模锻时金属在胎模形成，操作简单、生产率高；胎模锻锻成的锻件形状较复杂、锻件精度和表面质量较高、节省金属材料。与模锻相比：胎模锻具有不需专门的模锻设备、模具制造简单、成本低且使用灵活等优点。但是胎模锻的生产率和锻造质量低于模锻、胎模寿命短、劳动强度大，故胎模锻主要用于小型模锻件的中小批量生产。

常用的胎模主要有扣模、套筒模和合模三类。

(1) 扣模

扣模由上下扣组成或上砧下扣（图 8-25）。扣模常用于生产长杆非回转体锻件的全部或局部扣形，也可为合模锻件制坯。

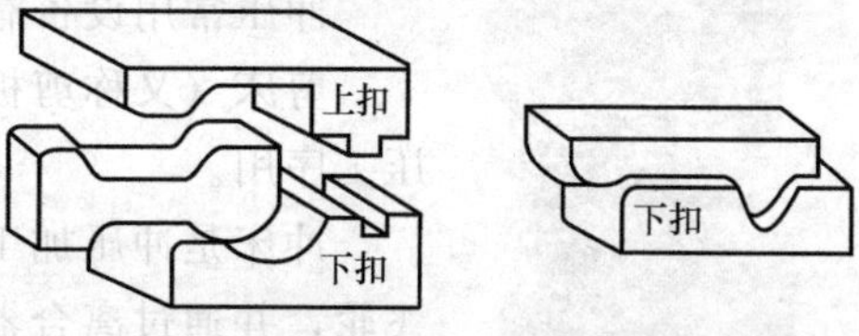

(a) 有上扣　(b) 无上扣

图 8-25　扣模

(2) 套筒模

套筒模分为闭式和开式两种。开式套筒模只有下模，上模用上砧代替［图 8-26（a)］，主要用于回转体的最终成形或制坯；闭式套筒模由模套、上模垫及下模垫（也可由下砧代替）组成［图 8-26（b)］，主要用于端面有凸台或凹坑的回转体锻件的制坯和成形。

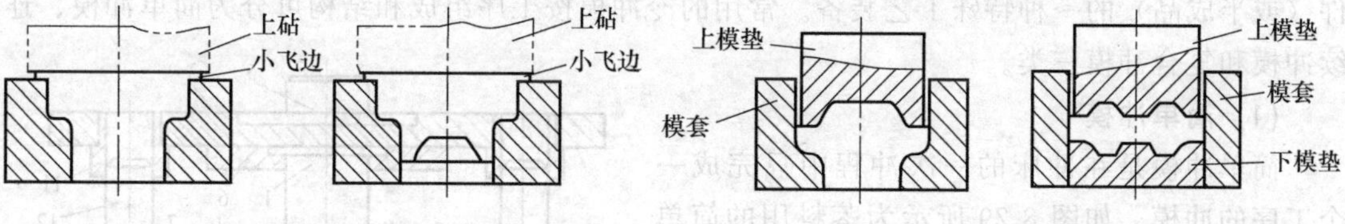

(a) 开式套模　(b) 闭式套模

图 8-26　套筒模

(3) 合模

合模由上下模组成（图 8-27）。为使上下模吻合及锻件不产生错移，常用导柱和导销定位。合模主要用于各类锻件尤其是非回转体类的复杂锻件的终锻成形。

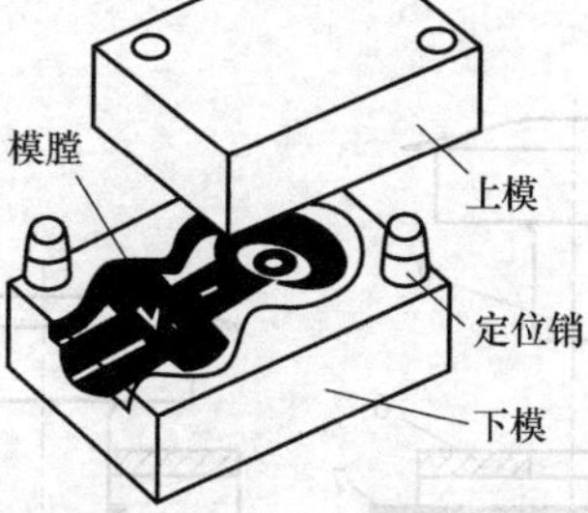

图 8-27　合模

8.4　板料冲压

冲压是利用冲模在压力机上使板料分离或变形，从而获得冲压件的加工方法。冲压工艺在工业生产中有着十分广泛的应用，特别是在汽车、航空、电子电器等工业中占有极其重要的地位。

板料冲压可以冲出形状复杂的零件，且废料少；冲压件的尺寸精度高，表面粗糙度低，互换性好；能获得强度高、刚性好、重量轻的零件；冲压操作简单，工艺过程便于实现机械化和自动化，生产效率高。但冲压模具制造复杂、要求高、制造成本高，因此这种工艺只适用于大批量生产。

图 8-28　冲床

8.4.1　冲压设备

冲压常用设备有剪床和冲床。

剪床（又称剪板机）将板料切成一定宽度的条料，以供下一步冲压工序用。

冲床是冲压加工的基本设备，如图 8-28 所示。它通过电动机驱动飞轮，并通过离合器、传动齿轮带动曲柄连杆机构使滑块上下运动，带动模具对钢板施加压力而成形。

8.4.2　冲压模具

冲压模具是在冷冲压加工中，将材料（金属或非金属）加工成零件（或半成品）的一种特殊工艺装备。常用的冷冲模按工序组成和结构可分为简单冲模、连续冲模和复合冲模三类。

(1) 简单冲模

简单冲模是在冲床的一次冲程中只完成一个工序的冲模。如图 8-29 所示为落料用的简单冲模。此种模具结构简单、造价低。

(2) 连续冲模

连续冲模是在冲床的一次冲程中，在冲模不同位置上同时完成两个以上冲压工序的冲模。如图 8-30 所示为冲孔和落料同时进行的连续冲模。此种模具生产率高，易于实现自动化；但要求定位精度高，制造麻烦。

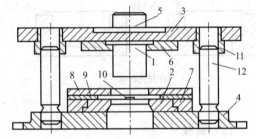

图 8-29　单工序落料模具

1—凸模；2—凹模；3—上模板；4—下模板；5—模柄；6,7—压板；8—卸料板；9—导板；10—定位销；11—套筒；12—导柱

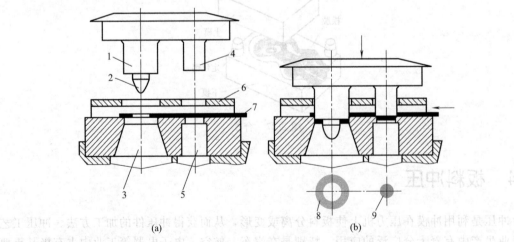

(a)　　　　(b)

图 8-30　连续冲模

1—落料凸模；2—定位销；3—落料凹模；4—冲孔凸模；5—冲孔凹模；6—卸料板；7—坯料；8—成品；9—废料

(3) 复合冲模

复合冲模是在冲床的一次冲程中，在冲模的同一位置上同时完成数道冲压工序的冲模。如图 8-31 所示为在同一位置完成落料与冲孔的复合冲模。此种模具精度高、模具复杂。

8.4.3 板料冲压的基本工序

板料冲压的基本工序分为分离工序和变形工序两大类。

(1) 分离工序

分离工序是将坯料的一部分和另一部分分开的工序，包括落料、冲孔、修整、剪切等。

落料：用冲模沿封闭轮廓曲线或直线将板料分离，冲下的部分为成品，余下的部分是废料。

冲孔：用冲模沿封闭轮廓曲线或直线将板料分离，冲下的部分为废料，余下的部分是成品。冲孔和落料统称为冲裁，如图 8-32 所示。

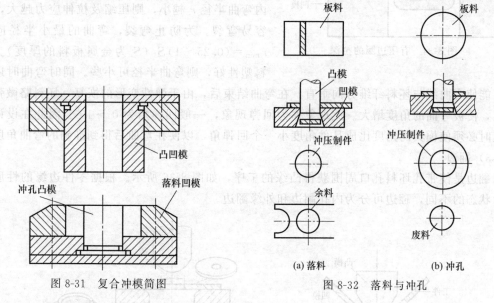

图 8-31　复合冲模简图

图 8-32　落料与冲孔

(a) 落料　　　　(b) 冲孔

剪切：利用冲模将板料按不封闭轮廓线分离的工序。

修整：修整是利用修整模沿冲裁件外缘或内孔刮去一薄层金属，以提高冲裁件的加工精度和降低剪断面表面粗糙度的冲压方法。

(2) 变形工序

变形工序是使板料的一部分相对于另一部分产生位移（塑性变形）而不破坏的加工方法，主要包括拉深、弯曲、翻边等。

1) 拉深

拉深是使平板坯料变成中空型零件或使中空型零件深度加深的变形工序，可以用于制作筒形、阶梯形、盒形、球形、锥形的薄壁零件，如图 8-33 所示为拉深工序。

当直径为 D 的坯料置于凹模上时，在凸模的作用下被拉入凹凸模的间隙中，形成空心零

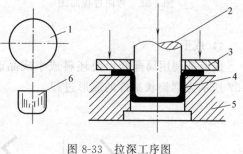

图 8-33　拉深工序图

1—板料；2—凸模；3—压板；
4—工件；5—凹模；6—拉深制件

件。其间，拉深件底部一般不变形，厚度不变，但拉深件的直壁部分由于受拉力作用，厚度有所减小，而直壁与底之间的拐角处拉薄最严重。拉深过程常见的废品及缺陷是拉穿和起皱。为防止坯料被拉穿，一般凹、凸模边缘不能是锋利刃口，必须做成圆角，凹凸模间隙要

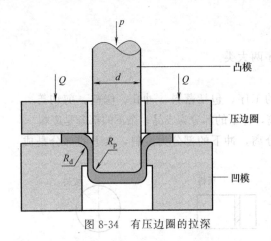

图 8-34　有压边圈的拉深

合理、正确选择拉伸系数。拉深时，毛坯法兰部分由于失稳而产生波浪形称为起皱。可以采用压边圈来防止起皱，如图 8-34 所示。

2）弯曲

弯曲是坯料的一部分相对于另一部分弯曲成一定角度的工序，如图 8-35 所示。弯曲时材料内侧受压缩，外侧受拉伸。当外侧拉应力超过坯料的抗拉强度时，即会造成金属破裂。坯料越厚，内弯曲半径 r 越小，则压缩及拉伸应力越大，越容易弯裂。为防止弯裂，弯曲的最小半径应为 $r_{min}=(0.25\sim1)S$（S 为金属板料的厚度）。材料塑性好，则弯曲半径可小些。同时弯曲时还应尽可能使弯曲线与坯料纤维方向垂直。在弯曲结束后，由于弹性变形的恢复，坯料略微弹回一点，使被弯曲的角度增大。此现象称为回弹现象，一般回弹角为 $0°\sim10°$。因此在设计弯曲模时必须使模具的角度比成品件角度小一个回弹角，以便在弯曲后得到准确的弯曲角度。

3）翻边

翻边是使带孔坯料孔口周围获得凸缘的工序，如图 8-36 所示。根据零件边缘的性质和应力状态的不同，翻边可分为内孔翻边和外缘翻边。

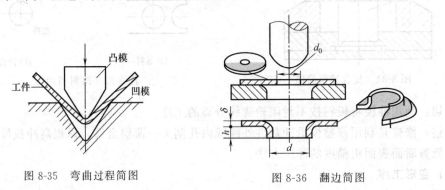

图 8-35　弯曲过程简图　　　　　　图 8-36　翻边简图

4）成形

成形是利用局部变形使坯料或半成品改变形状的工序，如压肋、收口、胀形等。如图 8-37 所示为圆筒状制件的成形过程。

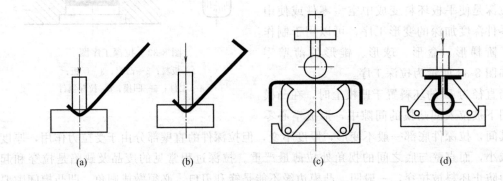

(a)　　　　　　(b)　　　　　　(c)　　　　　　(d)

图 8-37　圆筒状制件的成形过程

习题

1. 常见的压力加工方法有哪些？
2. 综合评定金属可锻性的指标是什么？
3. 简述自由锻的特点和应用范围。
4. 什么是模锻？简述其优缺点和应用范围。
5. 什么是胎模锻？简述其优缺点和应用范围。
6. 冷冲压有哪些基本工序？
7. 简述简单冲模的构造和工作原理。

第 ⑨ 章

焊接成形

① 掌握焊接的基本原理，理解焊接热过程以及焊接缺陷、焊接应力与变形的产生及改善。

② 掌握焊接的分类以及常见焊接方法的基本原理。

③ 掌握金属的焊接性及其影响因素和评定方法。

④ 掌握钢铁材料的焊接工艺，了解铝及铝合金等其他金属材料的焊接特点。

9.1 焊接基本原理

9.1.1 焊接的物理本质

在工程实际中，材料的连接一般可通过三种方法实现，即机械连接、焊接和粘接，其中，材料机械连接的主要方式是铆接和螺栓连接，材料的焊接主要通过熔化焊、固相焊和钎焊（包括硬钎焊和软钎焊）完成。与机械连接相比较，材料的焊接主要具有以下优点：

① 接头的强度较高；

② 焊接结构的应用场合比较广泛；

③ 适于制备有密闭性要求的结构；

④ 接头形式简单；

⑤ 大型结构制造周期短、成本较低。

焊接是指通过适当的手段（加热、加压或两者并用），使两个分离的物体（同种材料或异种材料）产生原子间结合而形成永久性连接的加工方法。焊接的概念至少包含三个方面的含义：一是焊接的途径，即加热、加压或两者并用；二是焊接的本质，即微观上达到原子间的结合；三是焊接的结果，即宏观上形成永久性的连接。

固体材料之所以能够保持固定的形状，是由于其内部原子之间的距离足够小，使原子之间能形成牢固的结合力。要想将固体材料分成两块，必须施加足够大的外力破坏这些原子间的结合才能达到。同样道理，要想将两块固体材料连接在一起，从物理本质上讲，就是要采取措施，使这两块固体连接表面上的原子接近到足够小的距离，使其产生足够的结合力，从而达到永久性连接的目的。对于实际焊接件，不采取一定的措施，而使连接表面上的原子接近到足够小的距离是非常困难的。这是因为连接表面的表面质量较差，即使经过精密磨削加工，其表面从微观上看仍是凹凸不平的；而且连接表面常带有氧化膜、油污等，阻碍连接表面紧密地接触。

因此，为了实现材料之间可靠的焊接，必须采取有效的措施。例如：

① 用热源加热被焊母材的连接处，使之发生熔化，利用熔融金属之间的相溶及液-固两相原子的紧密接触来实现原子间的结合；

② 对被焊母材的连接表面施加压力，或使之产生局部塑性变形，在清除连接面上的氧化物和污物的同时，克服连接界面的不平，使两个连接表面的原子相互紧密接触，并产生足够大的结合力，如果在加力的同时加热，结合过程更容易进行；

③ 对填充材料加热使之熔化，利用液态填充材料对固态母材进行润湿，使液-固界面的原子紧密接触、相互扩散，产生足够大的结合力从而实现连接。以上所述的三项措施实际上正是熔焊、压焊和钎焊方法实现永久性连接的基本原理。

9.1.2 焊接热过程与焊接接头

在具有熔化、凝固现象的熔焊和钎焊过程中，热量从焊接热源通过各种传热方式传递给被焊金属，焊件温度升高，并且在焊件中产生温度分布（温度场）。焊接过程中焊件依次经历加热、熔化和随后的冷却凝固过程，通常称为焊接热过程。焊接热过程贯穿于整个焊接过程的始终，与焊接化学冶金过程以及焊接接头中熔池金属凝固结晶的过程一起被称为焊接的三大过程，对焊接质量和焊接生产率有着决定性的影响。

焊接热过程比其他热加工工艺的热过程如铸造和热处理复杂得多，具有以下几个主要特点：

① 焊接热过程的局域性。焊接热源集中加热工件上的局部区域，而不是加热整个焊件，工件的加热和冷却极不均匀。

② 焊接热源的移动性。除少数情况外，焊接热过程中热源和工件都是相对运动的，因此焊件受热的区域不断变化，焊件上某一点的温度也随时间不断变化。

③ 焊接热过程的瞬时性。由于焊接热源通常高度集中并且加热区域小，工件的加热速度极快，能够在极短的时间内把大量的热能由热源传递给焊件，使之局部熔化。又由于加热的局部性和热源的移动，工件的冷却速度也非常快。

④ 焊接传热过程的复合性。焊接熔池中的液态金属始终处于强烈的运动状态，在熔池内部，传热过程以液态金属的对流为主；在熔池外部，传热过程以固体热传导为主；此外还存在着蒸发及辐射换热。因此，焊接热过程涉及各种传热方式，属于复合传热问题。焊接热过程的这些特点使得焊接传热问题十分复杂。但是为了控制焊接质量并提高焊接生产率，焊接工作者必须认识焊接热过程的基本规律及其在各种焊接参数下的变化趋势。

(1) 焊接热源与温度场

热能和机械能是工业实践中实现金属焊接所需的主要能量。熔焊主要使用由一定的热源所产生的热能，这里只讨论与熔焊有关的热源问题。焊接工程上对于焊接热源的要求是：热源热量应当高度集中，能够实现快速焊接并保证得到高质量的焊缝和最小的焊接热影响区。目前能满足这些条件的热源有以下几种：

① 电弧热：利用气体介质的电弧放电现象所产生的热能作为焊接热源，是目前焊接中应用最广泛的一种热源。

② 化学热：利用气体（如液化气、乙炔）或固体（如铝、镁）与氧或氧化物发生强烈化学反应所产生的热能作为焊接热源（如气焊和热剂焊）。

③ 电阻热：利用电流通过导体时所产生的电阻热作为焊接热源（如电阻焊和电渣焊）。

④ 摩擦热：利用存在相对运动的两个物体高速摩擦所产生的热能作为焊接热源（如摩擦焊、搅拌摩擦焊）。

⑤ 等离子焰：利用由电弧放电或高频放电所产生的高度电离并携带大量热能和动能的等离子体气流作为焊接热源（如等离子弧焊接和切割）。

⑥ 电子束：在真空中利用高电压下高速运动的电子轰击金属局部表面，运动电子的动能转为热能作为焊接热源。

⑦ 激光束：利用由受激辐射而增强的光束即激光经聚焦产生能量高度集中的激光束作为焊接热源（激光焊接及切割）。不同焊接热源都有各自的特点，适用于不同的焊接方法和工艺。表 9-1 给出了一些常用焊接热源的主要特性。

在焊接过程中，焊件上的温度分布是不均匀的，在某一时刻焊件上各点的温度分布我们称之为焊接温度场。由于焊接热源在以一定的速度沿焊缝移动，因此焊接温度场也是在不断运动变化的。焊接温度场可以用等温线（面）绘制的图像来表征，所谓等温线就是在某一瞬时温度场中相同温度的各点所连成的线，如图 9-1 所示。等温线的密集程度反映了温度的变化率，等温线越密集，表示该区域温度梯度越大，那么在后续的传热过程中，会有更大的传热速度。

表 9-1　常用焊接热源的主要特性

热源	最小加热面积/cm^2	最大功率密度/cm^2	正常焊接参数下的温度
乙炔火焰	10^{-2}	2×10^3	3200℃
金属极电弧	10^{-3}	10^4	6000K
钨极氩弧焊	10^{-3}	1.5×10^4	8000K
埋弧焊	10^{-3}	2×10^4	6400K
电渣焊	10^{-3}	10^4	2000℃
熔化极氩弧焊	10^{-4}	$10^4 \sim 10^5$	
CO_2 气体保护焊			
等离子弧	10^{-5}	1.5×10^5	18000～24000K
电子束	10^{-7}	$10^7 \sim 10^9$	—
激光	10^{-8}		

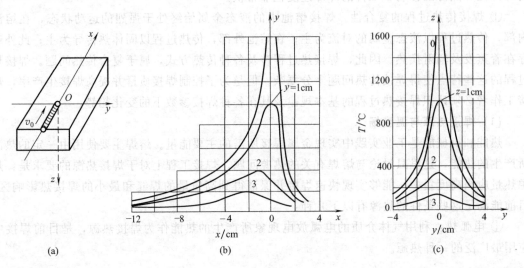

(a)　(b)　(c)

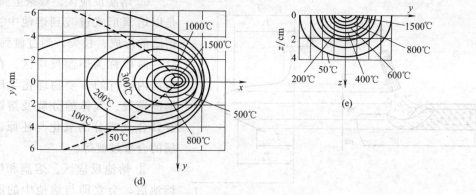

图 9-1 典型的焊接温度场示意图

　　影响焊接温度场的因素众多,其中起主要作用的有热源的种类、焊接参数、材质的热物理性能、焊件的形态以及热源的作用时间等。如果焊接时采用不同的焊接热源,如电弧、氧乙炔焰、电子束、激光等,则焊接工件温度场的分布也不同。采用电子束焊接时,电子束的热能极其集中,所以工件温度场的范围集中在很小的区域内;而采用气焊时加热面积很大,因而同等条件下温度场的范围也大。被焊金属的热物理性质也会显著地影响焊接温度场的分布,例如,不锈钢的热导率小,导热很慢;而铜、铝的热导率大,导热很快。在相同焊接参数、相同工件尺寸的情况下,工件温度场的分布有较大的差别。实际焊接过程中焊件的几何尺寸、板厚、预热温度及所处环境等对传热过程均有很大影响,因而也能影响温度场的分布。

(2) 焊接化学冶金

　　焊接化学冶金过程实质上是金属在焊接条件下进行再熔炼的过程。但焊接化学冶金过程与炼钢冶金过程相比,无论是原材料还是冶炼条件方面都有很多不同之处。为了提高焊缝金属的质量,须尽量减少焊缝中有害杂质的含量,减少有益合金元素的烧损,使焊缝金属得到合适的化学成分。因此,焊接化学冶金的首要任务就是对焊接区的金属加强保护,使它们不受到氧化、氮化等空气的有害作用。多数熔焊方法是基于对金属进行保护的考虑而发展起来的。焊接实践中已经找到多种保护方式,例如采用焊条药皮、焊剂、药芯焊丝和各种保护气体等不同的焊接材料和保护手段,其中熔焊方法常用的保护方式见表 9-2。

　　焊接化学冶金过程是分区域(或阶段)连续进行的,各区的反应物性质和浓度、温度、反应时间、相接触面积、对流及搅拌运动等反应条件有较大的差异。由于反应条件的不同也影响着反应进行的可能性、方向、速度及限度。不同的焊接方法有不同的反应区。焊条电弧焊有三个反应区:药皮反应区、熔滴反应区和熔池反应区,如图 9-2 所示。

　　① 药皮反应区。在电弧热的作用下,焊条端部的固态药皮中开始发生物理化学反应,主要是水分的蒸发、某些物质的分解及铁合金的氧化。

表 9-2　熔焊方法的保护方式

保护方式	熔焊方法
熔渣保护	埋弧焊、电渣焊、不含造气成分的焊条和药芯焊丝焊接
气体保护	气焊、在惰性气体和其他保护气体(如 CO_2、混合气体)中焊接
气体和熔渣联合保护	使用具有造气成分的焊条和药芯焊丝焊接
真空保护	真空电子束焊
自保护	用含有脱氧剂、脱氮剂的自保护焊丝焊接

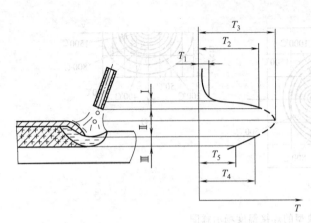

图 9-2 焊接化学冶金反应区示意图

Ⅰ—药皮反应区；Ⅱ—熔滴反应区；Ⅲ—熔池反应区；

T_1—药皮开始反应温度；T_2—焊条端部熔滴温度；

T_3—弧柱间熔滴温度；T_4—熔池最高温度；

T_5—熔池凝固温度

② 熔滴反应区。焊条金属熔化后，是以熔滴形式过渡到熔池中去的。从熔滴的形成、长大，到过渡到熔池中，这一阶段称为熔滴反应区。在熔滴反应区内进行的主要物理化学反应有金属的蒸发、气体的分解及溶解、金属及其合金成分的氧化与还原、焊缝金属的合金过渡等。

③ 熔池反应区。熔滴和熔渣落入熔池后，会立即与熔池中的液态金属混合，同时各相之间会发生复杂的物理化学反应，直至熔池温度降低凝固形成焊缝。

采用的焊接方法及焊接参数不同，必然引起化学冶金反应条件（反应温度、反应时间、反应物的种类、数量及浓度等）的不同，因此就会影响到冶金反应的过程及结果。例如熔化极气体保护焊只有熔滴反应区和熔池反应区，钨极氩弧焊及电子束焊则只有熔池反应区。

此外，焊接过程中，在焊接区内存在着大量的气体，这些气体不断地与熔化金属发生冶金反应，从而影响焊缝金属的成分和性能，其中最为重要的是氮、氢以及氧的作用。气体的来源主要包括：焊条药皮、焊剂及焊丝药芯中所含有的造气剂、高价氧化物和水分、气体保护焊时所采用的保护气氛及其杂质、热源周围的气体介质以及焊丝和母材表面上的杂质如铁锈、油污、氧化皮等。

(3) 焊接接头

在焊接过程中，工件的温度随着瞬时热源或移动热源的作用而发生变化。对于工件上某一点而言，其温度随时间由低到高达到最大值后，又由高到低的变化被称为焊接热循环，如图 9-3 所示。焊接热循环实际上就是焊件上各个点所经历的温度随时间的变化，描述了焊接过程中热源对母材金属的热作用。

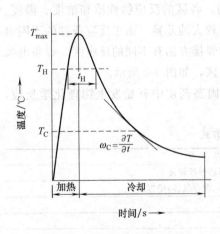

图 9-3 典型的焊接热循环

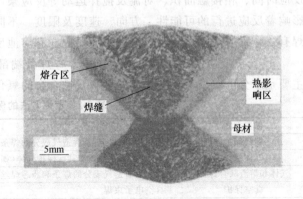

图 9-4 焊接接头的构成及其宏观组织

对于各个点的焊接热循环，其变化规律基本类似，但加热的最高温度即峰值温度会随着离焊缝中心线的距离增大而迅速下降。我们根据焊接接头中各点能够达到的峰值温度，可以将焊接接头分为焊缝、熔合区和热影响区三部分，如图9-4所示。

① 焊缝。熔池金属在经历了一系列化学冶金反应后，随着热源远离温度迅速下降，凝固后成为焊缝，并在继续冷却中发生固态相变。在熔池凝固过程中，由于冷却速度很高，合金元素来不及扩散，而在每个温度下析出的固溶体成分都要偏离平衡图固相线所对应的成分，同时先后凝固的固相成分又来不及扩散均匀。这种偏离平衡条件的结晶（凝固）称为不平衡结晶。在不平衡结晶下得到的焊缝金属，其化学成分是不均匀的，即存在着偏析。

② 熔合区。熔合区是焊接接头中焊缝与母材交界的过渡区，在焊接接头横截面低倍组织图（图9-4）中可以看到焊缝的轮廓线，这就是通常所说的熔合线。而在显微镜下可发现，这个所谓的熔合线实际上是具有一定宽度的半熔化区，就是熔合区。过去习惯上把熔合区看作焊缝或热影响区的一部分，近年来随着对熔合区的深入研究，发现熔合区的组织与性能有其本身的特点，而将熔合区单独列为焊接接头的一个组成部分。在一般条件下，熔合区通常会成为整个接头的薄弱环节，对接头质量起到决定性的作用，很多焊接结构失效的源头往往就在熔合区。

③ 热影响区。在熔合区以外，材料因受热的影响（但未熔化）而发生金相组织和力学性能变化的区域叫作热影响区。热影响区距焊缝不同距离的点所经历的焊接热循环不同，各点所发生的组织转变也不相同，如图9-5所示。热影响区的大小受多种因素的影响，如焊接方法、板厚、热输入以及焊接工艺等。热影响区的组织转变非常不均匀，在局部位置还可能产生硬化、脆化和软化等现象。这些现象的发生，使热影响区的性能低于母材，以致成为焊接接头的薄弱环节。

相比而言，热影响区是我们关注的最多的区域，因为热影响区与焊缝不同，焊缝可以通过化学成分的调整再配合适当的焊接工艺来保证性能要求，而热影响区的性能不能进行成分上的调整，它的不均匀性是由焊接热循环作用引起的。对于一般焊接结构，焊接热影响区的性能主要考虑硬化、脆化、韧化、软化，以及综合的力学性能、耐蚀性和疲劳性能等，这要根据焊接结构的使用要求来决定。

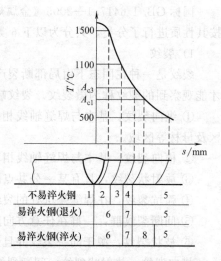

图9-5　焊接热影响区的组织分布特征
1—熔合区；2—过热区；3—正火区；
4—不完全重结晶区；5—母材；
6—完全淬火区；7—不完全淬火区；
8—回火区

9.1.3　焊接缺陷

(1) 焊接缺陷的产生与危害

在 GB/T 6417.1—2005《金属熔化焊接头缺欠分类及说明》关于焊接缺欠的定义如下：焊接缺欠是指在焊接接头中因焊接产生的金属不连续、不致密或连接不良的现象，简称缺欠。而焊接缺陷是指超过规定限值的缺欠。因此，焊接缺陷也是指焊接接头中的不连续性、不均匀性等不足之处，是超过限定值而不可以接受的缺欠。缺陷与缺欠的区别在于两者的容限不一样，在后续介绍中，我们将不对两者进行区分，而采用目前更广泛使用的焊接缺陷。

焊接结构在制造过程中，由于受到设计、工艺、材料、环境等各方面因素的影响，生产出来的产品不可能每一件都是完美无缺的，也就是说，不可避免地会有焊接缺陷。焊接缺陷对产品质量的影响不仅给生产带来许多困难，而且可能带来灾难性的事故。由于焊接缺陷的存在减小了结构承载的有效截面积，更重要的是在缺陷周围产生了应力集中，因此，焊接缺陷对结构的承载强度、疲劳强度、脆性断裂以及抗应力腐蚀开裂都有重要的影响。

（2）焊接缺陷分类

焊接缺陷的种类比较多，因此有不同的分类方法：

① 按存在位置分类有表面缺陷及内部缺陷；

② 按分布区域分类有焊缝缺陷、熔合区缺陷、热影响区缺陷及母材缺陷等；

③ 按成形及性能分类有成形缺陷、连接缺陷及性能缺陷等；

④ 按产生原因分类有构造缺陷、工艺缺陷及冶金缺陷等；

⑤ 按影响断裂的机制分类有平面缺陷（如裂纹、未熔合、线状夹渣等）及非平面缺陷（如气孔、圆形夹渣等）。

国标 GB/T 6417.1—2005《金属熔化焊接头缺欠分类及说明》对于熔焊接头焊接缺陷按其性质进行了分类，共分为以下 6 类。

1）裂纹

裂纹是一种在固态下由局部断裂产生的缺陷，它可能源于冷却或应力效果。在显微镜下才能观察到的裂纹称为微裂纹。裂纹缺陷有以下几种：

① 纵向裂纹：基本与焊缝轴线相平行的裂纹。它可能位于焊缝金属、熔合区、热影响区及母材等区域。

② 横向裂纹：基本与焊缝轴线相垂直的裂纹。

③ 放射状裂纹：具有某一公共点的放射状裂纹。这种类型的小裂纹称为星形裂纹。

④ 弧坑裂纹：在焊缝弧坑处的裂纹，可能是纵向、横向或放射状。

⑤ 间断裂纹群：一群在任意方向间断分布的裂纹。

⑥ 枝状裂纹：源于同一裂纹并且连在一起的裂纹群。

横向裂纹、放射状裂纹、间断裂纹群及枝状裂纹都可能位于焊缝金属、热影响区及母材的区域。

2）孔穴

孔穴缺陷包括残留气体形成的气孔、由于凝固时收缩造成的缩孔等。

3）固体夹杂

固体夹杂是在焊缝金属中残留的固体夹杂物，包含以下几种：

① 夹渣：残留在焊缝中的熔渣。

② 焊剂夹渣：残留在焊缝中的焊剂渣。

③ 氧化物夹杂：凝固时残留在焊缝中的金属氧化物。

④ 金属夹杂：残留在焊缝金属中的外来金属颗粒。

夹渣、焊剂夹渣、氧化物夹杂等可能是线状的、孤立的或成簇的。

4）未熔合及未焊透

焊缝金属和母材或焊缝金属各焊层之间未结合的部分称为未熔合。它可以分为侧壁未熔合、焊道间未熔合及根部未熔合等几种形式。实际熔深与公称熔深之间的差异称为未焊透。在焊缝根部的一个或两个熔合面未熔化就是根部未焊透缺陷。

5) 形状和尺寸不良

焊缝的外表面形状或接头的几何形状不良，包括咬边、错边、焊缝超高、角度偏差、焊脚不对称、焊缝宽度不齐、根部收缩、根部气孔、变形过大等各种缺陷。

6) 其他缺陷

其他缺陷指以上 5 类未包含的所有其他缺陷，如电弧擦伤、飞溅（包括钨飞溅）、表面撕裂、定位焊缺陷（例如焊道破裂或熔合、定位未达到要求就施焊等）、表面鳞片（焊接区严重的氧化表面）、焊剂残留物、残渣以及由于凝固阶段保温时间加长使轻金属接头发热而造成的膨胀缺陷等。

(3) 焊接缺陷的形成原因

焊接产品在制造过程中，不可避免地会出现不同类型、不同程度的缺陷，分析焊接缺陷的产生原因是为了防止或改善缺陷的形成。产生焊接缺陷的主要因素有以下几个方面：

① 结构因素：包括焊接接头形式、焊缝布置情况、板厚、坡口形状及尺寸等，例如焊接接头及结构的承载能力、拘束度、强度及刚度、应力及变形等。这些内容与产品的设计有关，也与产品的制造工艺有关。

② 材料因素：包括母材金属的化学成分及性能、所含杂质的成分与含量，如母材的碳含量、Mn/S 值、淬硬倾向、脆化倾向等；焊条、焊丝、焊剂等焊接材料的化学成分与性能，如 C、S、P、H 含量，脱氧、脱硫能力，熔渣的熔点及黏度等物化性能等。

③ 工艺因素：包括选用的焊接方法、电源种类与极性、保护气体的种类与流量、预热与后热的温度及范围、定位焊的质量及装配焊接顺序等。例如热输入、电弧长度、电弧偏吹、熔池形状及尺寸、熔宽与熔深的比值、焊缝余高尺寸、焊条的角度与摆动、焊丝、坡口及工件表面油污的清理、焊接夹具的夹紧力以及与焊接工艺有关的技术措施等。

9.1.4 焊接应力与变形

(1) 焊接应力与变形的产生原因

焊接应力是焊接过程中及焊接过程结束后存在于焊件中的内应力。按应力作用时间不同，焊接应力可分为焊接瞬时应力和焊接残余应力。焊接瞬时应力是指焊接过程中某一瞬时的焊接应力，它随时间变化。焊件冷却后，残留在焊件内的应力，称为焊接残余应力。

由焊接而引起的焊件尺寸和形状的改变称为焊接变形。其中，焊接过程中的变形称为焊接瞬时变形，焊后残留于焊件中的变形称为焊接残余变形。典型的焊接变形形式如图 9-6 所示。

影响焊接应力和变形的因素很多，其中最根本的原因是焊件受热不均匀，其次是由于焊缝金属的收缩、金相组织的变化及焊件的刚性不同。另外，焊缝在焊接结构中的位置、装配焊接顺序、焊接方法、焊接电流及焊接方向等对焊接应力与变形有影响。

① 焊件受热不均匀。对构件进行不均匀加热，在加热过程中，只要温度高于材料屈服点温度，构件就会产生压缩塑性变形，冷却后，构件必然有残余应力和残余变形。焊接是极不均匀的加热过程，且温度远远高于材料屈服点温度，所以，焊后焊件必然有残余应力及

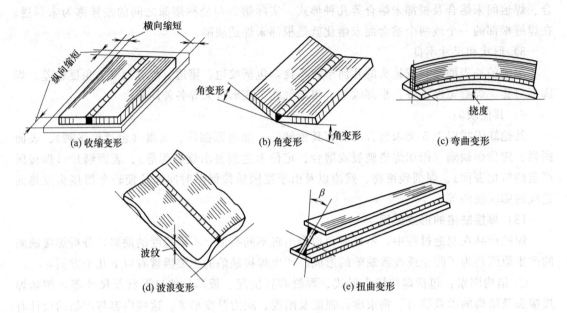

图 9-6　焊接变形的基本形式

变形。

②焊缝金属的收缩。焊缝金属冷却过程中，当由液态凝固为固态时，其体积要收缩。由于焊缝金属与母材是紧密联系的，因此，焊缝金属并不能自由收缩。这将引起整个焊件的变形，同时在焊缝中引起残余应力的产生。另外，一条焊缝是逐步形成的，焊缝中先结晶的部分要阻碍后结晶部分的收缩，由此也会产生焊接应力与变形。

③金属组织的变化。钢在加热及冷却过程中发生相变，可得到不同的组织。这些组织的比体积也不一样，因此也会造成焊接应力与变形。

④焊件的刚性和拘束。焊件的刚性和拘束对焊接应力和变形也有较大的影响。刚性是指焊件抵抗变形的能力；而拘束是焊件周围物体对焊件变形的约束。刚性是焊件本身的性能，它与焊件材质、焊件截面形状和尺寸等有关；而拘束是一种外部条件。焊件自身的刚性及受周围的拘束程度越大，焊接变形越小，焊接应力越大；反之，焊件自身的刚性及受周围的拘束程度越小，则焊接变形越大，而焊接应力越小。

(2) 焊接应力与变形的控制

焊接应力和焊接变形会严重影响制造过程和结构性能。焊接残余应力会导致焊接接头中产生冷、热裂纹等缺陷，在一定条件下会对结构的断裂性能、疲劳强度和腐蚀抗力产生十分不利的影响，而且机加工过程中释放的残余应力会导致工件产生不能允许的变形。焊接变形在制造过程中危及要求的形状与尺寸公差，焊接接头的安装偏差和坡口间隙的增加又使制造过程更加困难。因此必须采用适当的措施对焊接应力以及变形进行控制和改善。

控制焊接变形，总的说来，可以从两方面着手：

①设计方面，即从结构的设计与选材方面防止焊接变形。

②工艺方面，即在制造过程中采用适当的工艺措施来控制焊接变形。其中常见的几种控制焊接变形的工艺措施包括：

a. 留余量法。在下料时,将零件的长度或宽度尺寸比设计尺寸适当加大,以补偿焊件的收缩。余量的多少可根据计算并结合生产经验来确定。留余量法主要是用于防止焊件的收缩变形。

b. 反变形法。此法就是根据焊件的变形规律,焊前预先将焊件向着与焊接变形的相反方向进行人为的变形(反变形最好与焊接变形相等),使之达到抵消焊接变形的目的。反变形法主要应用于控制角变形和弯曲变形。如图9-7所示是Y形坡口单面对接焊时,利用反变形法防止角变形的最简单的例子。图9-7 (a) 所示是不采取反变形的情况,焊后将产生角变形;图9-7 (b) 所示是焊前预先将坡口处垫起,形成一个反变形,然后再焊接,焊后基本平直。

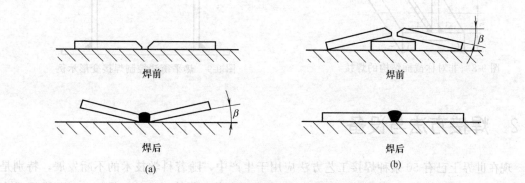

图 9-7 平板对接焊时的反变形法

c. 刚性固定法。采用适当的办法来增加焊件的刚度或拘束度,可以达到减小其变形的目的,这就是刚性固定法。比如薄板焊接时,可将其用定位焊缝固定在刚性平台上,并用压铁压住焊缝附近,待焊缝各部焊完冷却后,再铲除定位焊缝,这样可以避免薄板焊接时产生波浪变形。

d. 选择合理的装配焊接顺序。装配焊接顺序对焊接结构变形的影响是很大的,因此可以利用合理的装配焊接顺序来控制焊接变形。为了控制和减小焊接变形,正在施焊的焊缝应尽量靠近结构截面的中心轴;对于焊缝非对称布置的结构,装配焊接时应先焊焊缝少的一侧;而对于焊缝对称布置的结构,应由偶数焊工对称地施焊。

e. 合理地选择焊接方法和焊接工艺参数。各种焊接方法的热输入不相同,因而产生的变形也不一样。生产中往往选用能量集中或热输入较小的焊接方法来减小焊接变形。同一结构中不同部位的焊缝,选用不同的工艺参数,可以达到控制和调节焊接变形的目的。如图9-8所示的不对称截面梁,因为焊缝1、2离结构截面中心轴的距离,大于焊缝3、4到中心轴的距离,所以焊后会产生下挠的弯曲变形。如果在焊接焊缝1、2时,采用多层焊,每层选择较小的热输入;焊接焊缝3、4时,采用单层焊,选择较大的热输入,这样焊接焊缝1、2时所产生的下挠变形与焊接焊缝3、4时所产生的上拱变形基本相互抵消,焊后基本平直。

f. 热平衡法。对于某些焊缝不对称布置的结构,焊后往往会产生弯曲变形。如果在与焊缝对称的位置上采用气体火焰与焊接同步加热,只要加热的工艺参数选择适当,就可以减小或防止构件的翘曲变形。如图9-9所示为采用热平衡法对边梁箱结构的焊接变形进行控制的示例。

g. 散热法。散热法就是利用各种办法将施焊处的热量迅速散走，减小焊缝及其附近受热区的受热程度，达到减小焊接变形的目的。

在焊接结构的实际生产过程中，应充分估计各种变形，分析各种变形的变形规律，根据现场条件选用一种或几种方法，有效地控制焊接变形。

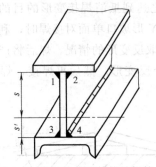

图 9-8　非对称截面结构的焊接

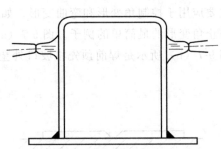

图 9-9　热平衡法控制焊接变形示例

9.2　焊接方法与设备

现在世界上已有 50 余种焊接工艺方法应用于生产中，随着科学技术的不断发展，特别是计算机技术的应用与推广，焊接方法也在不断进步和完善，焊接已从单一的加工工艺发展成为综合性的先进工艺技术，焊接技术特别是焊接自动化技术达到了一个崭新的阶段。各种新工艺方法，如多丝埋弧焊、窄间隙气体保护全位置焊、水下二氧化碳半自动焊、全位置脉冲等离子弧焊、异种金属的摩擦焊和数控切割设备及焊接机器人等，已广泛应用于船舶、车辆、航空、锅炉、电机、冶炼设备、石油化工机械、矿山机械、起重机械、建筑及国防等领域。

9.2.1　焊接方法的分类

按照焊接过程中金属所处的状态不同，可以把焊接方法分为熔焊、压焊和钎焊三类。

① 熔焊。熔焊是在焊接过程中，将焊件接头加热至熔化状态，不加压力完成焊接的方法。在加热的条件下，当被焊金属加热至熔化状态形成液态熔池时，原子之间可以充分扩散和紧密接触，因此冷却凝固后，可形成牢固的焊接接头。常见的气焊、焊条电弧焊、电渣焊、气体保护电弧焊等都属于熔焊。

② 压焊。压焊是在焊接过程中，必须对焊件施加压力（加热或不加热），以完成焊接的方法。这类焊接有两种形式：一是将被焊金属接触部分加热至塑性状态或局部熔化状态，然后加一定的压力，以使金属原子间相互结合而形成牢固的焊接接头，如锻焊、电阻焊、摩擦焊和气压焊等；二是不进行加热，仅在被焊金属的接触面上施加足够大的压力，借助于压力所引起的塑性变形，而使原子间相互接近直至获得牢固的压挤接头，如冷压焊、爆炸焊等均属此类。

③ 钎焊。钎焊是采用比母材熔点低的金属材料作钎料，将焊件和钎料加热到高于钎料熔点、低于母材熔点的温度，利用液态钎料润湿母材，填充接头间隙并与母材相互扩散实现连接焊件的方法。常见的钎焊方法有烙铁钎焊、火焰钎焊等。

实际的焊接方法非常多，具体分类如图 9-10 所示。本书仅对其中部分应用较广的集中熔化焊方法和几种常见的高能束焊进行简单的介绍，其余的焊接方法读者可以查阅相关资料自行了解。

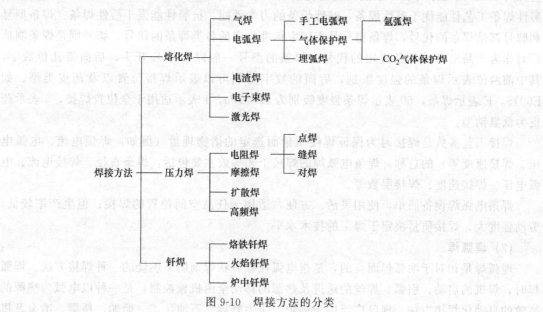

图 9-10　焊接方法的分类

9.2.2　常用熔化焊方法

(1) 焊条电弧焊

焊条电弧焊也称手工电弧焊，是工业生产中应用最广泛的焊接方法。它的原理是利用电弧放电时产生的热量来熔化母材金属和焊条，从而获得牢固的接头，如图 9-11 所示。

焊接时，将焊条与焊件接触短路后立即提起焊条，引燃电弧。电弧的高温将焊条与焊件局部熔化，熔化了的焊芯以熔滴的形式过渡到局部熔化的焊件表面，熔合在一起形成熔池。焊条药皮在熔化过程中产生一定量的气体和液态熔渣，产生的气体充满在电弧和熔池周围，起隔绝大气、保护液体金属的作用。液态熔渣密度小，在熔池中不断上浮，覆盖在液体金属

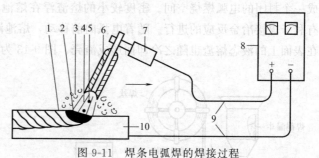

图 9-11　焊条电弧焊的焊接过程
1—焊缝；2—熔池；3—保护性气体；4—电弧；5—熔滴；
6—焊条；7—焊钳；8—电焊机；9—焊接电缆；10—工件

上面，也起着保护液体金属的作用。同时，药皮熔化产生的气体、熔渣与熔化了的焊芯、焊件发生一系列冶金反应，保证了所形成焊缝的性能。随着电弧沿焊接方向不断移动，熔池液态金属逐步冷却结晶形成焊缝。

焊条电弧焊的设备和工具有弧焊电源、焊钳、面罩、焊条保湿筒，以及敲渣锤、钢丝刷等手工工具及焊缝检验尺等辅助器具等。其中最主要的设备是弧焊电源，即通常所说的电焊机，为了区别于其他电源，故称弧焊电源。弧焊电源的作用就是为焊接电弧稳定燃烧提供所需要的、合适的电流和电压。

焊条电弧焊的焊接材料就是焊条。焊条由焊芯和药皮组成。焊条电弧焊时，焊条既作电

极又作填充金属，熔化后与母材熔合形成焊缝。焊条规格是以焊芯直径来表示的，常用的有直径为 2mm 的焊条等。焊条按药皮熔化后的熔渣特性可分为酸性焊条和碱性焊条两大类。酸性焊条工艺性能优于碱性焊条，碱性焊条的力学性能、抗裂性能强于酸性焊条。焊条型号和牌号都是焊条的代号，焊条型号是指国家标准规定的各类焊条的代号，牌号则是焊条制造厂对作为产品出厂的焊条规定的代号。焊条的型号一般以字母 E 开头，后面带几位数字，其中前两位表示焊条的强度级别，后面的数字分别可以表示焊接位置以及药皮类型。如E5015，E 表示焊条，50 表示焊条强度级别为 500MPa，1 表示适用于全位置焊接，5 表示药皮为低氢钠型。

焊接工艺参数是焊接时为保证焊接质量而选定的诸物理量（例如：焊接电流、电弧电压、焊接速度等）的总称。焊条电弧焊的焊接工艺参数主要包括：焊条直径、焊接电流、电弧电压、焊接速度、焊接层数等。

焊条电弧焊设备简单，使用灵活、方便，适用于任意空间位置的焊接；但生产率较低，劳动强度大，焊接质量决定于焊工的技术水平。

(2) 埋弧焊

埋弧焊是相对于明弧焊而言的，是指电弧在颗粒状焊剂层下燃烧的一种焊接方法。埋弧焊时，焊机的启动、引弧、焊丝的送进及热源的移动全由机械控制，是一种以电弧为热源的高效的自动化焊接方法，现已广泛用于锅炉、压力容器、石油化工、船舶、桥梁、冶金及机械制造工业中。

埋弧焊是利用焊丝和焊件之间燃烧的电弧所产生的热量来熔化焊丝、焊剂和焊件而形成焊缝的。焊接工作原理如图 9-12 所示，焊接时电源抽出端分别接在导电嘴和焊件上，先将焊丝由送丝机构送进，经导电嘴与焊件轻微接触，焊剂由漏斗口经软管流出后，均匀地堆敷在待焊处。引弧后电弧将焊丝和焊件熔化形成熔池，同时将电弧区周围的焊剂熔化并有部分蒸发，形成一个封闭的电弧燃烧空间。密度较小的熔渣浮在熔池表面上，将液态金属与空气隔绝开来，有利于焊接冶金反应的进行。随着电弧向前移动，熔池液态金属随之冷却凝固而形成焊缝，浮在表面上的液态熔渣也随之冷却而形成渣壳。图 9-13 为埋弧焊焊缝纵断面示意图。

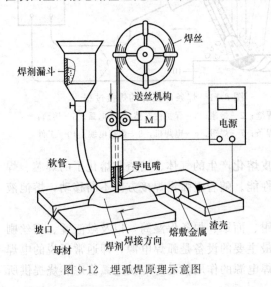

图 9-12　埋弧焊原理示意图

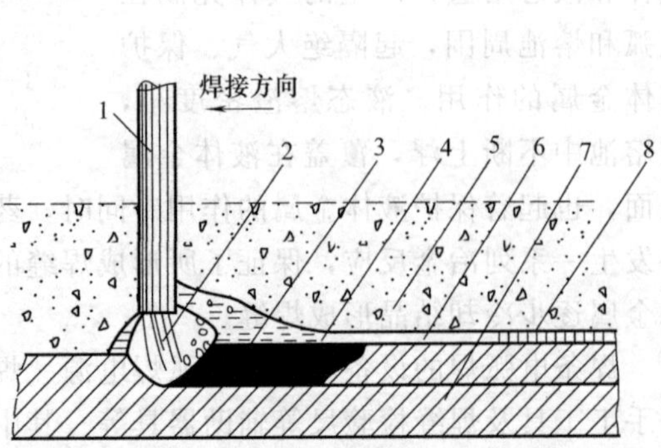

图 9-13　埋弧焊焊缝纵断面示意图
1—焊丝；2—电弧；3—熔池；4—熔渣；
5—焊剂；6—焊缝；7—焊件；8—渣壳

埋弧焊具有以下特点：

① 焊接生产率高。埋弧焊可采用较大的焊接电流，同时因电弧加热集中，使熔深增加，单丝埋弧焊可一次焊透 20mm 以下不开坡口的钢板。而且埋弧焊的焊接速度也较焊条电弧焊快，单丝埋弧焊焊速可达 30～50m/h，而焊条电弧焊焊速则不超过 6～8m/h，从而提高了焊接生产率。

② 焊接质量好。因熔池有熔渣和焊剂的保护，使空气中的氮、氧难以侵入，提高了焊缝金属的强度和韧性。同时由于焊接速度快，热输入相对减少，因此热影响区的宽度比焊条电弧焊小，有利于减小焊接变形及防止近缝区金属过热。另外，焊缝表面光洁、平整、成形美观。

③ 改善焊工的劳动条件。由于实现了焊接过程机械化，操作较简便，而且电弧在焊剂层下燃烧没有弧光的有害影响，同时放出烟尘也少，因此焊工的劳动条件得到了改善。

④ 节约焊接材料及电能。由于熔深较大，埋弧焊时可不开或少开坡口，减少了焊缝中焊丝的填充量，也节省了因加工坡口而消耗掉的母材。由于焊接时飞溅极少，所以节约焊接材料。另外，埋弧焊的热量集中，而且利用率高，故在单位长度焊缝上所消耗的电能也大为降低。

⑤ 焊接范围广。埋弧焊不仅能焊接碳钢、低合金钢、不锈钢，还可以焊接耐热钢及铜合金、镍基合金等有色金属。此外，埋弧焊还可以进行耐腐蚀材料的堆焊，但不适用于铝、钛等氧化性强的金属和合金的焊接。

当然，埋弧焊由于其技术特点，也有一些缺点，主要表现在采用颗粒状焊剂进行保护只适用于平焊或倾斜度不大的位置及角焊位置的焊接，其他位置的焊接则需采用特殊装备来保证焊剂对焊缝区的覆盖和防止熔池金属的漏淌。另外，埋弧焊焊接时不能直接观察电弧与坡口的相对位置，容易产生焊偏及未焊透，不能及时调整工艺参数，需要采用焊缝自动跟踪装置来保证焊枪对准焊缝不焊偏。而且，埋弧焊使用电流较大，电弧的电场强度较大，电流小于 100A 时，电弧稳定性较差，因此不透宜焊接厚度小于 1mm 的薄件。此外，埋弧焊的设备比较复杂，维修保养工作量比较大，且仅适用于直的长焊缝和环形焊缝焊接，对于一些形状不规则的焊缝无法焊接。

（3）气体保护焊

焊条电弧焊和埋弧焊是以熔渣法保护为主的电弧焊方法。随着工业生产和科学技术的迅速发展，各种有色金属、高合金钢、稀有金属的应用日益增多。对于这些金属材料的焊接，以熔渣保护为主的焊接方法是难以适用的，然而使用气保护形式的气体保护电弧焊不仅能够弥补它们的局限性，而且还具备独特的优越性。因此气体保护电弧焊已在国内外焊接生产中得到了广泛的应用。

气体保护电弧焊是用外加气体作为电弧介质并保护电弧和焊接区的电弧焊方法，简称气体保护焊。根据电极材料不同，气体保护电弧焊可分为非熔化极气体保护焊和熔化极气体保护焊，熔化极气体保护焊应用最广。

1）熔化极气体保护焊

使用熔化电极的气体保护电弧焊称为熔化极气体保护焊。熔化极气体保护焊是采用连续送进可熔化的焊丝与焊件之间的电弧作为热源来熔化焊丝和焊件，形成熔池和焊缝的焊接方法，如图 9-14 所示。为了得到良好的焊缝并保证焊接过程的稳定性，应利用外加气体作为电弧介质并保护熔滴、熔池和焊接的金属免受周围空气的有害作用。

熔化极气体保护焊按保护气体的成分可分为熔化极惰性气体保护焊（MIG焊）、熔化极活性气体保护焊（MAG焊）以及二氧化碳气体保护焊（CO_2焊）三种，它们使用的保护气体分别为：

MIG焊：Ar、He、Ar+He。

MAG焊：Ar+CO_2、Ar+O_2、Ar+O_2+CO_2。

CO_2焊：CO_2、CO_2+O_2。

熔化极气体保护焊与其他电弧焊方法相比具有以下特点：一是采用明弧焊，一般不必用焊剂，没有熔渣，熔池可见度好，便于操作，而且保护气体是喷射的，适于进行全位置焊接，不受任何位置的限制，有利于实现焊接过程的机械化和自动化；二是由于电弧在保护气流的压缩下热量集中，焊接熔池和热影响区很小，因此焊接变形小、焊接裂纹倾向不大，尤其适用于薄板焊接；三是采用氩气、氦气等惰性气体保护来焊接化学性质较活泼的金属或合金时，可获得高质量的焊接接头。但是气体保护焊不宜在有风的地方施焊，在室外作业时须有专门的防风措施，而且电弧光的辐射较强，焊接设备较复杂。

2）钨极惰性气体保护焊

钨极惰性气体保护焊是使用纯钨或活化钨作电极的惰性气体保护焊，简称TIG焊。TIG焊一般采用氩气作保护气体，所以有时也称为钨极氩弧焊。由于钨极本身不熔化而只起发射电子产生电弧的作用，因此也称非熔化极氩弧焊。

TIG焊是利用钨极与焊件之间产生的电弧热，来熔化附加的填充焊丝或自动给送的焊丝（也可不加填充焊丝）及母材金属形成熔池而形成焊缝的。焊接时，氩气流从焊枪喷嘴中连续喷出，在电弧区形成严密的保护气层，将电极和金属熔池与空气隔离，以形成优质的焊接接头，其工作原理如图9-15所示。

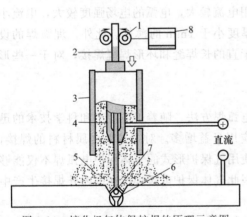

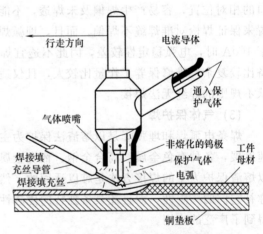

图 9-14　熔化极气体保护焊的原理示意图
1—送丝滚轮；2—焊丝；3—喷嘴；4—导电嘴；
5—保护气体；6—焊缝金属；7—电弧；8—送丝机

图 9-15　TIG焊的原理示意图

TIG焊按采用的电流种类，可分为直流TIG焊、交流TIG焊和脉冲TIG焊等；按其操作方式可分为手工TIG焊和自动TIG焊。手工TIG焊时，焊工一手握焊枪，另一手持焊丝，随焊枪的移动和前进，逐渐将焊丝填入熔池之中（有时也不加填充焊丝），仅将接口边缘熔化后形成焊缝。自动钨极氩弧焊是以传动机构带动焊枪行走，送丝机构尾随焊枪进行连续送丝的焊接方式。在实际生产中，手工TIG焊应用更为广泛。

　　TIG 焊除了具有气体保护焊共有的一些特点之外，相比于一般的气体保护焊，其焊接质量更好、适应能力更强、适用范围更广，但是其焊接效率较低，尤其是手工电弧焊时，而且焊接成本较高。

9.2.3 高能束焊

　　高能束焊是利用高能束粒子携带的能量作为热源熔化被焊材料形成焊缝的。根据携带能量的粒子不同，分为激光束焊、电子束焊和离子束焊等。

　　与传统焊接技术相比，高能束焊技术的特点是能量集中、能量密度高、熔深大、熔宽小、热影响区窄、焊接精度较高，能焊很薄的零件，也能焊较厚的零件，比如电子束焊的深宽比达 60：1，可一次焊透 0.1～300mm 厚度的不锈钢板，激光焊的深宽比也达到 20：1。对于难熔材料、活泼性金属、要求高质量件的焊接，均取得了良好的效果。而且高能束焊技术的焊接速度快、效率高，如利用电子束焊接厚 125mm 的铝板，焊接速度达 4m/min，是氩弧焊的 40 倍，1mm 厚薄板激光焊接速度可达到 20m/min。此外，高能束焊接技术的焊件热变形小、焊缝性能好、焊缝纯洁度高、工艺适应性强、可焊材料多，适用于难焊材料的焊接，不仅能焊金属和异种金属材料接头，也可焊非金属材料（如陶瓷、石英玻璃等）。但是，电子束、激光束焊接设备较复杂、费用较高，限制了使用范围的进一步扩展。

(1) 等离子弧焊

　　等离子弧焊是借助于水冷喷嘴对电弧的压缩作用，从而获得高能量密度的等离子弧进行焊接的方法。所谓等离子弧是指温度、能量密度、等离子体流速都比较大的电弧。

　　等离子弧是借助以下三种压缩效应而形成的：一是机械压缩效应，利用等离子弧发生器的喷嘴孔道来约束电弧，使气体的导电通道被限制在喷嘴孔道之内；二是热压缩效应，采用一定流量的冷却水冷却喷嘴，以降低喷嘴温度，当弧柱通过喷嘴孔道时，较低的喷嘴温度使喷嘴内壁形成一层冷气膜，迫使弧柱导电截面进一步减小；三是磁压缩效应，电弧电流自身产生的磁场使弧柱向心收缩，从而使弧柱截面减小，电流密度越大，磁压（收）缩作用越强。

　　等离子弧焊的基本原理如图 9-16 所示。工作气体用来保护电极并产生电弧等离子体，从喷嘴外侧喷出的保护气体用来保护焊接区。焊接时，电弧由高频振荡器在电极与喷嘴间引发，有时也可由电极与喷嘴的接触短路引发并转移到电极与焊件之间（有时在电极与喷嘴间仍保留有电弧）。电极与焊件间的弧柱经喷嘴的机械压缩、气流的热压缩和电流的磁压缩，形成一个截面小、电流密度大、电离度高的弧柱。与弧柱接触处的焊件金属迅速

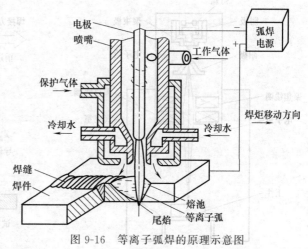

图 9-16　等离子弧焊的原理示意图

被熔化形成熔池。随着弧柱的移动，熔池冷凝成为焊缝。电极一般用钨极，在某些情况下用水冷铜电极，工作气体用氩气、氩气与氢气或氩气与氦气的混合气体，保护气体一般用氩气。

(2) 电子束焊

电子束焊是利用经加速和聚焦的电子束轰击焊件接缝处所产生的热能使金属熔合的一种焊接方法。电子束是 20 世纪 30 年代发展起来的一种高密度的能源，60 年代将其应用于原子能工业、航天工业和汽车工业领域的焊接，到了 70 年代已推广应用到机械制造、仪表、电子等工业领域。近年来，不仅在焊接难熔金属和化学性能活泼的金属方面，而且在普通碳钢、不锈钢焊接方面也获得了越来越广泛的应用。

如图 9-17 所示，从阴极发射的电子，受阴极与阳极间高压电场的加速，通过带孔的阳极，再经聚焦线圈会聚成截面积小（直径为 0.2～1mm）、功率密度大的电子束。当电子束撞击焊件时，其动能大部分转化成热能，使焊件金属熔化成熔池。随着电子束的移动，熔池冷凝成焊缝。电子束的移动可由移动电子枪（电极和聚焦线圈等的组合件）或焊件来实现，在小范围内也可由偏转线圈所产生的磁场来实现。为保护电极不受氧化，电极区必须保持压力不大于 $1 \times 10^{-2} Pa$ 的高真空。真空室的压力常高于电子枪室的压力，两者间有减少漏气的设施。真空室一般另配真空泵抽气。

(3) 激光焊

激光焊是以聚焦的高能量密度的激光作为热源对金属进行熔化形成焊接接头的一种焊接方法，是 20 世纪 70 年代发展起来的焊接新技术。激光是利用辐射激光放大原理产生的一种单色、方向性强、光亮度大的光束，经透射或反射镜聚焦后功率密度非常高。按照激光束横断面上功率密度的分布情况，激光又有单模、多模之分，模数与光束的聚焦特性密切相关，模数越少，聚焦后的光点越小，功率密度越大。焊接一般要求激光器输出单模。多模适用于堆焊、合金化和热处理。

激光焊的基本原理如图 9-18 所示，其焊接设备主要由激光器、光学偏转聚焦系统、光束检测仪、工作台（或专用焊机）和控制系统组成。用于焊接的激光器主要分为固体激光器和气体激光器两类。固体激光器有红宝石激光器、钕玻璃激光器和 YAG 激光器（钇铝石榴石激光器）。气体激光器主要是 CO_2 激光器。

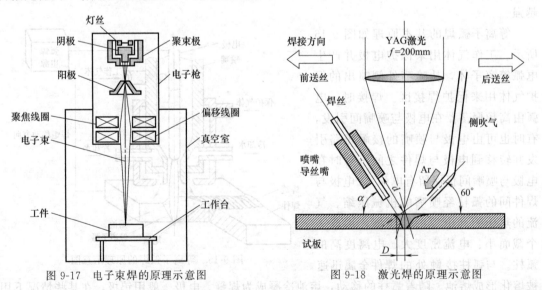

图 9-17　电子束焊的原理示意图　　　　　图 9-18　激光焊的原理示意图

由于聚焦后的激光具有很高的功率密度，焊接以深熔方式进行，其加热范围小，在相同功率和焊接厚度的条件下，焊接速度高。激光焊可用于焊接碳钢、低合金钢、不锈钢、高温合金、铝、镁、钛、镍等有色金属和合金；还可用于某些异种金属（如钨与镍、不锈钢与钽等）以及某些非金属材料（如陶瓷、石英、玻璃塑料等）的焊接。与电子束焊相比，激光焊最大的特点是不需要真空室、不产生 X 射线；不足之处在于焊接厚度比电子束焊小，焊接高反射率的金属还比较困难。

9.2.4　焊接机器人技术

工业机器人是面向工业领域的多关节机械手或多自由度的机器装置，如图 9-19 所示是工业机器人与人体结构的对比。工业机器人能自动执行工作，是靠自身动力和控制能力来实现各种功能的一种机器。它可以接受人类指挥，也可以按照预先编排的程序运行，现代的工业机器人还可以根据人工智能技术制订的原则纲领行动。

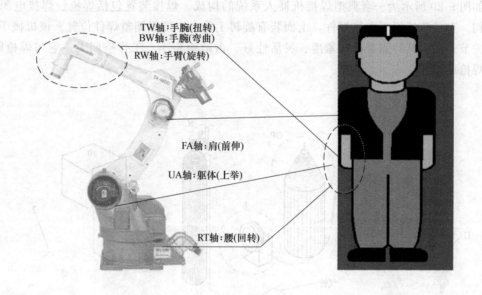

图 9-19　工业机器人与人体结构的对比

(1) 焊接机器人的发展

自 1962 年美国推出世界上第一台 Unimate 型和 Versatran 型工业机器人以来，工业机器人技术已成为现代制造技术发展的重要标志之一和新兴技术产业，为世人所认同，并正对现代高技术产业各领域以至人们的生活产生重要影响。焊接制造工艺由于其工艺的复杂性、劳动强度、产品质量、批量等要求，使得焊接工艺对于自动化、机械化的要求极为迫切。而随着现代高技术产品的发展和对焊接产品质量、数量的需求不断提高，以焊接机器人为核心的焊接自动化技术已有了长足的发展，成为工业机器人大家庭中的望族，在各国工业机器人应用中占总数的 25%～50%。我国焊接机器人的发展起步较晚，20 世纪 80 年代以来进展较快，1985 年成功研制华宇Ⅰ型弧焊机器人，1987 年又成功研制华宇型点焊机器人，都已初步商品化并可小批量生产；1989 年我国国产机器人为主的汽车焊接生产线投入生产，标志着我国以机器人为核心的焊接自动化技术已进入实用生产阶段。

焊接机器人是焊接自动化的革命性进步，它突破了焊接刚性自动化的传统方式，开拓了一种柔性自动化生产方式。刚性自动化设备通常都是专用的，只适用于中、大批量产品的自动化生产，因而在中、小批量产品的焊接生产中，手工焊仍是主要的焊接方式，而焊接机器人使小批量产品自动化焊接生产成为可能。比如弧焊机器人普遍采用示教方式工作，即通过示教盒的操作键引导到其始点，然后用按键确定位置、运动方式（直线或圆弧）、摆动方式、焊枪姿态以及各种焊接参数，同时还可通过示教盒确定周围设备的运动速度等。焊接工艺操作包括引弧、施焊、熄弧、填满弧坑，都通过示教盒给定。示教完毕后，机器人控制系统进入程序编辑状态，焊接程序生成后即可进行实际焊接。由于机器人具有示教再现功能，完成一项焊接任务只需要人给它做一次示教，随后其即可精确地再现示教的每一步操作。如果要机器人去做另一项工作，无须改变任何硬件，只要对它再做一次示教即可。因此，在一条焊接机器人生产线上，可同时自动生产若干种焊件。

（2）焊接机器人系统的构成

一台完整的弧焊机器人系统包括机器人的机械手、控制系统、焊接装置和焊件夹持装置等，如图 9-20 所示为一套典型焊接机器人系统的构成。焊接装置包括焊枪、焊接电源及送丝机构。夹持装置用于夹持焊件，上面装有旋转工作台，便于调整焊件位置。该机械手是正置全关节式的，其特点是机构紧凑、灵活性好、占地面积小、工作空间大。它与焊枪固定，带动焊枪运动。

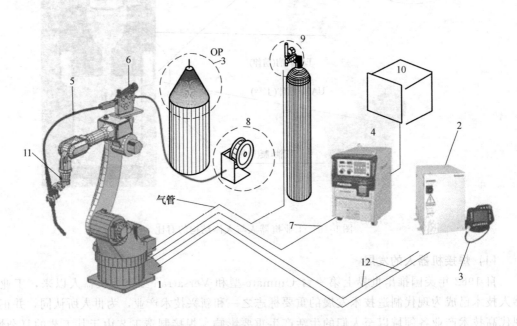

图 9-20　典型焊接机器人系统的构成

1—机器人本体；2—机器人控制柜；3—机器人示教器；4—全数字焊接电源和接口电路；5—焊枪；6—送丝机构；
7—电缆单元；8—焊丝盘架（焊接量较大时多选用桶装焊丝"OP"）；9—气体流量计；
10—变压器（380V/200V）；11—焊枪防碰撞传感器；12—控制电缆

弧焊机器人通常有五个以上自由度，具有六个自由度的机器人可以保证焊枪的任意空间轨迹和姿势，点至点方式移动速度可达 60m/min 以上，其轨迹重复精度非常高，例如松下 TM1400 型弧焊机器人重复定位精度可达 ±0.08mm。它可以通过示教和再现方式或通过编程进行工作。这种焊接机器人具有直线的及环形内插法摆动的功能，用以满足焊接工艺要求。控制系统不但要控制机器人机械手的运动，还要控制外围设备的动作、开启、切断以及安全防护。控制系统与所有设备的通信信号有数字信号和模拟信号两种：控制柜与外围设备用模拟信号联系，外围设备有焊接电源、送丝机构和操作器（包括夹具、变位器等）。数字信号负担各设备的启动、停止、安全以及状态检测。

(3) 焊接机器人的优点

相比于手工焊接和传统的自动化焊接装备，焊接机器人主要具有以下优点：

① 稳定和提高焊接质量，保证其均一性。焊接参数如焊接电流、电压、焊接速度及干伸长度等对焊接结果起决定作用。采用机器人焊接时对于每条焊缝的焊接参数都是恒定的，焊缝质量受人的因素影响较小，降低了对工人操作技术的要求，因此焊接质量是稳定的。而人工焊接时，焊接速度、干伸长度等都是变化的，因此很难达到质量的均一性。

② 改善了工人的劳动条件。采用机器人焊接，工人只是用来装卸工件，远离了焊接弧光、烟雾和飞溅等，对于点焊来说工人不再搬运笨重的手工焊钳，使工人从高强度的体力劳动中解脱出来。

③ 提高劳动生产率。机器人没有疲劳感，一天可 24h 连续生产，另外随着高速高效焊接技术的应用，使用机器人焊接，效率提高得更加明显。

④ 产品周期明确，容易控制产品产量。机器人的生产节拍是固定的，因此安排生产计划非常明确。

⑤ 可缩短产品改型换代的周期，减小相应的设备投资，实现小批量产品的焊接自动化。机器人与专机的最大区别就是机器人可以通过修改程序以适应不同工件的生产。

9.3　常用金属材料的焊接

9.3.1　金属材料的焊接性

(1) 金属焊接性的定义

焊接性是指材料在制造工艺条件下，能够焊接形成完整接头并满足预期使用要求的能力。换句话说，焊接性是材料焊接加工的适应性，指材料在一定的焊接工艺条件下（包括焊接方法、焊接材料、焊接参数和结构形式等），获得优质焊接接头的难易程度和该焊接接头能否在使用条件下可靠运行。因此，材料焊接性的概念有两个方面的内容：一是材料在焊接加工中是否容易形成接头或产生缺陷；二是焊接完成的接头在一定的使用条件下可靠运行的能力。

对于任何金属或合金，只要在熔化后能够互相形成固溶体或共晶，都可以经过熔焊形成接头。同种金属或合金之间可以形成焊接接头，一些异种金属或合金之间也可以形成焊接接头，但有时需要通过加中间过渡层的方式实现焊接。可以认为，上述几种情况都可以看作是"具有一定焊接性"，差别在于有的工艺过程简单，有的工艺过程复杂；有的接头质量高、性能好，有的接头质量低、性能差。所以，焊接工艺过程简单而接头质量高、性能好的，就称为焊接性好；反之，就称为焊接性差。因此，必须联系工艺条件和使用性能来分析焊接性问题，这就是工艺焊接性和使用焊接性两个方面的内容。

显然，工艺焊接性是指金属或材料在一定的焊接工艺条件下，获得优质致密、无缺陷和具有一定使用性能的焊接接头的能力，它涉及焊接制造工艺过程中的焊接缺陷问题，如裂纹、气孔、断裂等。而使用焊接性是指焊接接头或整体焊接结构满足技术条件所规定的各种性能的程度，包括常规的力学性能（强度、韧性、塑性等）或特定工作条件下的使用性能，如低温韧性、断裂韧性、高温蠕变强度、持久强度、疲劳性能以及耐蚀性、耐磨性等。

(2) 金属焊接性的影响因素

金属材料的焊接性主要受到四个反面因素的影响，即材料、设计、工艺以及服役环境。其中材料因素包括钢的化学成分、冶炼轧制状态、热处理、组织状态和力学性能等；设计因素是指焊接结构的安全性，它不但受到材料的影响，而且在很大程度上还受到结构形式的影响；工艺因素包括施工时所采用的焊接方法、焊接工艺规程（如焊接热输入、焊接材料、预热、焊接顺序等）和焊后热处理等。服役环境因素是指焊接结构的工作温度、负荷条件（动载、静载、冲击等）和工作环境等。

(3) 金属焊接性的评定

为了评定焊接接头产生工艺缺陷的倾向，为制订合理的焊接工艺提供依据，同时为了评定焊接接头能否满足结构使用性能的要求，必须要对材料的焊接性进行评定。目前现有的焊接性评定方法已经有许多种，主要包括四大类：

一是模拟类方法。这类焊接性评定方法用焊接热模拟装置模拟焊接热循环，人为制造缺陷或电解充氢等，估计材料焊接过程中焊缝或热影响区可能发生的组织性能变化和出现的问题，为制订合理的焊接工艺提供依据。

二是实焊类方法。这类方法是比较直观地将施焊的接头甚至产品在使用条件下进行各种性能试验，以实际试验结果来评定其焊接性，包括：裂纹敏感性试验、焊接接头的力学性能试验、低温脆性试验、断裂韧性试验、高温蠕变及持久强度试验等。

三是理论分析，即利用材料的物理化学性能来进行分析。材料的熔点、热导率、线胀系数、密度和热容量等，都会对焊接热循环、熔化结晶、相变等产生影响，从而影响焊接性。例如铜、铝等热导率高的材料，熔池结晶快，易于产生气孔；而热导率低的材料如不锈钢等，焊接时温度梯度陡，应力大，易导致变形大。还可以利用合金的相图以及连续组织转变图（SHCCT）来进行分析。

四是经验公式计算。这是一类在生产实践和科学研究的基础上归纳总结出来的理论计算方法。这类评定方法一般不需要焊出焊缝，主要是根据材料或焊缝的化学成分、金相组织、力学性能之间的关系，联系焊接热循环过程，加上考虑其他条件（如接头拘束度、焊缝扩散氢含量等），然后通过一定的经验公式进行计算，评估冷裂纹、热裂纹、再热裂纹的倾向，确定焊接性优劣。这类方法包括碳当量法、焊接裂纹指数法以及热影响区最高硬度法等。其中应用最为广泛的是碳当量法。

对于钢铁材料而言，由于焊接热影响区的淬硬及冷裂纹倾向与钢种的化学成分有密切关系，因此可以用化学成分间接地评估钢材冷裂纹的敏感性。各种元素中，碳对冷裂敏感性的影响最显著，碳当量法实质上就是把钢中合金元素的含量按相当于若干碳含量折算并叠加起来，作为粗略评定钢材冷裂倾向的参数指标，即所谓碳当量（CE 或 C_{eq}）。针对不同的合金体系或使用条件，有许多不同的碳当量公式，比如国际焊接协会（IIW）推荐的：

$$CE = C + Mn/6 + (Cu + Ni)/15 + (Cr + Mo + V)/5$$

它主要适用于中、高强度的非调质低合金钢。

美国焊接学会（AWS）推荐的碳当量计算公式为：

$$C_{eq} = C + Mn/6 + Si/24 + Ni/15 + Cr/5 + Mo/4 + (Cu/13 + P/2)$$

此公式适用的钢的成分范围为：$C \leqslant 0.6\%$；$Mn \leqslant 1.6\%$；$Ni \leqslant 3.3\%$；$Cr \leqslant 1.0\%$；

Mo≤0.6%；0.5%≤Cu≤1.0%；0.05%≤P≤0.15%。当 Cu＜0.5%或 P＜0.05%时，可以不计入。

除此之外，还有很多其他的经验性公式，在实际应用中，需要结合钢的成分性能特点以及公式的适用范围来合理地选择计算公式。根据相应的碳当量计算公式计算后，碳当量越高，表示钢冷裂纹越敏感，焊接性越差，如图 9-21 所示。

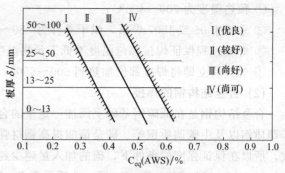

图 9-21 碳当量和板厚对焊接性的影响

9.3.2 钢铁材料的焊接

(1) 碳钢的焊接

碳钢以碳为主要合金元素，Mn、Si 等元素含量少，其焊接性主要取决于碳的含量。随碳含量增加，焊接性逐渐变差，如表 9-3 所示。

表 9-3 碳钢焊接性与含碳量的关系

名称	C/%	典型硬度	典型用途	焊接性
低碳钢	0.15	60HRB	特殊板材和型材薄板、带材、焊丝	优
	0.14~0.30	90HRB	结构用板材、型材和棒材	良
中碳钢	0.30~0.60	25HRC	机器部件和工具	中（通常需要预热、后热，推荐低氢焊接方法）
高碳钢	≥0.60	40HRC	弹簧、模具、钢轨	差（必须用低氢焊接方法、预热和后热）

低碳钢含碳量少，除电阻点焊采用硬规范条件外，一般的熔焊法或其他焊接方法通常不会因焊接而出现严重的硬化组织，如产生硬脆的马氏体。这种钢的塑性和冲击韧性良好，焊接接头的塑性和冲击韧性也很好，焊接时不用预热、控制道间温度和后热，焊后也不必热处理，焊接性优良。

随着含碳量增加，中碳钢的焊接性逐渐变差。当碳含量接近 0.3%且锰含量较低时，焊接性相对较好；当碳含量为 0.5%左右时若还采用焊低碳钢的工艺施焊，则热影响区易产生硬脆的高碳马氏体组织，导致裂纹的形成。当焊接材料和焊接工艺控制不好时，甚至在焊缝中也是如此。焊接时，相当数量的母材会熔化进入焊缝，使焊缝的碳含量提高，容易形成焊缝热裂纹，特别是当杂质 S 控制不严时。这种热裂纹在弧坑处更为敏感。此外，由于碳含量增加，气孔敏感性也增大。如果中碳钢焊前未热处理，为使焊后焊缝性能与母材性能相匹配，则必须选择强度级别合适的焊接材料。如果对已进行热处理的中碳钢进行焊接，则必须采取预热、保持道间温度以及缓冷等措施，以防止裂纹的产生。

高碳钢的碳含量大于 0.6%，包括高碳结构钢、高碳碳素钢铸件以及碳素工具钢等。因其碳含量比中碳钢还高，焊接时更易产生硬脆的高碳马氏体，裂纹敏感性更大，焊接性很差。一般情况下，高碳钢并不作为焊接结构的材料，而只用作高硬度或耐磨部件、零件和工具以及一些铸件，所以焊接主要是在零件或构件需要修复时进行。

比如某厂采用手工电弧焊焊接钢轨。钢轨的材质是含碳量约为 0.7%的高碳钢。焊接工艺为：

① 预热温度为 200～400℃；

② 采用 J506 或 J507 焊条，烘干条件为 350～400℃，烘干 1h；

③ 焊接过程保证焊接部位温度不低于预热温度；

④ 焊接后立即将焊接部位加热到 600～650℃，并在该温度下保持 30min。

(2) 合金结构钢的焊接

合金结构钢是在低碳钢基础上添加一定量的合金元素构成的，主要包括热轧正火钢、低碳调质钢以及中碳调质钢等。碳是最能提高钢材强度的元素，但易于引起焊接淬硬及焊接裂纹，所以在保证强度的条件下，碳的加入量越少越好。低合金钢加入的元素主要有 Mn、Si、Cr、Ni、Mo、V、Nb、B、Cu 等，杂质元素 P、S 的含量要限制在较低的程度。

低合金钢的焊接性主要取决于它的化学成分和轧制工艺。随着钢材强度级别的提高和合金元素含量的增加，焊接性也随之发生变化。热轧钢含有少量的合金元素，碳当量比较低，一般情况下冷裂倾向不大。正火钢由于含有合金元素较多，淬硬倾向有所增加。强度级别及碳当量较低的正火钢，冷裂纹倾向不大；但随着正火钢碳当量及板厚的增加，淬硬性及冷裂倾向随之增大，需要采取控制焊接线能量、降低扩散氢含量、预热和及时焊后热处理等措施，以防止焊接冷裂纹的产生。热轧及正火钢一般 Mn 含量较高，因此这类钢的 Mn/S 比达到要求，具有较好的抗热裂性能，焊接过程中的热裂纹倾向较小，正常情况下焊缝中不会出现热裂纹。

热轧及正火钢对焊接方法的选择无特殊要求，手工电弧焊、埋弧自动焊、气体保护焊、电渣焊、压焊等焊接方法都可以采用，可根据材料厚度、产品结构、使用性能要求及生产条件等进行选择。如焊接材质为 16Mn 合金结构钢的钢梁，可对钢梁工地拼装、腹板装配等不便于自动施焊的焊缝采用手工电弧焊，其余均采用埋弧自动焊。最大焊角高度为 16mm，钢梁材质为 16Mn，碳当量为 0.345%～0.491%，在低温下或大刚性、大厚度结构上施焊，应适当降低焊接速度，增大焊接电流，有助于避免淬硬组织或裂纹。

(3) 不锈钢的焊接

不锈钢是耐蚀和耐热高合金钢的统称。不锈钢通常含有 Cr（≥12%）、Ni、Mo 等元素，具有良好的耐腐蚀性、耐热性和较好的力学性能，适于制造要求耐腐蚀、抗极化、耐高温和超低温的零部件和设备，应用十分广泛，其焊接具有特殊性。

其中奥氏体不锈钢具有优良的焊接性，几乎所有熔焊方法和部分压焊方法都可以使用，但从经济、技术性等方面考虑，常采用焊条电弧焊、气体保护焊、奥氏体不锈钢焊接，一般不需要预热及后热，且如果没有应力腐蚀或结构尺寸稳定方面的要求，也不必焊后热处理。但为防止热裂纹和热影响区晶粒长大以及碳化物析出，保证接头的塑性和韧性及耐蚀性，应将层间温度控制在低于 250℃。对于超级奥氏体不锈钢，因热裂纹敏感性高，应严格控制焊接热输入。另外，根据焊接方法和板厚要求，需要设计合理的坡口形式和焊接参数。如某厂生产回收分离器，材质为 0Cr18Ni9Ti 奥氏体不锈钢，钢板厚为 32mm。为提高生产效率，选用埋弧焊，焊接材料选择直径为 4mm 的 H0Cr18Ni9 焊丝，焊剂为 HJ260。为防止热裂纹，焊前不预热且保证层间温度低于 60℃。为防止第一层焊穿，在背面衬焊垫，采用 X 形坡口，焊接参数为：$I=500～600A$，$U=36～38V$，$v=26～33m/h$。

对于马氏体不锈钢，其淬硬倾向大，焊后易形成硬脆的高碳马氏体，当焊接结构拘束度大或含氢量高时易形成冷裂纹。当母材含碳量高，且预热、后热困难以及结构拘束度大时，须采用奥氏体不锈钢焊接材料，但存在接头强度太低以及因焊缝与母材热膨胀系数差别大而出现的焊接残余应力问题，有时为提高此类马氏体不锈钢的接头性能，还采用热膨胀系数与母材相近的镍合金焊接材料。但是对于低碳、超低碳马氏体不锈钢以及超级马氏体不锈钢，其碳含量分别限制到 0.05%、0.03% 和 0.02%，焊后组织为低碳马氏体，淬硬倾向和接头塑韧性都比较好。

对于铁素体不锈钢，焊接时接头过热区容易因晶粒粗化而引起塑韧性下降，同时，还可能出现 σ 相脆化和 475℃ 脆化，但对性能影响较小。铁素体不锈钢在焊接时近缝区经过高温加热后还容易形成晶间腐蚀。解决的措施是焊后进行 700~850℃ 退火处理，严格控制 C+N 含量。一般铁素体不锈钢无脆化倾向，但必须防止焊接过程中的杂质污染，具体措施有双层气体保护、减小线能量、附加托罩以增加尾气保护等。

9.3.3 其他金属材料的焊接

除了钢铁材料之外，其他金属材料，尤其是以铝、镁、钛等为代表的轻金属材料在工业上也得到了广泛的发展与应用，从航空航天部门扩展到电子、通信、汽车、交通、轻工等民用领域。因此这些金属材料的焊接也引起人们越来越多的关注。

(1) 铝及铝合金的焊接

铝及铝合金的焊接要比低碳钢困难，其焊接特点也与钢不同，这主要与其本身的物理和化学性能有关，比如密度低、化学性质活泼等。具体表现在以下几方面：

① 容易氧化。铝的化学性质活泼，与氧的亲和力很强，在空气中极易与氧结合生成致密的氧化铝膜，氧化铝的熔点高达 2050℃，远远超过铝及其合金的熔点，而且密度大，约为铝的 1.4 倍，因此焊接时容易形成未熔合及夹渣等缺陷，使接头的性能降低。氧化铝膜存在于溶池表面时还会影响电弧的稳定燃烧，阻碍焊接过程的正常进行。此外，氧化膜对水分有很高的吸附能力，在焊接时会促使焊缝中生成气孔。因此，为保证焊接质量，焊前必须严格清理焊件表面的氧化物，同时为了防止在焊接过程中的再氧化，对熔池及高温区金属应进行有效的保护，这是铝以及铝合金焊接的一个重要特点。

② 焊接时耗能大。铝合金的熔点虽低，但其比热容高（约是钢的两倍）、热导率大（约是钢的 3 倍）。因此，焊接铝及铝合金比焊接钢要消耗更多的热量，而且铝的线胀系数大约是铁的 3 倍，在焊接过程中就更容易产生变形，为获得高质量的焊接接头，必须采用能量集中、功率密度大的热源，有时还需要采用预热等工艺措施。

③ 铝及铝合金焊接时容易产生气孔，热裂纹倾向大，而且焊接接头的力学性能以及耐蚀性等会下降。

由于铝及铝合金的焊接特点，目前铝及铝合金焊接应用最多的方法是氩弧焊及电阻焊，其次还有钎焊，焊条电弧焊应用较少。

(2) 铜及铜合金的焊接

在铜及铜合金中焊接量最大的是纯铜和黄铜。青铜焊接多为铸件缺陷的焊补，在机械制造工业中白铜焊接应用较少。对于铜及铜合金来说，其物理化学性能与钢有很大差别，使得其焊接比焊接碳钢困难得多，主要容易出现的问题包括：

① 焊缝难熔，成形能力差。铜的熔点比钢低，但纯铜的导热性特别好，在常温下的热导率比铁大 7 倍，在 1000℃ 时大 11 倍。焊接时若采用和低碳钢相同的焊接参数，大量的热将散失于工件内部，坡口边缘难以熔化，造成填充金属与母材不能很好地熔合，容易形成未焊透，并且随工件板厚的增加，这一问题更显得突出。所以铜及铜合金焊接时要采用较大功率的热源，同时应充分预热。

② 容易产生焊接热裂纹。纯铜在恒温下凝固没有固液共存的温度区间，但焊缝及热影响区仍有较大的热裂倾向。另外，铜和铜合金的线胀系数和收缩率较大，增加了焊接接头的应力，使接头的热裂倾向增大。

③ 铜及铜合金在焊接过程中的气孔倾向比碳钢严重，而且焊接接头同样会出现力学性能、耐蚀性能以及导电性能等下降的情况。

铜及铜合金焊接时可使用的焊接方法很多，一般根据铜的种类、焊件形态、对质量的要求、生产条件及焊接生产率等综合考虑加以选择。通常气焊、碳弧焊、焊条电弧焊和钨极氩弧焊多用于厚度小于 6mm 的工件，而熔化极氩弧焊和埋弧焊则用于更大厚度工件的焊接。焊接铜时的工艺措施在许多方面和焊接铝相似，例如，对工件和焊丝在焊前要进行清理，焊接过程中需要加强对熔池的保护以及要预热等。由于纯铜的密度很大，熔化后熔液流动太快，极易烧穿及形成焊瘤。为了防止铜液从焊缝背面流失，保证反面成形良好，在焊接时覆加（铜、石墨、石棉等）垫板。铜的导热性很强，焊接时通常预热温度也较高，一般在300℃以上；并且在结构中尽量少采用搭接、角接及 T 形等增加散热速度的接头，一般应采用对接接头。

(3) 镁及镁合金的焊接

镁及镁合金总体而言焊接性较差。镁的化学性质极其活泼，镁比铝更容易与氧结合，在镁合金表面生成氧化镁（MgO）膜，熔点高（2500℃）、密度大（3.2g/cm³）。MgO 膜没有 Al_2O_3 膜致密，其多孔疏松、脆性大，而且阻碍焊缝成形，因此在焊前要采用化学方法或机械方法对镁合金表面进行清理。在焊接过程的高温条件下，熔池中易形成氧化镁夹渣，这些氧化镁夹渣熔点高、密度大，在熔池中以细小片状的固态夹渣形式存在，不仅严重阻碍焊缝形成，也会降低焊缝的力学性能。熔焊过程中熔池内产生的氧化膜需借助于气焊熔剂或电弧的阴极雾化作用加以去除。

与焊接铝相似，镁焊接时也易产生氢气孔，氢在镁中的溶解度随温度的降低而急剧减小，当氢的来源较多时，焊缝中出现气孔的倾向较大。镁合金焊缝中常见到连续气孔和密集气孔，防止措施是对焊件、焊丝进行严格清理，增强氢气保护效果。

此外，除 Mg-Mn 系合金外，大部分镁合金焊接时有热裂纹倾向，容易产生焊接裂纹。影响镁合金焊接热裂纹的因素主要是焊接应力、元素偏析、低熔点共晶和晶粒粗化等。镁及镁合金的线胀系数较大，约为钢的 2 倍、铝的 1.2 倍，因此焊接过程中易产生较大的焊接热应力和变形，也会加剧焊接接头热裂纹的产生。镁合金焊接过程中焊缝金属易产生结晶偏析，熔合区附近会产生过热，存在较严重的热裂纹倾向，这对于获得良好的焊接接头是不利的。

在焊接镁和镁合金时，需要选择合适的焊缝填充金属，控制焊接热输入来获得质量好的焊接接头。对于大厚度或刚度较大的结构件，需对焊接件进行预热和焊后热处理。镁合金可以用钨极氩弧焊、电阻点焊等方法进行焊接，但通常采用氩弧焊工艺。氩弧焊适用于所有的镁合金焊接，能得到较高的焊缝强度，焊接变形小，焊接时可不用气焊熔剂。对于铸件可用氩弧焊进行焊接修复并能得到焊接质量良好的接头。

(4) 钛及钛合金的焊接

钛及钛合金具有高强度、良好的塑性及韧性（最为突出的是比强度高），是一种优良的轻质结构材料，近年来在航空航天、石油化工、船舶制造、仪器仪表等领域都得到广泛的应用，有很大的发展前景。

　　受钛及钛合金物理化学性能以及本身组织转变特点的影响，钛及钛合金在焊接时焊接接头容易出现脆化，焊接区冷裂纹和热裂纹倾向都比较严重，而且同样会出现轻金属常见的气孔问题。因此常规的焊条电弧焊、气焊、二氧化碳气体保护焊不适用于钛及钛合金的焊接，而应该选用钨极氩弧焊和熔化极氩弧焊，等离子弧焊、电子束焊、钎焊和扩散焊等也有应用。

习题

一、名词解释

　　焊接　焊接热循环　焊接接头　热影响区　焊接缺陷　焊接裂纹　焊接气孔　焊接应力　埋弧焊　熔化极气体保护焊　钨极氩弧焊　激光焊　金属焊接性　碳当量

二、简答题

1. 焊接成形的原理是什么？
2. 焊接热过程有哪些特点？焊接热源主要有哪几种？
3. 焊接化学冶金过程的定义是什么？以手工电弧为例，可划分为哪几个冶金反应区？
4. 焊接的优点是什么？
5. 焊接方法是怎样分类的？
6. 试分析熔焊、压焊和钎焊的区别。
7. 埋弧焊的主要优点是什么？
8. 气体保护焊的优点是什么，具体有哪些方法？
9. 什么是金属的焊接性，金属焊接线跟什么因素有关？
10. 铝及铝合金相比于碳钢，其焊接的主要问题有哪些？

机械工程材料的选用

● 学习目标

① 了解机械零件的主要失效形式，零件加工工艺路线的制订，材料及成形工艺的选择原则。

② 具有选择材料和成形工艺的初步能力，初步具备对机械工程实际问题的综合分析能力。

③ 了解材料的成分分析、组织分析及无损探伤等质量检验方法。

10.1 机械零件的失效分析

10.1.1 失效的概念

失效是指零件在使用过程中，由于尺寸、形状或材料的组织与性能发生变化而失去原有设计效能的现象。一般零件失效的具体表现为：零件完全不能工作；零件虽能工作，但继续工作不安全；零件虽能安全工作，但不能满意地起到预期的作用。上述情况发生任何一种都认为零件已失效。例如，齿轮在工作过程中磨损而不能正常啮合及传递动力、主轴在工作过程中变形而失去精度等均属失效。

零件的失效有达到预定寿命的失效，也有远低于预定寿命的不正常的早期失效。不论何种失效，都是在外力或能量等外在因素作用下的损害。正常失效是比较安全的；而早期失效则会带来经济损失，甚至会造成人身和设备事故。

10.1.2 失效的形式

零件失效形式与其工作条件有关，包括：应力大小、分布，残余应力及应力集中情况等；温度（常温、高温或交变温度）。一般机械零件常见的失效形式有：断裂失效，包括静载荷或冲击载荷断裂、疲劳破坏以及应力腐蚀破裂等；磨损失效，包括过量的磨损、表面龟裂、麻点剥落等；变形失效，包括过度的弹性或塑性变形失效。零件常见的失效形式如图 10-1 所示。

在以上各种失效中，弹性变形、塑性变形、蠕变和磨损等失效，在失效前一般都有尺寸的变化，有较明显的征兆，失效可以预防，断裂可以避免；而低应力脆断、疲劳断裂和应力腐蚀断裂往往事前无明显征兆，断裂是突然发生的，因此特别危险，会带来灾难性的后果。它们是当今工程断裂事故的三大主要形式。

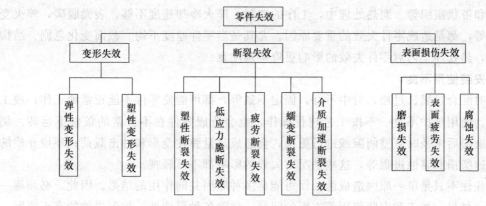

图 10-1 零件常见的失效方式

10.1.3 零件失效原因

引起失效的因素很多，涉及零件的结构设计、材料选择与使用、加工制造、装配、使用保养等，如图 10-2 所示。

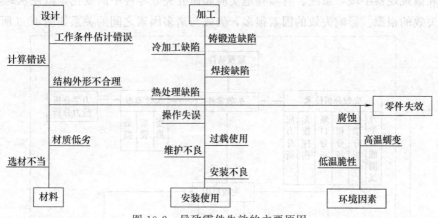

图 10-2 导致零件失效的主要原因

(1) 设计不合理

最常见的情况是零件尺寸和几何结构不正确，例如，过渡圆角太小，存在尖角、尖锐切口等，造成较大的应力集中。另外，设计中对零件工作条件估计错误，例如，对工作中可能的过载估计不足，因而零件承载能力设计得不够；或者对环境的恶劣程度估计不足，忽略或低估了温度、介质等因素的影响；造成零件实际工作能力的降低。现在，由于应力分析水平的提高和对环境条件的重视，因设计不合理造成的事故已大大减少。

(2) 选材错误

设计中对零件失效的形式判断错误，所选用材料的性能不能满足工作条件的要求；或者选材所依据的性能指标，不能反映材料对实际失效形式的抗力，错误地选择了材料；另外，所用材料的冶金质量太差，例如夹杂物多、杂质元素过多、存在夹层等，它们常常是零件断裂的发源地，所以原材料的检验十分重要。

(3) 加工工艺不当

零件在加工和成形过程中，采用的工艺不正确，可能造成种种缺陷。冷加工中常出现的缺陷是：表面粗糙度太高，存在较深的刀痕、磨削裂纹等。热成形中最容易产生的缺陷是过烧、过热和带状组织等。而热处理中，工序的遗漏，淬火冷却速度不够，表面脱碳，淬火变形、开裂等，都是造成零件失效的重要原因。尤其是当零件厚度不均、截面变化急剧、结构不对称时，热处理工艺对零件失效的影响更应特别注意。

(4) 安装使用不良

安装时配合过紧、过松，对中不好，固定不紧等，都可能使零件不能正常地工作，或工作不安全。使用维护不良、不按工艺规程操作，也会造成零件在不正常的条件下运转。例如，零件磨损后未及时调整间隙或进行更换，会造成过量弹性变形和冲击载荷；环境介质的污染会加速磨损和腐蚀进程等，这些情况对失效的影响都不可轻视。

失效往往不只是单一原因造成的，而可能是多种原因共同作用的结果。因此，必须逐一考查设计、材料、加工和安装使用等方面的问题，排除各种可能性，找到失效的真正原因。

10.1.4 失效分析

失效分析包括逻辑推理和实验研究两个方面，在实际应用中应把它们结合起来。失效的原因主要在设计、材料、工艺、安装使用四个方面，所以失效分析中的实验研究应充分利用各种宏观测试和微观观察手段，系统、有步骤地实验和研究失效零件中的变化，以便从蛛丝马迹中找到零件失效的根源。影响失效的因素很多，失效与诸多因素之间的关系如图 10-3 所示。

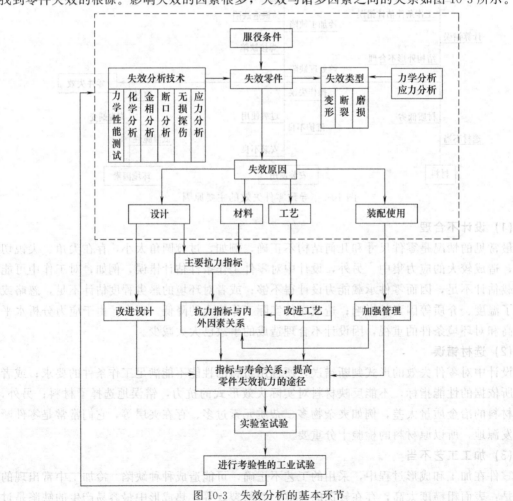

图 10-3　失效分析的基本环节

(1) 失效分析的主要步骤

① 收集失效零件的残体，观测并记录损坏的部位、尺寸变化和断口宏观特征；收集表面剥落物和腐蚀产物，必要时照相留据。

② 了解零件的工作环境和失效经过，观察相邻零件的损坏情况，判断损坏的顺序。

③ 审查有关零件的设计、材料、加工、安装、使用、维护等方面的资料。

④ 试验研究，取得数据，判断失效的原因，提出改进措施，写出分析报告。

(2) 失效分析时根据需要选择的试验项目

① 化学分析。采用化学分析检验材料成分与设计要求是否相符。有时需要采用剥层法，查明化学热处理零件截面上的化学成分变化情况；必要时还应采用电子探针等方法，了解局部区域的化学成分。

② 断口分析。对断口做宏观（肉眼或立体显微镜）及微观（高倍光学显微镜或电子显微镜）观察，确定裂纹的发源地、扩展区和最终断裂区的断裂性质。

③ 宏观健全性检查。检查零件材料及其在加工过程中产生的缺陷，如与冶金质量有关的缩松、缩孔、气泡、白点、夹杂物等；与锻造有关的流线分布、锻造裂纹等；与热处理有关的氧化、脱碳、淬火裂纹等。为此，应对失效部位的表面和纵、横剖面做低倍检验。有时还要用无损探伤法检测内部缺陷及其分布。对于表面强化零件，还应检查强化层厚度。

④ 显微分析。采用显微分析判明显微组织，观察组织组成物的形状、大小、数量、分布及均匀性，鉴别各种组织缺陷，判断组织是否正常。特别注意失效源周围组织的变化，这对查清裂纹性质、找出失效的原因是非常重要的。

⑤ 应力分析。采用实验应力分析方法，检查失效零件的应力分布，确定损害部位是否为主应力最大的地方，找出产生裂纹的平面与最大主应力方向之间的关系，以便判定零件几何形状与结构受力位置的安排是否合理。

⑥ 力学性能测试。根据硬度大致判定材料的力学性能；对于大截面零件，还应在适当部位取样，测定其他力学性能指标。

⑦ 断裂力学分析。对于某些零件，要进行断裂韧度的测定。为此，用无损探伤测出失效部位的最大裂纹尺寸，按照最大工作应力，计算出断裂韧度值，由此判断发生低应力脆断的可能性。

10.2　选用机械工程材料的原则与方法

选材是否恰当，将直接影响到产品的使用性能、使用寿命及制造成本。要做到合理选用材料，就必须全面分析零件的工作条件、受力性质和大小以及失效形式，然后综合各种因素，提出能满足零件工作条件的性能要求，再选择合适的材料并进行相应的热处理以满足性能要求。选材应考虑的一般原则有：使用性原则、工艺性原则和经济性原则。

10.2.1　使用性原则

使用性能是保证零件完成规定功能的必要条件。在大多数情况下，这是选材首先要考虑的问题。使用性能主要是指零件在使用状态下应具有的力学性能、物理性能和化学性能。力学性能要求一般是在分析零件工作条件和失效形式的基础上提出的。

零件的工作条件是复杂的，根据受力状态来分，有拉、压、弯、扭等应力；根据载荷性质来分，有静载荷、动载荷等；根据工作温度来分，有低温、室温、高温、交变温度等；根据环境介质来分，有加润滑剂的，有接触酸、碱、盐、海水、粉尘的等。此外，有时还要考虑物理性能要求，如导电性、导磁性、导热性、热膨胀性、辐射等。

通过对零件工作条件和失效形式的全面分析，确定零件对使用性能的具体要求。常用零件的工作条件、失效形式和所要求的主要力学性能指标如表 10-1 所示。

表 10-1　几种常用零件的工作条件和失效形式

零件	工作条件			常见的失效形式	要求的主要力学性能
	应力种类	载荷性质	受载状态		
紧固螺栓	拉、切应力	静载荷	—	过量变形断裂	强度、塑性
传动轴	弯、扭应力	循环、冲击	轴颈摩擦、振动	疲劳断裂、过量变形、轴颈磨损	综合力学性能
传动齿轮	压、弯应力	循环、冲击	摩擦、振动	齿折断、磨损、疲劳断裂、接触疲劳（麻点）	表面高强度及疲劳强度、心部强度、韧度
弹簧	扭、弯应力	交变、冲击	振动	弹性失稳、疲劳破坏	弹性强度、屈强比、疲劳强度
冷作模具	复杂应力	交变、冲击	强烈摩擦	磨损、脆断	硬度、足够的强度、韧度

当以强度为主要依据选材时，应考虑构件所承受的载荷与其重量之比。当屈服强度与密度的比值 σ_s/ρ 最大时，构件重量最轻。所以，在给定的外载条件下，当材料的密度接近时，应选用屈服强度高的材料。

常用材料的屈服强度如表 10-2 所示。由表中数据可以看出，目前作为高强度结构较理想的材料还是钢铁。强度对材料的组织很敏感，因此，在选材时既要按强度要求选用合适的材料，又必须确定材料的热处理工艺。

表 10-2　常用材料的屈服强度

材　料	屈服强度/MPa	材　料	屈服强度/MPa
金刚石	50000	铸铁	220～1030
SiC	10000	Cu	60
Si_3N_4	8000	铜合金	60～960
石英玻璃	7200	Al	40
WC	6000	铝合金	120～627
Al_2O_3	5000	铁素体不锈钢	240～400
TiC	4000	碳纤维复合材料	640～670
钠玻璃	3600	钢筋混凝土	410
MgO	3000	玻璃纤维复合材料	100～300
低合金钢（淬火、回火）	500～1980	有机玻璃	60～110
压力容器钢	1500～1900	尼龙	52～90
奥氏体不锈钢	286～500	聚苯乙烯	34～70
镍合金	200～1600	木材（纵向）	35～55
W	1000	聚碳酸酯	55
Mo 及其合金	560～1450	聚乙烯（高密度）	6～20
Ti 及其合金	180～1320	天然橡胶	3
碳钢（淬火、回火）	260～1300	泡沫塑料	0.2～10

　　许多工程构件，常要求材料具有良好的综合力学性能，尤其是强度、韧度的配合。表 10-3 给出了几种材料的冲击韧性值。从冲击韧性考虑，奥氏体钢性能较优越。

表 10-3　几种材料的冲击韧性值

材　料	冲击功/J	试　样	材　料	冲击韧性/(kJ/m²)	试　样
退火态工业纯铝	30		高密度聚乙烯	30	缺口尖端半径 0.25mm，缺口深度 0.75mm
退火态黑心可锻铸铁	15	V 形缺口试样	聚氯乙烯	3	
普通灰铸铁	3		尼龙 66	5	
退火态奥氏体不锈钢	217		聚苯乙烯	2	
热轧 0.2% 碳钢	50		ABS 塑料	25	

　　对于材料内部有裂纹的构件，应使用断裂韧度值如 K_{IC} 作为材料抵抗断裂能力的指标。常用工程材料的 K_{IC} 值如表 10-4 所示。

表 10-4　常用材料的断裂韧度值

材　料	$K_{IC}/(MN/m^{3/2})$	材　料	$K_{IC}/(MN/m^{3/2})$
纯塑性金属（Cu、Ni、Al 等）	96～340	木材	11～14
压力容器钢	120～155	聚丙烯	1.0～2.9
高强钢	47～149	聚乙烯	0.9～1.9
低碳钢	100～140	尼龙	1.2～2.9
钛合金（Ti6Al4V）	50～118	聚苯乙烯	0.9～1.9
玻璃纤维复合材料	19～56	聚碳酸酯	0.9～2.8
铝合金	22～43	有机玻璃	0.9～1.4
碳纤维复合材料	31～43	SiC	0.8～2.8
中碳钢	30～50	Si_3N_4	3.7～4.7
普通灰铸铁	6～19	Al_2O_3	2.8～4.7
碳素工具钢	10～19	水泥	0.1～0.2
钢筋混凝土	9～16	钠玻璃	0.6～0.8
硬质合金	12～16		

　　高周疲劳时，材料疲劳抗力的指标主要为疲劳强度，常用材料的疲劳强度数值如表 10-5 所示。从表中可以看出，高分子材料的疲劳强度都很低，金属材料的疲劳强度较高，特别是钛合金和超高强钢。

表 10-5　常用材料的疲劳强度数值

材　料	疲劳强度 σ_{-1}/MPa	材　料	疲劳强度 σ_{-1}/MPa
25 钢（正火）	176	Ti 合金	627
45 钢（正火）	274	LY12（时效）	137
40CrNiMo（调质）	529	LC4（时效）	157
35CrMo（调质）	470	ZL102	137
超高强钢（淬火、回火）	784～882	H68	147
60 弹簧钢	559	ZCuSn10P1	274
GCr15	549	聚乙烯	12
18-8 不锈钢	196	聚碳酸酯	10～12
1Cr13 不锈钢	216	尼龙 66	14
QT400-18	196	缩醛树脂	26
QT700-2	196	玻璃纤维复合材料	88～147

低周疲劳时，材料的疲劳抗力不但与强度有关，而且与塑性有关，即材料应有较好的强度、韧度。

10.2.2 工艺性原则

制作一个合格的机械零件，都要经过一系列的加工过程，材料加工工艺性能将直接影响到零件的质量、生产效率和成本。不同零件对各种加工工艺性能的要求是不同的，如很好的铸造性能是制造铸造零件的先决条件；冷成形件要求材料有好的均匀塑性变形性能；作为工程构件的材料应具有好的焊接和冷变形性能；而大多数的机器零件对材料在工艺上最突出的要求是可切削加工性和热处理工艺性（包括淬透性、变形规律、氧化和热化学稳定性等）。工程塑料的工艺性能主要包括热成形性、脱模性等；陶瓷材料的素坯成形性（主要与粉料的流动性、颗粒粘接强度及成形模具有关）和烧结性能是其重要的工艺性能。

(1) 尽量选用工艺简单的材料

例如，冷拔硬化钢料具有良好的强度、韧度，加工成形后一般不需热处理，且其还有良好的切削加工性；自动加工机床选用易切钢，可以延长刀具寿命，提高生产率，改善零件的表面粗糙度；用低碳钢淬火（低碳马氏体）代替中碳钢调质，热处理工艺性大大改善，不易淬火变形和开裂，不易脱碳，其他加工工艺性也可得到改善；在机械制造业中还常常考虑以铁代钢，以铸代锻，这也简化了工艺，同时还降低了成本。

(2) 注意材质与其工艺性要求

机械零件所用材料的材质对其使用性能和工艺性能都有很大的影响。例如钢中杂质 S 影响材料锻造工艺性（有热脆性），但 S 可改善钢的切削加工性；而 P 使钢产生"冷脆"，影响冲压和焊接工艺性，但 P 可改善钢的耐大气腐蚀能力；沸腾钢的冲压性能不如镇静钢，故形状复杂的冲压件不能选用沸腾钢；渗碳钢最好是本质细晶钢，否则需要重新加热淬火以细化晶粒、改善性能；普通结构钢的含碳量范围较宽，淬透性变化较大，不宜用于热处理；过热敏感性较大的钢，要求严格控制加热温度和保温时间，大型零件不宜采用这类钢。同样在 Al、Cu、Mg 等非铁合金中杂质和特定的合金元素对其零件的工艺性能也有很大影响。高分子材料中固化剂、填充剂的性能、数量对其成形性影响很大；陶瓷材料中的杂质对其烧结成形性的影响可能是巨大的，如氧化铝瓷中的 SiO_2、MgO、NaO 等杂质（或添加剂）对其零件的烧结温度、烧结速度和材料的致密度有极大的影响。

(3) 注意先后工艺间的相容性

零件制作过程中，各工序之间是互相联系、相辅相成的。如大多数的钢制零件加工时，其预备热处理会对后面的机械加工、最终热处理等工序产生重要影响。而若生产中要把铸件、锻件用焊接的方法连成一体，成为铸-锻-焊结构，或是要采用高能表面热处理方法，且将这种工序纳入零件生产自动线，或采用冷塑性变形的方法（冷轧、冷挤、冷冲压、冷滚、冷镦等）取代部分机械加工时，这些工艺方法往往都要求材料做相应改变，或是充分考虑前后工艺间的相容性，以适应新生产技术的要求。

10.2.3 经济性原则

除了使用性能与工艺性能外，经济性也是选材必须考虑的重要问题。所谓的经济性是指所选用的材料加工成零件后，它的生产和使用的总成本最低，经济效益最好。经济性原则主要从以下几方面来考虑。

(1) 价格因素

不同材料的价格差异很大，而且在不断变动，设计人员在对材料的市场价格有所了解的基础上，应尽可能选用价格比较便宜的材料。通常，材料的直接成本为产品价格的30%～70%，因此，能用非合金钢制造的零件就不用合金钢，能用低合金钢制造的零件就不用高合金钢，能用钢制造的零件就不用有色金属等，这一点对于大批量生产的零件尤为重要。表10-6给出了常见金属材料的相对价格。

表 10-6 常见金属材料的相对价格

材　　料	相对价格/元	材　　料	相对价格/元
碳素结构钢	1	铬不锈钢	约 6
低合金高强度结构钢	1.2～1.7	铬镍不锈钢	12～14
优质碳素结构钢	1.3～1.5	普通黄铜	9～17
易切削钢	约 1.7	锡青铜、铝青铜	15～19
合金结构钢(Cr-Ni 钢除外)	1.7～2.5	灰铸铁	约 1.4
铬镍合金结构钢(中合金钢)	约 5	球墨铸铁	约 1.8
滚动轴承钢	约 3	可锻铸铁	2～2.2
碳素工具钢	约 1.6	碳素铸钢件	2.5～3
低合金工具钢	3～6	铸造铝合金、铜合金	8～10
高速钢	10～18	铸造锡基轴承合金	约 23
硬质合金(YT 类刀片)	150～200	铸造铅基轴承合金	约 10
钛合金	约 40	镍	约 25
铝及铝合金	5～10	金	约 50000

(2) 加工费用

零件的生产工艺与数量直接影响零件的加工费用，因此，应当合理地安排零件的生产工艺，尽量减少生产工序，并尽可能采用无切削或少切削加工新工艺，如精铸、模锻、冷拉毛坯等。对于单件生产，尽量不采用铸造方法。

(3) 资源供应状况

随着工业的发展，资源和能源的问题日益突出，所选材料应立足于国内和货源较近的地区，并尽量减少所选材料的品种、规格，以便简化采购、运输、保管及生产管理等各项工作。另外，所选材料应满足环境保护方面的要求，尽量减少污染；还要注意生产所用材料的能源消耗，尽量选用耗能低的材料。

(4) 使用非金属材料

在条件允许的情况下，使用优异性能的聚合物材料替代金属，不仅能降低零件成本，性能还可更加优异。表10-7列出了一些塑料替代金属的应用实例。

综上所述，零件选材应满足生产工艺对材料工艺性能的要求。与使用性能的要求相比，工艺性能处于次要地位；但在某些情况下，工艺性能也可成为主要考虑的因素。当工艺性能和力学性能相矛盾时，从工艺性能方面考虑，使得某些力学性能显然合格的材料有时不得不舍弃，这点对于大批量生产的零件特别重要。因为在大量生产时，工艺周期的长短和加工费用的高低，常常是生产的关键。例如，为了提高生产效率，而采用自动机床实行大量生产时，零件的切削性能可成为选材时考虑的主要问题。此时，应选用易切削钢之类的材料，尽管它的某些性能并不是最好的。

表 10-7　用塑料替代金属的应用实例

零件类型		产品	零件名称	原用材料	现用材料	工作条件	使用效果
摩擦传动零件	轴承	4t 载重汽车	底盘衬套轴承	轴承钢	聚甲醛 F-4 铝粉	低速、重载、干摩擦	1 万千米以上不用加油保养
		163kW 柴油机	推力轴承	巴氏合金	喷涂尼龙 1010	在油中工作,平均滑动线速度 7.1m/s,载荷 1.5MPa	磨损量小,油温比用巴氏合金时低 10℃ 左右
		水压机	立柱导套(轴承)	ZCuSn10Pb5	MC 尼龙	100℃往复运动	良好,已投入生产
	齿轮	六角车床	走刀机构传动齿轮	45 钢	聚甲醛(或铸型尼龙)	有摩擦但较平稳	噪声减小,长期使用无损坏磨损
		起重机	吊索绞盘传动蜗轮	磷青铜	MC 铸型尼龙	最大起吊重量 67t	零件重量减轻 80%,使用两年磨损很小
		万能磨床	油泵圆柱齿轮	40Cr	铸型尼龙、氯化聚醚	转速(1440r/min)载荷较大,在油中运转,连续工作油压 1.5MPa	噪声小,压力稳定,长期使用无损坏
一般结构件	螺母	铣床	丝杠螺母	锡青铜	聚甲醛	对丝杠不起磨损作用或磨损极微,有一定强度、刚度	良好
	油管	万能外圆磨床	滚压系统油管	紫铜	尼龙 1010	耐压 0.825MPa、工作台换向等精度高	良好,已推广使用
	紧固件	外圆磨床	管接头	45 钢	聚甲醛	<55℃,耐 20℃机油压 0.381MPa	良好
		摇臂钻床	上、下部管体螺母	HT150	尼龙 1010	室温、冷却液 0.3MPa	密封性好,不渗漏水
	壳体件	万能外圆磨床	罩壳衬板	镀锌钢板	ABS	电器按钮盒	外观良好,制作方便
		D26 型电压表	开关罩	铜合金	聚乙烯	40～60℃,保护仪表	良好,便于装配
		电风扇	开关外罩	铝合金	改性有机玻璃	有一定强度,美观	良好
	手柄、手轮等	柴油机	摇手柄套	无缝钢管	聚乙烯	一般	良好
		磨床	手把	35 钢	尼龙 6	一般	良好
		电焊机	控制滑阀	Cu	尼龙 1010	0.6MPa	良好

10.2.4　选用机械工程材料的方法

　　材料的选择是一个比较复杂的决策问题。目前还没有一种确定选材最佳方案的精确方法。它需要设计者熟悉零件的工作条件和失效形式,掌握有关的工程材料的理论及应用知识、机械加工工艺知识以及较丰富的生产实际经验。通过具体分析,进行必要的试验和选材方案对比,最后确定合理的选材方案。常用的选材方法有经验法、类比法、替代法和试差法。

(1) 选用机械工程材料的方法

1）经验法

经验法也称为套用法，即根据以往生产相同零件时选材的成功经验，根据有关设计手册对此类零件的推荐用材进行选材。此外，在国内外已有同类产品的情况下，可通过技术引进或进行材料成分性能测试，套用其中同类零件所用的材料。

2）类比法

通过参考其他种类产品中功能或使用条件类似且实际使用良好的零件的用材情况，经过合理的分析、对比后，选择与之相同或相近的材料。

3）替代法

在生产零件或维修机械更新零件时，如果原来所选用的材料因某种原因无法得到或不能使用，则可参照原用材料的主要性能判断，另选一种性能与之近似的材料。为了确保零件的使用安全性，替代材料的品质和性能一般应不低于原用材料。

4）试差法

若是新设计的关键零件，应按照上述选材步骤的全过程进行。如果试验结果未能达到设计的性能要求，应找出差距，分析原因，并对所选材料牌号或热处理方法加以改进后再进行实验，直至结果满意，并根据此结果确定材料及其热处理方法。

(2) 选用机械工程材料的步骤

图 10-4 所示的选用机械工程材料的一般步骤仅供参考。

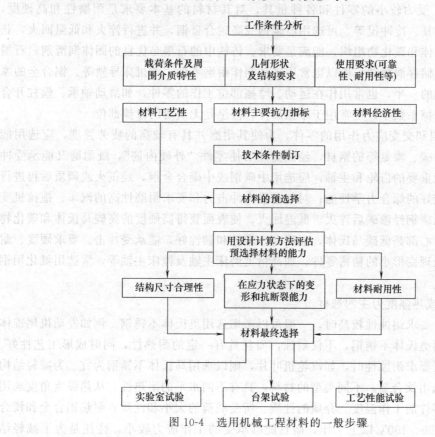

图 10-4 选用机械工程材料的一般步骤

1）以综合力学性能为主时的选材

若零件工作时承受冲击力和循环载荷（如连杆、锤杆、锻模等），其主要失效形式是过量变形与疲劳断裂，要求综合力学性能要好（R_m、R_{-1}、A、A_k较高）。对一般机械零件，根据零件的受力和尺寸大小，通常选用调质或正火状态的中碳钢或中碳合金钢，调质、正火或等温淬火状态的球墨铸铁或淬火、低温回火的低碳钢等制造。当零件受力较小并要求有较高的比强度与比刚度时，应考虑选择铝合金、镁合金、钛合金或工程塑料与复合材料等。

2）以疲劳强度为主时的选材

零件在交变应力作用下最常见的破坏形式是疲劳破坏，如发动机曲轴、齿轮、弹簧及滚动轴承等零件的失效，大多数是由疲劳破坏引起的。这类零件的选材，应主要考虑疲劳强度。

应力集中是导致疲劳破坏的重要原因。实践证明，材料强度越高，疲劳强度也越高；在强度相同时，调质后的组织比退火、正火后的组织具有更好的塑性和韧性，且对应力集中敏感性小，具有较高的疲劳强度。因此，对受力较大的零件应选用淬透性较高的材料，以便进行调质处理；对材料表面进行强化处理，且强化层深度应足够大，也可有效地提高疲劳强度。

3）以磨损为主时的选材

机器运转中两零件发生摩擦时，其磨损量与其接触压力、相对速度、润滑条件及摩擦副的材料等有关。材料的耐磨性是抵抗磨损能力的指标，它主要与材料的硬度、显微组织有关。根据零件工作条件不同，可分为两种情况选材：

① 磨损较大，受力较小的零件和各种量具，对其材料的基本要求是耐磨性和高硬度，如钻套、顶尖、刀具、冷冲模等，可选用高碳钢或高碳合金钢，并进行淬火和低温回火，获得高硬度回火马氏体和碳化物组织，能满足要求。铸铁中的石墨是优良的固体润滑剂，石墨脱落后，孔隙中可储存润滑油，所以也常用铸铁制作耐磨零件，如机床导轨等。铜合金的摩擦系数小，约为钢的一半，也常用作在运动、摩擦部位工作的零件，如滑动轴承、丝杠开合螺母等。塑料的摩擦系数小，也常用于摩擦部件，甚至是无润滑的摩擦部位。

② 同时受磨损和交变应力作用的零件，为使其耐磨并具有较高的疲劳强度，应选用能进行表面淬火或渗碳、渗氮等的钢材，经热处理后使零件"外硬内韧"，既耐磨又能承受冲击。例如，机床中重要的齿轮和主轴，应选用中碳钢或中碳合金钢，经正火或调质后再进行表面淬火，获得较好的综合力学性能；对于承受大冲击力和要求耐磨性高的汽车、拖拉机变速齿轮，应选用低碳钢经渗碳后淬火、低温回火，使表面获得高硬度的高碳马氏体和碳化物组织，耐磨性高；心部是低碳马氏体，强度高，塑性和韧性好，能承受冲击。要求硬度、耐磨性更高以及热处理变形小的精密零件，如高精度磨床主轴及镗床主轴等，常选用氮化用钢进行渗氮处理。

4）以耐蚀性或热强度为主的选材

当受力不大、要求耐蚀性较高时，一般可以考虑选用奥氏体不锈钢。例如发动机尾锥体和飞机蒙皮，选用奥氏体不锈钢，不仅耐蚀，而且具有一定的耐热性，同时成形工艺性好。当零件受力较大又要求耐蚀性时，如汽轮机叶片，则以选用马氏体不锈钢为宜。为减轻结构质量，也可考虑选用钛合金。不同类型的材料，具有不同水平的耐热性，从热强度角度选用材料，必须了解零件的工作温度、介质的性质、所受载荷的大小和性质。耐热铝合金和镁合金，一般只能在300～400℃以下工作，而且能够承受的工作应力较小，往往是为了减轻结构质量，或因零件形状较复杂，需要铸造成形时选用。不锈钢和钛合金的耐热水平相近，大致都可在 500～600℃以下工作，但不锈钢零件的结构质量较大。在工作应力、温度和腐蚀条件允许时，选用钛合金可以减小结构质量。

10.3　典型零件选材实例

10.3.1　轴类零件的选材

轴类零件是机械工业中重要的基础零件之一，如机床主轴、花键轴、变速轴、内燃机曲轴、凸轮轴、透平转子和丝杆等，它们带动安装在其上的零件作稳定运动，并传递着动力和承受各种载荷。轴类零件工作时的受力情况也各有不同：如发动机曲轴，工作时承受弯曲、扭转、交变载荷；各种传动轴主要承受交变扭转载荷或冲击载荷；船舶的推进器主轴，承受弯、扭、拉、压等交变载荷。

(1) 轴类零件选材主要考虑的因素

轴类零件的主要失效形式多为过度磨损或疲劳断裂。一般轴类零件对力学性能的要求为：优良的综合力学性能，耐磨性好、疲劳强度高。在高温及腐蚀介质中工作的轴类，还要求良好的热强性、耐蚀性和抗高温磨损性能。轴类零件工作条件不同，对材料的选用也不尽相同。在特定场合应用的轴，选材时主要考虑以下几方面因素：

1）载荷类型和大小

承受弯曲和扭转载荷时，轴的选材对淬透性要求不高，根据轴颈大小和负荷大小部分淬透就行；承受拉、压载荷或载荷中有拉、压成分，而且拉、压成分不能忽略时，如水泵轴，要根据轴颈大小选择保证能淬透的材料。

载荷大小的合理性，应根据轴的失效形式判断认定：工作载荷小，冲击载荷不大，轴颈部位磨损不严重，就被认定为轻载，例如普通车床的主轴；承受中等载荷，磨损较严重，有一定的冲击载荷，就被认定为中载，例如铣床主轴；工作载荷大，磨损及冲击都较严重，就被认定为重载，例如工作载荷大的组合机床主轴。

2）冲击载荷

冲击载荷大小反映了轴的材料对韧性的要求。在选材时，不能片面地追求强度指标。由于材料的强度和韧性往往是相互矛盾的，一般情况下，增加强度往往要牺牲韧性，而韧性的降低又意味着材料发生脆化。因此，在选材时，要寻求高强度同时兼有高韧性的材料，才能保证使用的可靠性。

3）疲劳强度

当疲劳失效的可能性大且成为主要的失效形式时，疲劳强度应成为选用机械工程材料的主要力学性能指标。

4）精度的持久性

精度的持久性是指轴经历相当长时间的运转后保持原有精度的能力。金属切削机床，尤其是高精度机床对此应有严格的要求。轴的精度持久性与使用过程中轴某些部位的磨损和热处理及切削加工引起的残余应力释放密切相关。热处理残余应力越小，精度持久性越高。

5）转速

高转速意味着运转总时间的缩短，且转速高易引起振动，故转速影响精度和精度的持久性。高转速时宜选用氮化主轴，热处理较宜选用调质和正火。

6）配合轴承类型

当与轴类零件配合的滑动轴承选用巴氏合金时，轴颈处硬度可略低；而滑动轴承选用锡青铜时，轴颈处硬度值应不低于 50HRC；若与轴类零件配合的轴承为钢质轴承（如镗床主轴），则轴颈应有更高的表面硬度。

7）轴的复杂程度和长径比

轴越复杂、表面不连续性越严重，应力集中越高，此时提高塑性和韧性是有利的，材料的热处理方式建议为调质、渗碳。轴的长径比越大，热处理弯曲变形倾向越大，应选用淬透性好的材料以减少变形。同样，轴的截面越大，也应选用淬透性好的材料。

（2）轴的常用材料及热处理

常用轴类材料主要是经锻造或轧制的低、中碳钢或中碳合金钢，如 35 钢、40 钢、45 钢、50 钢等，其中 45 钢应用最广。这类钢材一般采用正火、调质或调质＋表面淬火的方式来改善材料的力学性能。

对于受力小或不重要的轴，可采用 Q235 钢、Q275 钢等；当受力较大并要求限制轴的外形、尺寸和质量，或要求提高轴颈的耐磨性时，可采用 20Cr 钢、40Cr 钢、40CrNi 钢、20CrMnTi 钢、40MnB 钢等，并辅以渗碳、调质、调质＋高频表面淬火等相应的热处理。近年来越来越多地采用球墨铸铁和高强度灰铸铁作为轴的材料，尤其是作为曲轴材料，其热处理方式主要是退火、正火、调质和表面淬火。

（3）轴类零件的工艺路线

整体淬火轴的工艺路线：下料→锻造→正火或退火→粗加工→半精加工→调质→粗磨→去应力回火→精磨至尺寸。

调质后再表面淬火轴的工艺路线：下料→锻造→退火或正火→粗加工→调质→半精加工→表面淬火→粗磨→时效→精磨或精磨后超精加工。

渗碳轴的工艺路线：下料→锻造→正火→粗加工→半精加工→渗碳→去除不需渗碳的表面层→淬火并低温回火→粗磨→时效→精磨或精磨后超精加工。

氮化主轴的工艺路线：下料→锻造→退火→粗加工→调质→半精加工→去应力回火→粗磨→氮化→精磨或研磨到尺寸。

（4）机床主轴选材示例

主轴是机床中最主要的零件之一，工作时高速旋转、传递动力，它的工作条件及失效形式决定了主轴应具有良好的综合力学性能，但还应考虑主轴上不同部位上的不同性能要求。下面以 C6132 车床主轴为例，介绍其选材方法并进行热处理工艺分析，如图 10-5 所示。

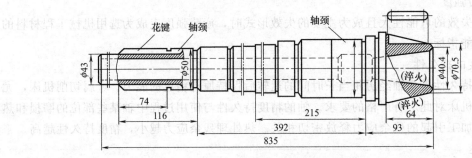

图 10-5　C6132 车床主轴简图

该轴工作时承受弯曲和扭转应力作用，有时受到冲击载荷的作用，运转较平稳，工作条件较好。主轴大端内锥孔和锥度外圆，经常与卡盘、顶针有相对摩擦；花键部分与齿轮有相对滑动，故要求这些部位有较高的硬度和耐磨性。该主轴在滚动轴承中运转，轴颈处硬度要求 220～250HBW。

根据上述工作条件分析，该主轴可选 45 钢。热处理工艺及应达到的技术条件是：整体调质，硬度为 220～250HBW；内锥孔和外锥面处硬度为 45～50HRC；花键部位高频感应淬火，其硬度为 48～53HRC。该主轴加工工艺路线如下：

下料→锻造→正火→粗加工→调质→半精加工（除花键外）→局部淬火、回火（内锥孔及外锥面）→粗磨（外圆、外锥面及内锥孔）→铣花键→花键高频感应淬火、回火→精磨（外圆、外锥面及内锥孔）。

正火的作用主要是消除锻造应力，并获得合适的硬度（180～220HBW），改善切削加工性能及组织，为调质处理作准备；调质处理是使主轴得到好的综合力学性能和疲劳强度；内锥孔和外锥面采用盐浴炉快速加热并淬火，经过回火后可达到所要求的硬度，以保证装配精度和耐磨性；花键部位采用高频感应淬火、回火，以减小变形并获得要求的表面硬度。

45 钢价格低，锻造性能和切削加工性能比较好，虽然淬透性不如合金调质钢，但主轴工作时应力主要分布在表面层，结构形状较简单，调质、淬火时一般不会出现开裂，所以能满足性能要求。

也有用球墨铸铁制造机床主轴的，如用球墨铸铁代替 45 钢制造 X62WT 万能铣床主轴，结果表明，球墨铸铁的主轴淬火后硬度为 52～58HRC，而且变形比 45 钢小。

10.3.2　齿轮类零件的选材

齿轮是现代工业应用最广的一种机械传动零件，它们在汽车、拖拉机、机床、冶金、起重机械及矿山机械等产品中起着重要作用。与其他机械传动零件相比，齿轮传动效率高、使用寿命长、结构紧凑、工作可靠，且保证恒定不变的传动比。它的缺点是传动噪声较大，对冲击比较敏感，制造和安装精度要求高，成本较高，一般不用于中心距较大的传动。

(1) 齿轮类零件的工作条件和失效形式

齿轮工作时，通过齿面接触传递转矩和调节速度，在啮合齿表面既有滚动又有滑动，因而表面受到接触压应力及强烈的摩擦和磨损。在齿根部则受到较大的交变弯曲应力的作用；此外，在启动、运动过程中的换挡、过载或啮合不良，齿轮会受到冲击载荷；因加工、安装不当或齿轮轴变形等引起的齿面接触不良，以及外来灰尘、金属屑末等硬质微粒的侵入，都会产生附加载荷，使工作条件恶化。所以，齿轮的工作条件和载荷情况是相当复杂的。齿轮的失效形式是多种多样的，主要有轮齿折断（疲劳断裂、冲击过载断裂）、齿面损伤（齿面磨损、齿面疲劳剥落）、过量塑性变形等。

(2) 齿轮类零件的性能要求

为保证齿轮的正常工作，要求齿轮材料经热处理后，具有高的接触疲劳强度和抗弯强度、高的表面硬度和耐磨性、适当的心部强度和足够的韧性，以及最小的淬火变形；同时，具有良好的切削加工性能，以保证所要求的精度和表面粗糙度值；材质符合有关的标准规定，价格适中，材料来源广泛。

(3) 齿轮的常用材料及热处理

根据齿轮工作条件、运转速度、尺寸大小的不同，常用的材料主要有钢、铸钢、铸铁、非铁金属、非金属材料。

1）钢

钢应用于多种工作条件，是齿轮最主要的用材，它包括中碳钢、合金调质钢、合金渗碳钢等。中碳钢、合金调质钢（如 40 钢、45 钢、40Cr 钢、40MnB 钢、35SiMn 钢等）制成的齿轮，经调质或正火后再进行精加工，然后经表面淬火、低温回火，有时经调质和正火后也可直接使用。因其表面硬度、心部韧性不很高，故不能承受大的冲击力，一般用于中、低速和载荷不大的中、小型传动齿轮。

合金渗碳钢（如 20CrMnTi 钢、20MnVB 钢、18Cr2Ni4WA 钢等）制成的齿轮，经渗碳并淬火、低温回火后，齿面具有很高的硬度和耐磨性，心部有足够的韧性和强度，这些钢主要用于高速、重载、冲击较大的重要齿轮。

2）铸钢和铸铁

铸钢可用于制造力学性能要求较高、形状复杂难以锻造成形的大直径齿轮，常用的材料有 ZG270-500、ZG310-570、ZG40Cr 等，在机械加工前应进行正火，以消除铸造应力和硬度不均，改善切削加工性能；在机械加工后，一般进行表面淬火。对于耐磨性和疲劳强度要求较高而冲击载荷较小的齿轮，可用球墨铸铁制造，如 QT500-7、QT600-3 等。对于轻载、低速、不受冲击的低精度齿轮，可选用灰铸铁制造，如 HT200、HT250、HT300 等。铸铁齿轮一般在铸造后进行去应力退火、正火或机械加工后表面淬火。

3）有色金属

仪器、仪表以及在某些腐蚀介质中工作的轻载齿轮，常选用耐蚀、耐磨的有色金属材料，如黄铜、铝青铜、锡青铜、硅青铜等。

4）非金属材料

随着塑料的发展与性能的提高，采用尼龙、ABS、聚甲醛等塑料制造的齿轮已得到越来越广泛的应用。塑料齿轮用于受力不大以及在无润滑条件下工作的小型齿轮。

(4) 汽车、拖拉机齿轮选材示例

汽车、拖拉机齿轮主要安装在变速箱和差速器中。在变速箱中齿轮用于传递转矩和改变发动机、曲轴和主轴齿轮的传动速比；在差速器中齿轮用来增加扭转力矩和调节左右两车轮的转速，将动力传递到主动轮，推动汽车、拖拉机运行。这类齿轮受力较大，超载与受冲击频繁，工作条件远比机床齿轮恶劣；因此，对耐磨性、疲劳强度、心部强度和韧性等的要求比机床齿轮高。下面以解放牌载重汽车（载重量为 8t）变速箱中的变速齿轮（图 10-6）为例进行分析齿轮零件的选材。

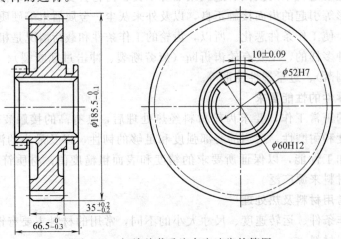

图 10-6　解放牌载重汽车变速齿轮简图

　　该齿轮工作中承受载荷较大，磨损严重，并且承受较大的冲击力，因此，要求齿面硬度和耐磨性高，心部具有较高的强度与韧性，即齿面硬度为 58～62HRC，心部硬度为 33～48HRC，心部强度 $R_m>1000MPa$，心部韧性 $A_{kU}>47J$。为满足上述要求，可选用合金渗碳钢 20CrMnTi，经渗碳、淬火和低温回火处理。其加工工艺路线如下：

　　下料→锻造（模锻）→正火→切削加工→渗碳→淬火及低温回火→喷丸→校正花键孔→精磨齿。

　　正火是为了均匀和细化组织，消除锻造应力，获得好的切削加工性能；渗碳后淬火及低温回火是使齿面具有高硬度和高耐磨性，心部具有足够的强度和韧性，渗碳层深 1.6～2mm；喷丸处理可增大渗碳表层的压应力，提高疲劳强度，同时也可以清除氧化皮。

习题

一、填空题

1. 一般机械零件的失效形式有：＿＿＿＿＿＿、＿＿＿＿＿＿、＿＿＿＿＿＿。

2. 造成零件失效的原因有：＿＿＿＿＿＿、＿＿＿＿＿＿、＿＿＿＿＿＿、＿＿＿＿＿＿。

3. 选用机械工程材料时应考虑的原则有：＿＿＿＿＿＿、＿＿＿＿＿＿、＿＿＿＿＿＿。

4. 选用机械工程材料的方法有：＿＿＿＿＿＿、＿＿＿＿＿＿、＿＿＿＿＿＿、＿＿＿＿＿＿。

二、简答题

1. 如何合理地选用机械工程材料？

2. 一个起连接紧固作用的重要螺栓（$\phi25mm$），工作时主要承受拉力，要求整个截面有足够抗拉强度、屈服强度、疲劳强度和一定的冲击韧性。请回答以下问题：

① 选用何种材料？选用该材料的理由是什么？

② 试制订该零件的加工工艺路线。

③ 说明每项热处理工艺的作用。

3. 现有下列零件及可供选择的材料，给各零件选择合适的材料，并选择合适的最终热处理方式（或使用状态）。

零件：自行车架、车厢板簧、滑动轴承、变速齿轮、机床床身、柴油机曲轴。

可选材料：60Si2Mn、ZQSn-6-6-3、T12A、QT600-2、40Cr、HT200、16Mn、20CrMnTi。

习题参考答案

第1章

一、名词解释

强度：材料在外力作用下抵抗变形和破坏的能力称为强度。根据外力加载方式的不同，强度指标为分为多种，如屈服强度、抗压强度、抗弯强度和抗扭强度等。其中以抗拉试验测得的屈服强度和抗拉强度两个指标应用为最多。

刚度：材料抵抗弹性变形的能力，常用弹性模量 E 值来衡量。

硬度：材料抵抗其他更硬物体压入其表面的能力称为硬度。硬度反映了材料抵抗局部塑性变形的能力，是检验毛坯、成品件、热处理件的重要性能指标。

塑性：材料在外力作用下产生塑性变形而不断裂的能力称为塑性。常用的性能指标有断后伸长率 δ 和断面收缩率 ψ，可在拉伸试验中，通过把试样拉断后将其对接起来进行测量得到。

疲劳强度：承受重复或交变应力的零件不发生断裂的最大循环应力值称为疲劳强度。

高温蠕变：金属材料在高温、恒载荷的长期作用下产生塑性变形的现象。

二、简答题

1. 画出低碳钢的力-伸长曲线，并简述拉伸变形的几个阶段。

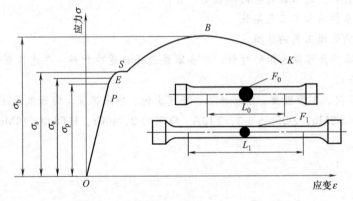

弹性阶段 OP：这一阶段试样的变形完全是弹性的，全部卸除荷载后，试样将恢复其原长。此阶段内可以测定材料的弹性模量 E。

屈服阶段 PS：试样的伸长量急剧地增加，而万能试验机上的荷载读数却在很小范围内（图中锯齿状线 ES）波动。如果略去这种荷载读数的微小波动不计，这一阶段在拉伸图上可用水平线段来表示。若试样经过抛光，则在试样表面将看到大约与轴线成 45°方向的条纹，称为滑移线。

强化阶段 SB：试样经过屈服阶段后，若要使其继续伸长，由于材料在塑性变形过程中不断强化，因此试样中抗力不断增长。

颈缩阶段和断裂 BK：试样伸长到一定程度后，荷载读数反而逐渐降低。此时可以看到试样某一段内横截面面积显著地收缩，出现"颈缩"的现象，一直到试样被拉断。

2. 采用布氏硬度试验测取材料的硬度值有哪些优缺点？

采用布氏硬度试验测取材料的硬度值的优点是测定结果较准确，缺点是压痕大，不适于成品检验。

3. 什么叫金属材料的力学性能？金属材料的力学性能包含哪些方面？

金属的力学性能是指在力的作用下，材料所表现出来的一系列力学性能指标，反映了金属材料在各种形式的外力作用下抵抗变形或破坏的某些能力。它包括：弹性和刚度、强度、塑性、硬度、冲击韧度、断裂韧度及疲劳强度等，它们是衡量材料性能极其重要的指标。

4. 在拉伸试验中衡量金属强度的主要指标有哪些？它们在工程应用上有什么意义？

在拉伸试验中衡量金属强度的主要指标有屈服强度和抗拉强度。屈服强度是机械零件设计和选材的主要依据。抗拉强度反映了材料产生最大均匀变形的抗力。屈服强度与抗拉强度的比值 σ_s/σ_b 称为屈强比，其值越大，越能发挥材料的潜力，减小结构的自重；其值越小，零件工作时的可靠性越高；其值太小，材料强度的有效利用率会降低。

5. 在拉伸试验中衡量金属塑性的指标有哪些？

在拉伸试验中衡量金属塑性的指标有断后伸长率 δ 和断面收缩率 ψ。

6. 试指出测定金属硬度的常用方法和各自的优缺点。

测定金属硬度的常用方法有布氏硬度、洛氏硬度和维氏硬度试验。

采用布氏硬度试验测定材料的硬度值的优点是测定结果较准确；缺点是压痕大，不适于成品检验。

洛氏硬度试验的优点：操作简便迅速；可对工件直接进行检验；采用不同标尺，可测定各种软硬不同和薄厚不一试样的硬度。它的缺点：洛氏硬度试验使材料表面压痕较大，故不宜测试成品或薄片金属的硬度。

维氏硬度试验载荷小，压痕深度浅，可用于较薄材料、金属镀层、渗氮、渗碳层的硬度测定。此外，因其压头是金刚石角锥，载荷可调范围大，故对软、硬材料均适用，测定范围为 10～1000HV。但其硬度值需要通过测量压痕对角线长度后才能进行计算或查表，工作效率比洛氏硬度试验低。

7. 在下面几种情况下该用什么方法来试验硬度？写出硬度符号。

① 检查锉刀、钻头成品硬度：洛氏硬度 HRA。

② 检查材料库中钢材硬度：布氏硬度。

③ 检查薄壁工件的硬度或工件表面很薄的硬化层：维氏硬度。

④ 黄铜轴套：布氏硬度。

⑤ 硬质合金刀片：洛氏硬度 HRA。

8. 什么是冲击韧性？a_k 指标有什么实用意义？

金属材料在冲击载荷下抵抗破坏的能力称为冲击韧性。a_k 为冲击韧性值。冲击韧性值越高，材料韧性越好。

第 2 章

一、名词解释

空位：晶格中没有原子的结点。

间隙原子：位于晶格间隙之中的原子。

置换原子：挤入晶格间隙或占据正常结点的外来原子。

位错：晶格中的某处有一列或若干列原子发生了某些有规律的错排现象。

晶界：晶粒与晶粒之间的接触界面。

固溶体：将外来组元引入晶体结构，占据基质晶体质点位置或间隙位置的一部分，仍保持一个晶相，这种晶体称为固溶体。

金属间化合物：合金中溶质含量超过固溶体的溶解极限后，会形成晶体结构和特性完全不同于任一组元的新相，即金属间化合物。

同素异构转变：金属在固态下随温度的改变，由一种晶格转变为另一种晶格的现象，称为同素异构转变。

铁素体：碳溶解在 α-Fe 中形成的间隙固溶体称为铁素体。

奥氏体：碳在 γ-Fe 中形成的间隙固溶体称为奥氏体。

渗碳体：铁与碳所形成的间隙化合物，含碳量为 6.69%，晶体结构比较复杂。

珠光体：珠光体是铁素体和渗碳体的机械混合物，用符号 P 表示。它是在缓慢冷却条件下，渗碳体和铁素体片层相间交替排列形成的混合物。

莱氏体：奥氏体和渗碳体的混合物。

二、简答题

1. 常见的金属晶体结构有哪几种？Fe、Al、Cu、Ni、Mg 和 Zn 各属于何种晶体结构？

最常见的金属晶体结构主要有三种，即面心立方结构（FCC 或 A1）、体心立方结构（BCC 或 A2）以及密排六方结构（HCP 或 A3）。Fe 在高温时为 FCC，低温时为 BCC；Al、Cu、Ni、为 FCC；Mg 和 Zn 为 HCP。

2. 点缺陷、线缺陷和面缺陷主要包括哪些具体缺陷？简要分析晶格缺陷存在对金属性能的影响。

点缺陷主要包括空位、间隙原子、置换原子等；线缺陷主要是指位错；面缺陷包括表面、晶界、界面、层错、孪晶面等。晶格缺陷实质上是结构的不完整性，这种不完整的结果会有晶格畸变，会对晶体的性能产生重大的影响，特别是对金属的塑性变形、固态相变以及扩散等过程都起着重要的作用。

3. 过冷度与冷却速度有何关系，它对金属结晶过程有何影响？

过冷度的大小与金属的纯度及冷却速度有关，金属纯度越高，过冷度越大；冷却越快，过冷度越大。过冷度越大，液态和固态之间自由能差就越大，促使液体结晶的驱动力就越大，结晶速度就越快。

4. 简要分析结晶过程中如何控制晶粒尺寸。

为了细化结晶过程中的晶粒，主要可以采用以下几种方法。一是增加过冷度。根据前述结晶过程分析可知，提高液态金属的冷却速度是增大过冷度从而细化晶粒的有效方法之一。如在铸造生产中，采用冷却能力强的金属型代替砂型、增大金属型的厚度、降低金属型的预热温度等，均可提高铸件的冷却速度，增大过冷度。二是变质处理。变质处理就是向液态金属中加入某些变质剂（又称孕育剂、形核剂），以细化晶粒和改善组织，达到提高材料性能的目的。

此外，在金属结晶过程中，采用机械振动、超声波振动、电磁搅拌等方法可破碎正在长大的树枝晶，破碎的枝晶尖端又成为新的晶核，形成更多的结晶核心，也可以获得细小的晶粒，改善性能。

5. 简要分析共析转变与共晶转变的异同点。

相同点——都是从一个母相中同时形成两种新的相；不同点——共析转变母相为固态相，共晶转变母相为液相。

6. 固溶体和金属间化合物在结构和性能上的主要差别是什么？

固溶体的晶格结构与基体相同，溶质原子的存在会产生晶格畸变，从而增大位错运动的阻力，使金属的滑移变形变得更加困难，从而提高合金的强度和硬度。在溶质含量适当时，可显著提高材料的强度和硬度，而塑性和韧性没有明显降低。而金属化合物的结构与基体不同，且一般比较复杂，其熔点较高，硬度高，脆性大。合金中含有金属化合物时，强度、硬度和耐磨性提高，而塑性和韧性降低。

7. 简要分析固溶强化、细晶强化以及析出强化的基本原理。

固溶强化：形成固溶体时，晶格产生晶格畸变；晶格畸变增大位错运动的阻力，使金属的滑移变形变得更加困难，从而提高合金的强度和硬度；这种通过形成固溶体使金属强度和硬度提高的现象称为固溶强化。固溶强化是金属强化的一种重要形式，在溶质含量适当时，可显著提高材料的强度和硬度，而塑性和韧性没有明显降低。

细晶强化：通常把通过细化晶粒来提高材料性能的方法称为细晶强化。金属的晶粒大小对其力学性能有显著影响。一般来说，晶粒越细小，金属的强度、硬度、塑性及韧性都越高。因此，细化晶粒是提高金属材料性能的重要途径之一。

析出强化：析出强化又称弥散强化，是一种利用细小弥散的稳定质点提高合金强度的方法。因为金属化合物一般熔点较高、硬度高、脆性大，所以当合金中含有金属化合物时，强度、硬度和耐磨性提高。

8. 画出铁碳合金相图，并标出主要的特征线、特征点以及各相区的相组成物或组织组成物，简要分析它们所表征的意义。

参考图 2-24 以及表 2-1。

9. 简述铁碳相图中的共晶转变和共析转变，写出反应式，并分析它们的发生条件。

共晶转变：在缓慢冷却区的平衡条件下，液态铁碳合金冷却至 1148℃时，发生共晶温度，即 $L \rightarrow \gamma + Fe_3C$，获得奥氏体和渗碳体的机械混合物莱氏体 Ld。

共析转变：在缓慢冷却区的平衡条件下，铁碳合金从高温冷却到 727℃时，发生恒温共析转变，即 $\gamma \rightarrow \alpha + Fe_3C$，得到 100% 的共析体，即珠光体组织。

10. 试分析含碳量为 0.4%、0.77% 及 1.2% 的钢在平衡条件下从高温液态到室温所经历的相变过程，并分析它们室温组织的构成。

根据图 2-24 所示，含碳量为 0.4%、0.77% 及 1.2% 的钢分别为亚共析钢、共析钢和过共析钢，其结晶相变过程及室温组织分析参考图 2-25 中合金 3、合金 2 以及合金 4 的分析。

第 3 章

一、填空题

1. 热处理是通过对<u>固态</u>金属或合金进行适当的<u>加热</u>、<u>保温</u>、<u>冷却</u>，以获得所需<u>组织结构</u>

和性能的一种工艺方法。

2. 钢铁材料是当前工业生产中的基本材料，因其具备（同素异构转变）的特点，故在热处理中能产生良好的组织结构变化效果。热处理根据工艺目的和方法不同，可以分为退火、正火、淬火、回火和表面热处理等。

3. 钢热处理时，加热的目的是为得到细小、均匀的奥氏体。奥氏体的形成过程可以分为三个步骤：①奥氏体晶核的形成和长大；②残余渗碳体的溶解；③奥氏体的均匀化。

4. 过冷 A 等温转变类型：珠光体型和贝氏体型。

5. 马氏体是碳在 α-Fe 中的过饱和的固溶体，符号用"M"表示，主要有针状和板条状两种结构类型。

6. 钢的淬火是将钢加热到临界点 A_{c3} 或 A_{c1} 以上，保温一段时间，然后以大于临界冷却速度 $v_{临}$ 的速度快冷至室温，从而获得马氏体或下贝氏体组织的热处理工艺。淬火工艺主要是为了提高钢的强度和硬度。

7. 回火是将淬火钢重新加热到 A_1 点以下某一温度，保温一定时间，然后冷却到室温的热处理工艺。淬火钢回火后的组织、性能均发生变化，其基本趋势是：随回火温度的增加，钢的强度和硬度降低，塑性和韧性增加；决定钢回火后的组织、性能的主要因素是回火温度。回火的主要种类有高温回火、中温回火和低温回火。

8. 生产中需要热处理的零件，对其热处理后应达到的组织、性能、精度和加工工艺性能等的要求，统称为热处理技术条件。它是根据零件的工作条件而提出的；其标注内容主要有最终热处理方法和应达到的力学性能。

二、名词解释

淬透性：指钢在规定的淬火条件下，获得淬硬层（M组织）深度的能力。

调质：淬火和高温回火相结合的热处理。

表面淬火：是一种不改变钢的化学成分，但改变表层组织的局部热处理方法。

三、简答题

1. 正火与退火有何异同点？在实际应用中应如何选择？

正火和退火的工艺目的基本相同。退火是将钢加热到适当的温度，保温一定时间后缓慢冷却（如随炉冷却），以改善组织、提高工艺性能的一种热处理工艺。其常用方法为完全退火、等温退火、均匀化退火、球化退火和去应力退火。正火是将钢加热到 A_{c3}（亚共析钢）或 A_{ccm}（过共析钢）以上 30～50℃，保温一定时间，随后在空气中冷却的热处理工艺。正火与退火的主要工艺差别是冷却速度。正火后珠光体组织较细小，故正火后工件的强度和硬度要比退火的高。正火具有生产周期短、耗能低、操作简便等优点，故一般生产中尽可能采用正火代替退火；而当零件形状较复杂时，为避免冷却速度较快出现开裂的危险，则采用退火为宜。

2. 淬火钢回火的目的是什么？淬火钢采用低温或高温回火各获得什么组织，主要应用在什么场合？

淬火钢回火的目的：①获得工件所需的组织和性能；②稳定组织和尺寸；③消除淬火内应力，防止工件变形和开裂。

淬火钢采用低温回火可获得回火马氏体组织。它主要用于高碳钢的切削刀具、量具、冷冲模具、滚动轴承等。

淬火钢采用高温回火可获得回火索氏体组织。它广泛用于重要的结构零件，如连杆、螺栓、齿轮及轴类等。

3. 指出下列工件的淬火及回火温度：

① 45 钢车床主轴：淬火温度 810～830℃，高回火温度 500～650℃；

② 60 钢弹簧：淬火温度 800～820℃，中回火温度 350～500℃；

③ T12 钢锉刀：淬火温度 760～780℃，低回火温度 150～250℃。

4. 表面淬火的目的是什么？常用的表面淬火方法有哪几种？

表面淬火的目的是使工件表层获得较高的强度、硬度、耐磨性及疲劳极限。

常用的表面淬火方法有感应加热表面淬火、火焰加热表面淬火等。

5. 化学热处理包括哪几个基本过程？常用的化学热处理方法有哪几种？

化学热处理包括分解、吸收和扩散三个基本过程。常用的化学热处理如钢的渗碳、渗氮和碳氮共渗等。

第 4 章

一、名词解释

Q235：一种普通碳素结构钢的牌号，屈服点为 235MPa。

45：一种优质碳素结构钢的牌号，其含碳量在 0.45% 左右。

20CrMnTi：一种合金渗碳钢的牌号，属于合金结构钢，其含碳量在 0.20% 左右。

T8：一种常用碳素工具钢的牌号，含碳量约为 0.8%。

W18Cr4V：一种高速钢的牌号，属于合金工具钢，其含钨量约为 18%，含铬量约为 4%，含钒量在 1.5% 以下。

65Mn：一种弹簧钢的牌号，含碳量约为 0.65%。

9SiCr：一种量具刃具用钢的牌号，属于低合金工具钢，含碳量约为 0.9%。

HT150：一种灰铸铁的牌号，其最低抗拉强度为 150MPa。

KTH350-10：一种黑心可锻铸铁的牌号，其最低抗拉强度达 350MPa，最低延伸率为 10%。

二、简答题

1. 碳钢与铸铁两者的成分、组织和性能有何差别？并说明原因。

碳钢和铸铁都是铁碳合金：成分以 2.11%C 为分界线，低于 2.11%C 的是碳钢，高于 2.11%C 的是铸铁。组织以珠光体＋铁素体（亚共析钢）和珠光体＋渗碳体＋莱氏体（亚共晶生铁）为分界线，碳钢通常为珠光体＋铁素体（大多中低碳结构钢）。性能：碳钢强韧性相对都较好，用于制造各种机械零件和金属制品；铸铁则脆而硬，可用于制造机床床身等要求韧性塑性不高的零部件。

2. 为什么说钢中的 S、P 杂质元素在一般情况下总是有害的？

S 不溶于 Fe，而以 FeS 的形式存在。FeS 与 Fe 能形成低熔点的共晶体，使钢材变脆，这种现象称为热脆性。P 在钢中能全部溶于铁素体，提高了铁素体的强度、硬度，但在室温下却使钢的塑性和韧度急剧降低，使其变脆，尤其在低温时更为严重，这种现象称为冷脆性。两者在钢中的过量存在都会对钢的性能起到负面影响，所以在一般情况下是有害的。

3. 合金元素对 Fe-C 相图的 E、S 点有什么影响？这种影响意味着什么？

无论是扩大 γ 区的合金元素还是缩小 γ 区的合金元素，均使 E 点和 S 点左移，即降低共析点的含碳量及碳在奥氏体中的最大溶解度。因此使相同含碳量的碳钢和合金钢具有不同的显微组织，如含 0.4%C 的碳钢具有亚共析组织，而含 0.4%C、13%Cr 的合金钢则具有过共析组织。因为此时的共析成分已不再是 0.77%C，而是变为 0.3%C 了。另外，由于 E 点的左移，使含碳量远低于 2.11% 的合金钢中出现莱氏体。如含 18%W 的高速工具钢，含碳量为 0.70%～0.80%，其铸态组织中出现了莱氏体。

4. 合金元素在钢中有哪些存在形式？

①形成固溶体；②形成合金渗碳体；③形成特殊碳化物。

5. 哪些合金元素能显著提高钢的淬透性？提高钢的淬透性有何作用？

几乎所有的合金元素都有提高钢的淬透性的作用，显著提高淬透性的合金元素有 W、Mo、Ni、Cr、Mn 等。其基本作用是稳定过冷奥氏体；使 C 曲线右移，以致改变 C 曲线的形状。

6. 能明显提高回火稳定性的合金元素有哪些？提高钢的回火稳定性有什么作用？

能明显提高回火稳定性的合金元素：Cr、Mn、Ni、Mo、W、V、Si。作用：提高钢的回火稳定性，可以使得合金钢在相同的温度下回火时，具有比同样碳含量的碳钢更高的硬度和强度；或者在保证相同强度的条件下，可在更高的温度下回火，而使韧性更好些。

7. 第一类回火脆性和第二类回火脆性是在什么条件下产生的？如何减轻和消除？

①低温回火脆性（第一类回火脆性）：在 250～400℃ 间回火时出现的脆性叫低温回火脆性。几乎所有的钢都存在这类脆性，称为不可逆回火脆性。为了防止出现这类脆性，一般不在该温度范围内回火，或采用等温淬火处理。钢中加入少量硅，可使此脆化温度区间提高。②高温回火脆性（第二类回火脆性）：在 450～650℃ 间回火时出现的脆性称为高温回火脆性。它与加热、冷却条件有关。加热至 600℃ 以上后，慢速冷却通过此温区时出现脆性；快速通过时不出现脆性。在脆化温度区间长时间保温后，即使快冷也会出现脆性。将已产生脆性的工件重新加热至 600℃ 以上快冷时，又可消除脆性。

8. 影响石墨化的因素有哪些？它们是如何影响石墨化的？

影响铸铁石墨化的主要因素是化学成分和结晶过程中的冷却速度。

① 化学成分。主要为碳、硅、锰、硫、磷的影响，具体影响如下：碳和硅是强烈促进石墨化的元素，铸铁中碳和硅的含量越高，便越容易石墨化。

② 冷却速度。在实际生产中，往往存在同一铸件厚壁处为灰铸铁，而薄壁处却出现白口铸铁的情况。这种情况说明，在化学成分相同的情况下，铸铁结晶时，厚壁处由于冷却速度慢，有利于石墨化过程的进行；薄壁处由于冷却速度快，不利于石墨化过程的进行。

9. 按铸铁中的石墨形态可以把铸铁分为哪几类？这几类铸铁各自的特点是什么？

根据铸铁中石墨形态的不同，铸铁可分为这么几种：灰口铸铁、球墨铸铁、可锻铸铁、蠕墨铸铁。

灰铁中碳分主要以片状石墨存在，断口呈灰色。球墨铸铁经球化剂处理，石墨大部分呈球状。可锻铸铁通过石墨化或氧化脱碳处理改变其金相组织或成分，获得较高的韧性。蠕墨铸铁是高碳低硫的铁水经过蠕化处理，使石墨大部分为蠕虫（厚片）状的铸铁。

第 5 章

一、填空题

1. 按铝合金的组织和加工特点，铝合金可分为：<u>变形铝合金</u>、<u>铸造铝合金</u>。
2. 根据化学成分，可将铜合金可分为：<u>黄铜</u>、<u>白铜</u>、<u>青铜</u>。
3. 工业纯铝的牌号有 L1、<u>L2、L3、L4</u>、L5、L6、L7。其后的数字越大，纯度越<u>低</u>，L7 常用于生产日用品。
4. 纯铝的<u>导电性</u>、<u>导热性</u>仅次于银、铜和金。

二、简答题

1. 何为铝硅明？它属于哪一类铝合金？为什么铝硅明具有良好的铸造性能？这类铝合金主要用于何处？

铝硅明即铝硅铸造合金（也称硅铝明），是以硅为主要合金元素的一类铸造铝合金。如果还加入其他合金元素，则称为复杂硅铝明（或特殊硅铝明）。其具有良好的铸造性能、焊接性能、抗蚀性能和足够的力学性能。

硅铝明为共晶成分合金，具有优良的铸造性能。

铝硅合金适于制造质轻、耐蚀、形状复杂且有一定力学性能要求的铸件或薄壁零件，如发动机缸体、手提电动或风动工具（手电钻）以及仪表外壳。同时加入镁、铜的铝硅系合金（如 ZL108），在变质处理后还可进行固溶处理＋时效，使其具有较好的耐热性和耐磨性，是制造内燃机活塞的材料。

2. 下列零件常使用铜合金制造，试选择适宜的铜合金类型并推荐合金牌号：

① 船用螺旋桨：锰黄铜 ZHMn55-3-1、铝锰黄铜 ZHAl67-5-2-2（性能更优越）、铝锰青铜 ZQAl12-8-3-2。
② 弹壳：H68。
③ 发动机轴承：特殊黄铜 HPb63-3、HAl60-1-1、HSn62-1、HFe59-1-1、ZCuZn38Mn2Pb2、ZCuZn16Si4 等。
④ 冷凝器：H68、H70。
⑤ 高精密弹簧：铍青铜 QBe2、QBe1.7、QBe1.9 等（拥有弹簧钢的性能和铜的特性）。
⑥ 钟表齿轮：铍青铜 QBe2、QBe1.7、QBe1.9 等。

3. 说明黄铜与青铜的大致应用范围。

单相黄铜适于制造冷变形零件，如弹壳、冷凝器管等。

两相黄铜热塑性好、强度高，适于制造受力件，如垫圈、弹簧、导管、散热器等。

锡青铜主要用于制造耐蚀承载件，如弹簧、轴承、齿轮轴、蜗轮、垫圈等。

铝青铜主要用于制造船舶、飞机及仪器中的高强、耐磨、耐蚀件，如齿轮、轴承、蜗轮、轴套、螺旋桨等。

4. 简述钛合金的特性、分类及各类钛合金的大致用途。

钛合金强度高、耐蚀性好、耐热性好。钛及其合金还存在一些缺点，使其应用受到一定的限制。

根据钛合金热处理的组织，可把钛合金分为三大类：α 类钛合金、β 类钛合金、α＋β 型钛合金。

α 型钛合金强度低于另两类钛合金，但高温强度、低温韧性及耐蚀性优越，主要用于制造 500℃ 以下工作的零件，如飞机压气机叶片、导弹的燃料罐、超音速飞机的蜗轮机匣及飞船上的高压低温容器等。

β 型钛合金强度高，但冶炼工艺复杂，难于焊接，应用受到限制，主要用于制造 350℃ 以下工作的结构件和紧固件，如飞机压气机叶片、轴、弹簧、轮盘等。

α＋β 型钛合金主要用于制造 400℃ 以下工作的飞机压气机叶片、火箭发动机外壳、火箭和导弹的液氢燃料箱部件及舰船耐压壳体等。

5. 滑动轴承合金应具有哪些性能？

足够的强韧性、较小的热膨胀系数、良好的导热性和耐蚀性、较小的摩擦系数、良好的耐磨性和磨合性。

6. 指出下列代号、牌号合金的类别、主要合金元素及主要性能特征。（略）

LF11，LC4，ZL102，ZL203，H68，HPb59-1，ZCuZn16Si4，YZCuZn30Al3 QSn4-3，QBe2，ZCuSn10Pb1，ZSnSb11Cu6。

第 6 章

一、填空题

1. 陶瓷可分为普通陶瓷和特种陶瓷两类，特种陶瓷按用途可分为结构陶瓷、功能陶瓷、工具陶瓷；结构陶瓷的主要品种有氧化物陶瓷、碳化物陶瓷、氮化物陶瓷等。

2. 复合材料按增强相的种类和形状可分为纤维增强复合材料、颗粒增强复合材料、层状增强复合材料等；按基体类型可分为金属基复合材料、高分子基复合材料、陶瓷基复合材料。

3. 橡胶的主要组成有生胶、硫化剂、促进剂等；橡胶的性能特征是具有很好的伸缩性，同时具有良好的耐磨性能。

二、选择题

1. 切削淬火钢和耐磨铸铁的刀具宜选用（b）。
   (a) 合金工具钢 　　　　(b) 立方氮化硼 　　　　(c) 玻璃钢

2. 制作各种灯罩、飞机窗、油杯可采用（c）。
   (a) 尼龙 　　　　(b) 电玉 　　　　(c) 有机玻璃

3. 制造密封垫圈、减振装置可采用（b）。
   (a) 聚碳酸酯 　　　　(b) 顺丁橡胶 　　　　(c) 氧化铝陶瓷

4. 碳纤维和环氧树脂组成的复合材料的比强度约为钢的（a）。
   (a) 8 倍 　　　　(b) 4 倍 　　　　(c) 3 倍

三、下列俗称指的是什么材料？

塑料王——聚四氟乙烯。

有机玻璃——聚甲基丙烯酸甲酯。

刚玉——氧化铝陶瓷。

玻璃钢——玻璃纤维增强塑料。

尼龙——聚酰胺纤维。

四、与金属材料相比，工程塑料在性能上具有哪些特点？

优点：①耐腐蚀；②重量轻；③耐压强度高；④易于变形和熔化，适合做出各种形状的构建；⑤易于改变颜色，可以做出各种装饰颜色。

缺点：①成本高，一般高于钢铁；②大部分工程塑料不耐严寒和高温；③大部分有毒，对于包装物的食用有一定的影响；④易于老化。

五、陶瓷材料的性能特点是什么？举例说明工业上陶瓷有哪些用途？

优点：①机械强度高；②耐磨性、耐腐蚀性好；③热稳定性好；④原料丰富，价格低；⑤产品环保，无污染。

缺点：①脆性大，耐冲击能力低、易碎；②后加工的能力低；③产品不易回收利用。

工业上陶瓷用途：①建筑、卫生陶瓷：如砖瓦、排水管、面砖、外墙砖、卫生间等；②化工陶瓷：用于各种化学工业的耐酸容器、管道、塔、泵、阀等；③化学瓷：用于化学实验室的瓷坩埚、蒸发皿、燃烧舟、研钵等；④电瓷：用于电力工业高低压输电线路上的绝缘子、电机用套管、支柱绝缘子等；⑤耐火材料：用于各种高温工业窑炉的耐火材料；⑥特种陶瓷：用于各种现代工业和尖端科学技术的特种陶瓷制品，有锂质瓷、磁性瓷、金属陶瓷等。

六、复合材料的性能特点是什么？举例说明复合材料的应用。

优点：①比强度和比模量较高；②力学性能可以设计；③抗疲劳性能良好；④减振性能良好；⑤耐高温；⑥破坏安全性好。

缺点：①材料的工艺稳定性差；②材料性能的分散性大；③长期耐高温与环境老化性能差；④抗冲击能力差；⑤横向强度和层间剪切强度低。

复合材料的应用：①航空航天领域：用于制造飞机机翼和前机身、卫星天线及其支撑结构等；②汽车工业：用于制造汽车车身、受力构件等；③化工、纺织和机械制造领域：用于制造化工设备、纺织机、造纸机、复印机、高速机床、精密仪器等；④医学领域：用于制造医用 X 光机和矫形支架等；⑤用于制造体育运动器件和用作建筑材料等。

第 7 章

1. 铸造合金的结晶温度范围宽窄对铸件质量有何影响？为什么？

铸造合金的结晶温度范围越宽产生同时凝固倾向越明显；反之，凝固范围越窄顺序凝固倾向越明显。同时凝固的铸件易产生分散性缩松，而顺序凝固的铸件易产生集中性缩孔。原因是结晶温度范围较宽的合金的最后凝固部位处于固、液两相共存状态，其固相将液相分隔为若干孤立的小区域而易于形成分散的小孔洞（称为缩松）。

2. 为何要规定铸件的最小壁厚？铸件壁厚过厚或局部壁厚过薄会出现什么问题？

从合金的结晶特点可以看出随着铸件壁厚的增加，中心部位晶粒变粗大，机械强度并不随着铸件壁厚的增加而成比例增加。因此，铸件的结构设计应避免厚大截面，铸件的强度和刚度应通过合理选择截面几何形状（如工字形、槽形、T形等）或采用加强筋等措施来保证。

铸件壁厚局部太薄容易产生浇不足，出现断裂的情况；太厚容易补缩不足，冷却时出现缩孔、白斑（二次氧化物）。

3. 影响合金的收缩性的因素有哪些？

液态合金充满型腔，获得形状完整、轮廓清晰的铸件的能力，称为液态合金的充型能力。影响充型能力的主要因素有：

①合金的流动性；②铸型的充型条件；③浇注条件；④铸件结构等。

4. 在如图 7-25 所示铸件的两种结构中，哪一种较为合理？并简述其理由。

图 7-25 中 1（b）所示结构合理，可以采用直分型面。

图 7-25 中 2（a）所示结构合理；2（b）所示结构中不必要的圆角带来铸造困难。

图 7-25 中 3（b）所示结构合理，壁间连接应避免交叉和锐角。

图 7-25 中 4（b）所示结构合理；4（a）所示结构要三箱造型，4（b）所示结构只要二箱造型。

图 7-25 中 5（b）所示结构合理，延伸凸台，避免使用活块。

图 7-25 中 6（a）所示结构合理，落砂方便。

5. 为何熔模铸造尤其适于生产难以切削加工成形的复杂零件或耐热合金钢件？

熔模铸造方法获得的铸件尺寸精度高（可达 IT12～IT10），表面光洁（可达 $Ra12.5$～$1.6\mu m$），可实现少、无切削加工；同时可铸造形状复杂的零件、薄壁和小孔。

6. 试分析压铸与金属型铸造有哪些异同点。

共同点：都采用金属作为模具的主体材料；模具构造都比较复杂；模具结构大多相似。

不同点：工艺温度不同，金属型重力铸造的模具温度和浇铸温度多大于压铸；使用涂料不同，金属型铸造模具采用较厚的涂层厚度，压铸的涂层厚度极薄；金属型铸造模具材料选择范围很大，像普通碳钢、铸铁、模具钢等都可选用，而压铸模具的主体材料则必须采用模具专用钢，也就是热作钢。

7. 为何离心铸造成型的铸件具有较高的力学性能？

离心铸造是将合金液体浇入高速旋转的铸型（金属型或砂型）中，使其在离心力作用下充填铸型并凝固的铸造方法。离心力改善了补缩条件，生产的铸件组织致密且无缩孔、缩松、气孔和夹渣等缺陷，故成型的铸件具有较高的力学性能。

8. 下列大批量生产的铸件，应采用何种铸造生产方法？

车床床身（砂型铸造）；汽轮机叶轮（熔模铸造）；摩托车气缸盖（低压铸造）；减速机箱体（砂型铸造）；铝合金活塞（金属型铸造）；滑动轴承（离心铸造）；铸铁管（离心铸造）。

第 8 章

1. 常见的压力加工方法有哪些？

常见的压力加工方法有轧制、挤压、拉伸、冲压和锻造。

2. 综合评定金属的锻造性能的指标是什么？

生产中常用金属塑性和变形抗力两个因素来综合衡量金属的锻造性能。

3. 简述自由锻的特点和应用范围。

自由锻具有不需要特殊工具、可锻造各种质量的锻件（1kg～300t）、是大型锻件唯一的锻造方法等优点，但锻件形状简单、尺寸精度低、材料消耗大及生产率低等，故自由锻主要用于生产单件或小批量的简单锻件。

4. 什么是模锻？简述其优缺点和应用范围。

模锻是将加热好的金属坯料放在高强度锻模模膛内，施加外力迫使金属坯料产生塑性变形，从而获得和模膛形状一致的锻件的锻造方法。与自由锻相比，模锻具有生产效率高、锻件形状复杂、锻件尺寸精度较高和切削加工余量小等优点，但是模锻的设备和制模成本高、锻件质量受到限制（<150kg），故模锻适用于小型复杂锻件的大批量生产。

5. 什么是胎模锻？简述其优缺点和应用范围。

胎模锻是在自由锻设备上采用简单的可搬动锻模（胎模）生产锻件的锻造方法。胎模锻与自由锻相比：胎模锻时金属在胎模形成、操作简单、生产率高；胎模锻锻成的锻件形状较复杂、锻件精度和表面质量较高、节省金属材料。与模锻相比：胎模锻具有不需专门的模锻设备、模具制造简单、成本低且使用灵活等优点。但是胎模锻的生产率和锻造质量低于模锻、胎模寿命短、劳动强度大，故胎模锻主要用于小型模锻件的中小批量生产。

6. 冷冲压有哪些基本工序？

冷冲压的基本工序分为分离工序和变形工序两大类。分离工序是将坯料的一部分和另一部分分开的工序，包括落料、冲孔、修整、剪切等。变形工序是使板料的一部分相对于另一部分产生位移（塑性变形）而不破坏的加工方法，主要包括拉深、弯曲、翻边等。

7. 简述简单冲模的构造和工作原理。

简单冲模的工作原理是利用安装在压力机上的模具对材料施加压力，使其产生分离或塑性变形，从而获得所需零件。简单冲模是在一次冲程中只完成一个工序的冲模。简单冲模分：

① 无导向单工序模：上模部分由模柄、凸模组成，通过模柄安装在冲床滑块上；下模部分由卸料板、导尺、凹模、下模座、定位板组成，通过下模座安装在冲床工作台上；上模与下模没有直接导向关系，靠冲床导轨导向。

② 导板式简单冲裁模：上模部分主要由模柄、上模板、垫板、凸模固定板、凸模组成；下模部分主要由下模板、凹模、导尺、导板组成。这种模具工作时由上模通过凸模利用导板上的孔进行导向，导板兼作卸料板，工作时凸模始终不脱离导板，以保证模具导向精度。

③ 导柱式简单冲裁模。该冲模利用一对导柱和导套实现上、下模精确导向。冲模工作时条料靠导尺和固定导料销（亦称为定位销）实现正确定位，以保证冲裁时搭边值的均匀一致。此冲模采用刚性卸料板卸掉箍在凸模上的废料，冲出的工件在凹模洞口中经凸模的顶压作用，逐个实行自然漏料。

第 9 章

一、名词解释

焊接：焊接是指通过适当的手段（加热、加压或两者并用），使两个分离的物体（同种材料或异种材料）产生原子间结合而形成永久性连接的加工方法。

　　焊接热循环：在焊接过程中，对于工件上某一点而言，其温度随时间由低到高达到最大值后，又由高到低的变化被称为焊接热循环。

　　焊接接头：焊接完成后工件之间形成的连接接头，根据焊接接头中各点能够达到的峰值温度，可以将焊接接头分为焊缝、熔合区和热影响区三部分。

　　热影响区：在焊接接头熔合区以外，材料因受热的影响（但未熔化）而发生金相组织和力学性能变化的区域叫作热影响区。

　　焊接缺陷：焊接缺陷是指在焊接接头中因焊接产生的金属不连续、不致密或连接不良的现象。

　　焊接裂纹：是一种在固态下由局部断裂产生的缺陷，它可能源于焊接过程中冷却或应力效果。

　　焊接气孔：焊接过程中，熔池中由于冶金反应生成的气体在熔池凝固之前未能溢出，凝固之后便在焊缝中形成焊接气孔。

　　焊接应力：焊接应力是焊接过程中及焊接过程结束后，存在于焊件中的内应力。

　　埋弧焊：埋弧焊是相对于明弧焊而言的，是指电弧在颗粒状焊剂层下燃烧的一种焊接方法；焊接时，焊机的启动、引弧、焊丝的送进及热源的移动全由机械控制，是一种以电弧为热源的高效的自动化焊接方法。

　　熔化极气体保护焊：使用熔化电极的气体保护电弧焊称为熔化极气体保护焊，是采用连续送进可熔化的焊丝与焊件之间的电弧作为热源来熔化焊丝和焊件，形成熔池和焊缝的焊接方法。

　　钨极氩弧焊：钨极氩弧焊是使用纯钨或活化钨作电极的惰性气体保护焊，简称 TIG 焊；焊接过程中，钨极本身不熔化，只起发射电子产生电弧的作用。

　　激光焊：激光焊是以聚焦的高能量密度的激光作为热源对金属进行熔化形成焊接接头的一种焊接方法。

　　金属焊接性：是指材料在制造工艺条件下，能够焊接形成完整接头并满足预期使用要求的能力。

　　碳当量：把钢中合金元素的含量按相当于若干碳含量折算并叠加起来，作为粗略评定钢材冷裂倾向的参数指标，即所谓碳当量。

二、简答题

　　1. 焊接成形的原理是什么？

　　焊接是指通过适当的手段（加热、加压或两者并用），使两个分离的物体（同种材料或异种材料）产生原子间结合而形成永久性连接的加工方法。焊接的概念至少包含三个方面的含义：一是焊接的途径，即加热、加压或两者并用；二是焊接的本质，即微观上达到原子间的结合；三是焊接的结果，即宏观上形成永久性的连接。

　　2. 焊接热过程有哪些特点？焊接热源主要有哪几种？

　　焊接热过程比其他热加工工艺的热过程如铸造和热处理复杂得多，具有以下几个主要特点：①焊接热过程的局域性；②焊接热源的移动性；③焊接热过程的瞬时性；④焊接传热过程的复合性。

　　焊接工程上对于焊接热源的要求是：热源热量应当高度集中，能够实现快速焊接并保证得到高质量的焊缝和最小的焊接热影响区。目前能满足这些条件的热源主要有电弧热、化学热、电阻热、摩擦热、等离子焰、电子束、激光束等。

3. 焊接化学冶金过程的定义是什么？以手工电弧焊为例，可划分为哪几个冶金反应区？

焊接化学冶金过程实质上是金属在焊接条件下进行再熔炼的过程。焊接化学冶金过程是分区域（或阶段）连续进行的，各区的反应物性质和浓度、温度、反应时间、相接触面积、对流及搅拌运动等反应条件有较大的差异。手工电弧焊有三个反应区：药皮反应区、熔滴反应区和熔池反应区。

4. 焊接的优点是什么？

材料的焊接具有以下主要优点：①接头的强度较高；②焊接结构的应用场合比较广泛；③适于制备有密闭性要求的结构；④接头形式简单；⑤大型结构制造周期短、成本较低。

5. 焊接方法是怎样分类的？

按照焊接过程中金属所处的状态不同，可以把焊接方法分为熔焊、压焊和钎焊三类。

常见的气焊、焊条电弧焊、电渣焊、气体保护电弧焊等都属于熔焊；压焊主要包括锻焊、电阻焊、摩擦焊、气压焊、冷压焊、爆炸焊等；常见的钎焊方法有烙铁钎焊、火焰钎焊等。

6. 试分析熔焊、压焊和钎焊的区别？

熔焊是在焊接过程中，将焊件接头加热至熔化状态，不加压力完成焊接的方法。压焊是在焊接过程中，必须对焊件施加压力（加热或不加热），以完成焊接的方法。钎焊是采用比母材熔点低的金属材料作钎料，将焊件和钎料加热到高于钎料熔点、低于母材熔点的温度，利用液态钎料润湿母材，填充接头间隙并与母材相互扩散实现连接焊件的方法。

7. 埋弧焊的主要优点是什么？

埋弧焊具有以下优点：①焊接生产率高；②焊接质量好；③改善焊工的劳动条件，机械化程度高；④节约焊接材料及电能；⑤焊接范围广。

8. 气体保护焊的优点是什么，具体有哪些方法？

气体保护焊与其他电弧焊方法相比具有以下优点：一是采用明弧焊，一般不必用焊剂，没有熔渣，熔池可见度好，便于操作，而且保护气体是喷射的，适于进行全位置焊接，不受任何位置的限制，有利于实现焊接过程的机械化和自动化；二是由于电弧在保护气流的压缩下热量集中，焊接熔池和热影响区很小，因此焊接变形小、焊接裂纹倾向不大，尤其适用于薄板焊接；三是采用氩气、氦气等惰性气体保护来焊接化学性质较活泼的金属或合金时，可获得高质量的焊接接头。

根据电极材料不同，气体保护电弧焊可分为非熔化极气体保护焊和熔化极气体保护焊，熔化极气体保护焊应用最广。熔化极气体保护焊按保护气体的成分可分为熔化极惰性气体保护焊（MIG 焊）、熔化极活性气体保护焊（MAG 焊）以及二氧化碳气体保护焊（CO_2 焊）三种。

9. 什么是金属的焊接性，金属焊接性跟什么因素有关？

金属的焊接性是指材料在制造工艺条件下，能够焊接形成完整接头并满足预期使用要求的能力。金属材料的焊接性主要受到四个方面因素的影响，即材料、设计、工艺以及服役环境。

10. 铝及铝合金相比于碳钢，其焊接的主要问题有哪些？

铝及铝合金的焊接要比低碳钢困难，其焊接特点也与钢不同，这主要与其本身的物理和化学性能有关，比如密度低、化学性质活泼等。具体表现在以下几方面：①容易氧化；②焊接时耗能大；③铝及铝合金焊接时容易产生气孔，热裂纹倾向大，而且焊接接头的力学性能以及耐蚀性等会下降。

第 10 章

一、填空题

1. 一般机械零件的失效形式有：断裂失效、磨损失效、变形失效。
2. 造成零件失效的原因有：零件的结构设计、材料选择与使用、加工制造、装配等。
3. 选用机械工程材料时应考虑的原则有：使用性原则、工艺性原则、经济性原则。
4. 选用机械工程材料的方法有：经验法、类比法、替代法、试差法。

二、简答题

1. 如何合理地选用机械工程材料？

全面分析零件的工作条件、受力性质和大小以及失效形式，然后综合各种因素，提出能满足零件工作条件的性能要求，再选择合适的材料并进行相应的热处理以满足性能要求。

2. 一个起连接紧固作用的重要螺栓（$\phi25mm$），工作时主要承受拉力。要求整个截面有足够抗拉强度、屈服强度、疲劳强度和一定的冲击韧性。请回答以下问题：

① 选用何种材料？选用该材料的理由是什么？

② 试制订该零件的加工工艺路线。

③ 说明每项热处理工艺的作用。

① 可以选用 45 钢。45 钢为优质碳素结构钢，具有较好的综合力学性能，常用来制造较重要的螺栓。

② 该零件的加工工艺路线为：锻造—完全退火—机加工—淬火＋低温回火—精加工。

③ 完全退火作用：细化晶粒、均匀组织，低于切削加工。

淬火＋低温回火：提高螺栓表层的硬度和耐磨性。

3. 现有下列零件及可供选择的材料，给各零件选择合适的材料，并选择合适的最终热处理方式（或使用状态）。

零件：自行车架、车厢板簧、滑动轴承、变速齿轮、机床床身、柴油机曲轴。

可选材料：60Si2Mn、ZQSn-6-6-3、T12A、QT600-2、40Cr、HT200、16Mn、20CrMnTi。

① 自行车架：16Mn，焊接。

② 车厢板簧：60Si2Mn，最终热处理方法为淬火＋中温回火。

③ 滑动轴承：ZQSn-6-6-3，使用状态为铸造。

④ 变速齿轮：20CrMnTi，最终热处理方法为渗碳后淬火＋低温回火。

⑤ 机床床身：HT200，最终热处理方法为去应力退火。

⑥ 柴油机曲轴：QT600-2，最终热处理方法为等温淬火。

参 考 文 献

[1] 赵程，杨建民. 机械工程材料及其成形技术 [M]. 北京：机械工业出版社，2018.

[2] 丁德全. 金属工艺学 [M]. 北京：机械工业出版社，2018.

[3] 郭晨洁，等. 工程材料及热加工工艺 [M]. 北京：化学工业出版社，2017.

[4] 赵程，杨建民. 机械工程材料及其成形技术 [M]. 北京：机械工业出版社，2018.

[5] 张正贵. 实用机械工程材料及选用 [M]. 北京：机械工业出版社，2016.

[6] 周超梅，王淑君. 机械工程材料 [M]. 北京：机械工业出版社，2018.

[7] 梁戈. 机械工程材料与热加工工艺 [M]. 北京：机械工业出版社，2017.

[8] 张至丰. 机械工程材料及成形工艺基础 [M]. 北京：机械工业出版社，2018.

[9] 秦大同，等. 常用机械工程材料 [M]. 北京：化学工业出版社，2013.

[10] 魏东伟. 机械工程材料及热加工基础 [M]. 北京：化学工业出版社，2008.

[11] 马鹏飞，张松生. 机械工程材料与加工工艺 [M]. 北京：化学工业出版社，2008.

[12] 杜伟. 工程材料与热加工 [M]. 北京：化学工业出版社，2017.

[13] 朱张校，姚可夫，王昆林，吴运新. 工程材料 [M]. 北京：清华大学出版社，2017.

[14] 徐自立. 工程材料及应用 [M]. 武汉：华中科技大学出版社，2007.

[15] 王纪安. 工程材料与成形工艺基础 [M]. 北京：高等教育出版社，2015.

[16] 王英杰. 工程材料及热处理 [M]. 北京：高等教育出版社，2018.

[17] 姜敏凤，董芳. 机械工程材料及成形工艺 [M]. 北京：高等教育出版社，2015.

[18] 强小虎. 工程材料与热处理 [M]. 北京：北京理工大学出版社，2017.

[19] 侯书林，朱海. 机械制造基础：上册——工程材料及热加工工艺基础. 第2版 [M]. 北京：北京大学出版社，2011.

[20] 叶宏. 工程材料及热处理 [M]. 北京：化学工业出版社，2017.

[21] 赵海霞. 工程材料及其成形技术 [M]. 北京：化学工业出版社，2015.

[22] 苏德胜. 工程材料与成形工艺基础 [M]. 北京：化学工业出版社，2008.

[23] 赵越超，等. 工程材料与热成型 [M]. 北京：高等教育出版社，2018.

[24] 朱鹏程. 史保萱. 工程材料与成型工艺 [M]. 北京：高等教育出版社，2017.